关于"十四五"职业教育 国家规划教材的出版说明

为贯彻落实《中共中央关于认真学习宣传贯彻党的二十大精神的决定》《习近平新时代中国特色社会主义思想进课程教材指南》《职业院校教材管理办法》等文件精神，机械工业出版社与教材编写团队一道，认真执行思政内容进教材、进课堂、进头脑要求，尊重教育规律，遵循学科特点，对教材内容进行了更新，着力落实以下要求：

1. 提升教材铸魂育人功能，培育、践行社会主义核心价值观，教育引导学生树立共产主义远大理想和中国特色社会主义共同理想，坚定"四个自信"，厚植爱国主义情怀，把爱国情、强国志、报国行自觉融入建设社会主义现代化强国、实现中华民族伟大复兴的奋斗之中。同时，弘扬中华优秀传统文化，深入开展宪法法治教育。

2. 注重科学思维方法训练和科学伦理教育，培养学生探索未知、追求真理、勇攀科学高峰的责任感和使命感；强化学生工程伦理教育，培养学生精益求精的大国工匠精神，激发学生科技报国的家国情怀和使命担当。加快构建中国特色哲学社会科学学科体系、学术体系、话语体系。帮助学生了解相关专业和行业领域的国家战略、法律法规和相关政策，引导学生深入社会实践、关注现实问题，培育学生经世济民、诚信服务、德法兼修的职业素养。

3. 教育引导学生深刻理解并自觉实践各行业的职业精神、职业规范，增强职业责任感，培养遵纪守法、爱岗敬业、无私奉献、诚实守信、公道办事、开拓创新的职业品格和行为习惯。

在此基础上，及时更新教材知识内容，体现产业发展的新技术、新工艺、新规范、新标准。加强教材数字化建设，丰富配套资源，形成可听、可视、可练、可互动的融媒体教材。

教材建设需要各方的共同努力，也欢迎相关教材使用院校的师生及时反馈意见和建议，我们将认真组织力量进行研究，在后续重印及再版时吸纳改进，不断推动高质量教材出版。

机械工业出版社

前　言

为加快建设制造强国、质量强国、航天强国、交通强国、网络强国、数字中国，新一代人工智能高速发展，从医疗诊断、金融风险预测到智能交通、教育个性化辅导，其应用已渗透到生活的方方面面。在这一时代背景下，社会对具备人工智能素养的人才需求急剧增长。

本书首版于 2021 年出版，旨在为广大读者提供系统学习人工智能知识与技能的途径，使他们能够跟上时代发展的步伐，适应未来职场和社会生活的变化。承蒙广大读者的厚爱，该书逐渐成为高等职业教育院校"人工智能应用基础"课程的优选教材。2023 年获评"十四五"职业教育国家规划教材。

近几年，新算法、模型和应用不断涌现。例如，2022 年底至 2023 年，生成式 AI 取得重大突破，以 ChatGPT 为代表的大模型展现出强大的自然语言处理能力，改变了人机交互方式与内容生成模式。在此背景下，我们深感内容修订的必要性和紧迫性。

此次修订在保持第 1 版原有框架和特色的基础上，进行了全面升级，旨在进一步提升读者的人工智能思维和素养。在内容选材方面，本书着重凸显人工智能的通识性与实用性，以契合教学实际需求，方便教师授课与学生学习。书中精心引入"血液细胞形态检验人机大战"、中国第三代自主超导量子计算机以及盘古大模型等前沿应用案例。这些案例不仅生动诠释了人工智能在不同领域的创新实践，更全方位展现了中国式现代化进程中蓬勃的生机活力，以及所蕴含的美好光辉与伟大成就。

全书共分为 6 章。第 1 章介绍人工智能的概念和特征、分类、风险挑战与应对措施、国家治理，以及发展趋势等内容，并详细阐述图灵测试的思想和内容，以开阔读者的视野，引导读者进入人工智能的天地；第 2 章介绍人工智能的发展简史；第 3 章介绍人工智能的应用现状；第 4 章介绍人工智能的关键技术，包括计算机视觉、机器学习、生物特征识别、自然语言处理、人机交互技术、知识工程；第 5 章介绍人工智能的相关技术，包括机器人、计算机图形学、增强现实技术、虚拟现实技术、知识图谱、数据挖掘；第 6 章基于 Python 的学习，介绍人工智能快速入门的实践路径。

本书的编写严格遵循以下四个要点：

1. 激发自主学习兴趣：采用深入浅出的叙述方式，以生动有趣、通俗易懂的语言，引导读者主动探索，激发他们对人工智能学习的内在兴趣，促使其开启自我驱动的学习之旅。

2. 深化原理知识理解：对人工智能的概念进行详尽阐释，剖析原理框架，确保读者能够全面、准确地理解人工智能的基本原理，并切实掌握相关应用知识，为后续学习与实践奠定坚实基础。

"十四五"职业教育国家规划教材

2020年度教育部国家级职教团队首批公共领域课题研究课题资助项目：
人工智能和信息技术引领的职业院校教学改革融合研究与实践（GG2020070001）

2024年度教育部人文社会科学研究规划基金：
人工智能赋能职业教育：价值转向、现实困境与推进策略（24YJAZH124）

人工智能应用基础

第2版

主　编　沈言锦　罗先进
副主编　吴芳榕　程泊静　李　湾　邓国群　雷增强
主　审　向　磊　崔曙光

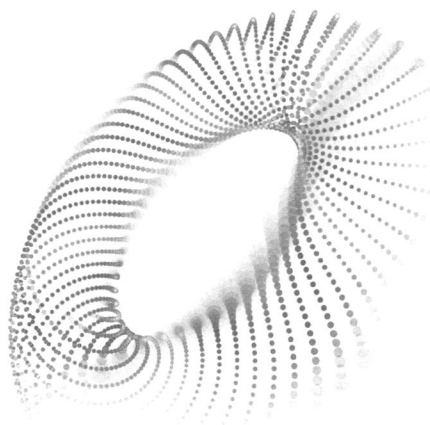

机械工业出版社
CHINA MACHINE PRESS

作为"十四五"职业教育国家规划教材的全新升级版,本书在第1版(2021年5月出版)的基础上,融入前沿人工智能技术,实现了内容的迭代升级。本书旨在培育读者的人工智能思维与素养,助力其构建人工智能的基本理念与技术体系。

全书共分三个核心版块:首先系统梳理人工智能的基础概念,回溯其发展历程,展现当下应用的全景;然后深入阐释人工智能的关键技术,涵盖计算机视觉、机器学习、生物特征识别等前沿领域,以及机器人、计算机图形学、增强现实技术、虚拟现实技术、知识图谱、数据挖掘等多元应用;最后聚焦 Python 编程,引领读者快速迈进人工智能应用实践的大门,将理论与实践教学紧密整合,为读者开启一段兼具深度与广度的人工智能学习之旅。

本书配备了微课视频,读者只需用手机扫一扫书中二维码,就可以直接观看视频。

本书配有电子课件,凡使用本书作为教材的教师可登录机械工业出版社教育服务网www.cmpedu.com 下载。咨询电话:010-88379375。

本书既可作为高等职业教育本科和专科的"人工智能应用基础"公共课教材,也可作为广大人工智能爱好者的参考书。

图书在版编目(CIP)数据

人工智能应用基础/沈言锦,罗先进主编. --2版.
北京:机械工业出版社,2025.2(2025.10重印). --("十四五"职业教育国家规划教材). -- ISBN 978-7-111-77806-6

Ⅰ. TP18

中国国家版本馆CIP数据核字第2025W7F102号

机械工业出版社(北京市百万庄大街22号 邮政编码100037)
策划编辑:杨晓昱　　　　　　责任编辑:杨晓昱
责任校对:丁梦卓　张　征　　封面设计:马精明
责任印制:单爱军
北京盛通数码印刷有限公司印刷
2025年10月第2版第6次印刷(2021年5月第1版第1次印刷)
184mm×260mm · 13.5印张 · 311千字
标准书号:ISBN 978-7-111-77806-6
定价:48.00元

电话服务　　　　　　　　　　网络服务
客服电话:010-88361066　　机 工 官 网:www.cmpbook.com
　　　　　010-88379833　　机 工 官 博:weibo.com/cmp1952
　　　　　010-68326294　　金 书 网:www.golden-book.com
封底无防伪标均为盗版　　机工教育服务网:www.cmpedu.com

3. 多元学习方式融合：精心挑选浅显易懂的实际案例，并配套制作微课视频；充分利用学习金字塔所揭示的学习效能规律，为读者打造可视化、多元化的学习路径，让他们能够通过多种方式，更高效地吸收知识。

4. 巩固知识构建体系：在每章结尾都设置了难度适中的习题测试。通过习题测试，读者不仅能够检验对知识的掌握程度，还能在测试过程中不断强化对知识的理解，更加自信地构建人工智能的基本理念与技术体系。

本书在编写过程中，参考了一些书籍、期刊等文献资料，在此一并对这些文献的作者表示感谢。由于编者水平有限，对书中存在的疏漏之处，敬请广大院校师生提出意见和建议，以便再版时完善。

编　者

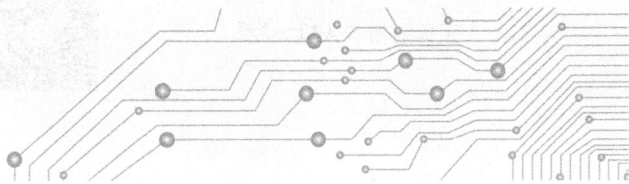

微课视频清单

名　称	二维码	名　称	二维码
1-1 人工智能的概念和特征		3-2 人工智能与智能助理	
1-2 人工智能的分类		3-3 人工智能与量子计算	
1-3 人工智能与图灵测试		3-4 人工智能与自动驾驶	
1-4 人工智能的风险挑战与应对措施		3-5 人工智能与智慧教育	
1-5 人工智能国家治理		3-6 人工智能与智能家居	
1-6 人工智能的发展趋势		3-7 人工智能与大模型	
2-1 人工智能的孕育		4-1 计算机视觉	
2-2 人工智能的形成		4-2 机器学习	
2-3 人工智能的发展		4-3 生物特征识别	
2-4 人工智能的各学派思想		4-4 自然语言处理	
3-1 人工智能与"人机大战"		4-5 人机交互技术	

名　称	二维码	名　称	二维码
4-6 知识工程		6-5 列表与元组	
5-1 机器人		6-6 字典与集合	
5-2 计算机图形学		6-7 选择语句	
5-3 增强现实技术		6-8 if 语句的嵌套	
5-4 虚拟现实技术		6-9 循环语句	
5-5 知识图谱		6-10 循环嵌套	
5-6 数据挖掘		6-11 跳转语句	
6-1 Python 的安装与使用		6-12 函数的使用	
6-2 数字类型		6-13 类与对象	
6-3 布尔类型		6-14 模块的使用	
6-4 字符串类型			

目 录

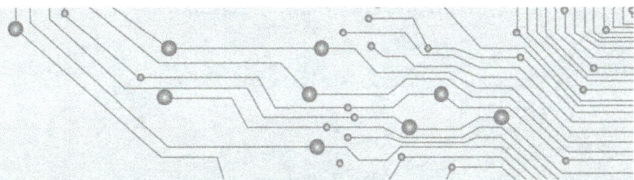

人工智能应用基础

第1章
人工智能绪论

教学目标

- 了解人工智能的概念和特征。
- 了解人工智能国家治理的现状。
- 理解人工智能的分类，关注我国当前人工智能产业发展现状和未来发展态势。
- 理解图灵测试的思想和内容。
- 理解人工智能的风险挑战与应对措施。
- 能够对人工智能特征进行概括。
- 能够对弱人工智能、强人工智能、超人工智能之间的区别与联系进行分析。
- 能够通过图灵测试对人工智能的核心思想进行总结与归纳。

素质目标

- 将社会主义核心价值观、职业理想与道德、大国工匠精神等主线融入课堂教学中。
- 提高学生认识问题、分析问题、解决问题的能力。
- 培养学生的科学思维能力。

概　述

　　人工智能是新兴的学科之一，其研究工作在第二次世界大战结束后迅速展开，到了 1956 年，它被正式命名为"人工智能"。

　　人工智能是计算机科学的一个分支，它企图了解智能的实质，并生产出一种新的、能以与人类智能相似的方式做出反应的智能机器。该领域的研究包括机器人、语言识别、图像识别、自然语言处理和专家系统等。人工智能从诞生以来，理论和技术日益成熟，应用领域也不断扩大。可以设想，未来人工智能带来的科技产品，将会是人类智慧的"容器"。人工智能可以对人的意识、思维的信息过程进行模拟。人工智能不是人的智能，但能像人那样思考，也可能超过人的智能。

思维导图

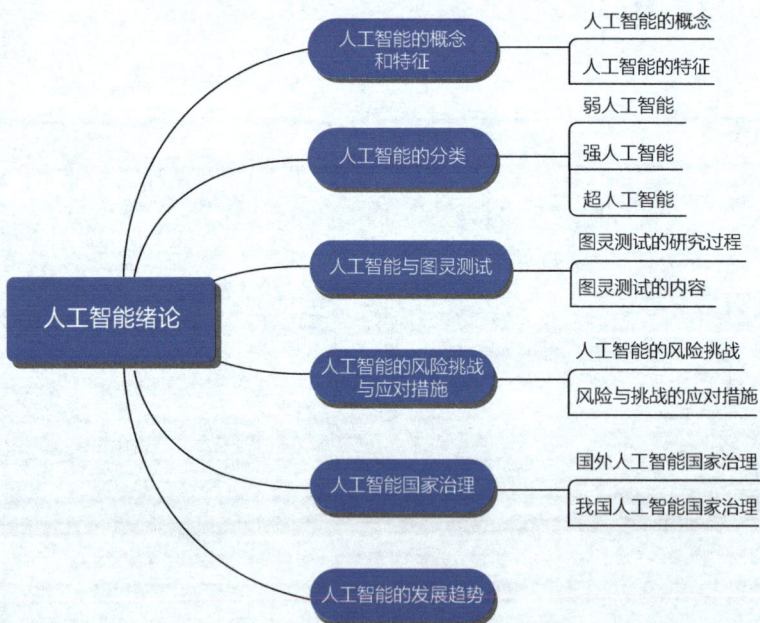

1.1 人工智能的概念和特征

1.1.1 人工智能的概念

人工智能的定义可以分为两部分，即"人工"和"智能"。"人工"比较好理解，争议性也不大。有时我们会考虑什么是人力所能制造的，或者人自身的智能程度有没有高到可以创造人工智能的地步等。但总的来说，"人工"就是通常意义的人工系统。

关于什么是"智能"，就复杂多了。这涉及其他诸如意识（Consciousness）、自我（Self）、思维（Mind）（包括无意识的思维，Unconscious Mind）等问题。人唯一了解的智能是人本身的智能，这是普遍认同的观点。但是我们对自身智能的理解非常有限，对构成人的智能的必要元素的了解也有限，所以就很难定义什么是"人工"制造的"智能"了。因此人工智能的研究往往涉及对人的智能本身的研究。其他关于动物或其他人造系统的智能也普遍被认为是人工智能相关的研究课题。

美国斯坦福大学人工智能研究中心的尼尔逊教授对人工智能下了这样一个定义："人工智能是关于知识的学科——怎样表示知识以及怎样获得知识并使用知识的科学。"美国麻省理工学院的温斯顿教授认为："人工智能就是研究如何使计算机去做过去只有人才能做的智能工作。"这些说法反映了人工智能学科的基本思想和基本内容。人工智能（Artificial Intelligence，简称 AI）是一门研究如何使计算机模拟人类智能行为和思维的科学与技术。它涵盖了多个领域，包括计算机科学、数学、心理学、神经科学、语言学等，旨在通过算法、模型和系统的设计，让机器能够执行通常需要人类智能才能完成的任务。

1.1.2 人工智能的特征

20 世纪 70 年代以来人工智能称为世界三大尖端技术之一（空间技术、能源技术、人工智能），也被认为是 21 世纪三大尖端技术（基因工程、纳米科学、人工智能）之一。这是因为近 30 年来它获得了迅速的发展，在很多学科领域都获得了广泛应用，并取得了丰硕的成果。人工智能已逐步成为一个独立的分支，无论在理论和实践上都已自成一个系统。人工智能具有以下三大特征。

1. 通过计算和数据，为人类提供服务

从根本上说，人工智能系统必须以人为本，这些系统是人类设计出的机器，按照人类设定的程序逻辑或软件算法，通过人类发明的芯片等硬件载体来运行或工作，其本质体现为计算，通过对数据的采集、加工、处理、分析和挖掘，形成有价值的信息流和知识模型，为人类提供延伸人类能力的服务，实现对人类期望的一些"智能行为"的模拟，因此在理想情况下必须体现服务人类的特点，而不应该伤害人类，特别是不应该有目的性地做出伤害人类的行为。

2. 对外界环境进行感知，与人交互互补

人工智能系统应能借助传感器等器件产生对外界环境（包括人类）进行感知的能力，可以像人一样通过听觉、视觉、嗅觉、触觉等接收来自环境的各种信息，对外界输入产生文字、语音、表情、动作（控制执行机构）等必要的反应，甚至影响到环境或人类。借助于按钮、键盘、鼠标、屏幕、手势、体态、表情、力反馈、虚拟现实 / 增强现实等方式，人与机器间可以产生交互，使机器设备越来越"理解"人类，乃至与人类共同协作，优势互补。这样，人工智能系统能够帮助人类做人类不擅长、不喜欢但机器能够完成的工作，而人类则适合去做更需要创造性、洞察力、想象力、灵活性、多变性乃至用心领悟或需要感情的一些工作。

3.拥有适应和学习特性，可以演化迭代

人工智能系统在理想情况下应具有一定的自适应特性和学习能力，即具有一定的随环境、数据或任务变化而自适应调节参数或更新优化模型的能力；并且，能够在此基础上通过与云、端、人、物越来越广泛深入的数字化连接扩展，实现机器客体乃至人类主体的演化迭代，以使系统具有适应性、灵活性、扩展性，来应对不断变化的现实环境，从而使人工智能系统在各行各业产生丰富的应用。

1.2 人工智能的分类

人工智能有三种类型，分别是弱人工智能、强人工智能、超人工智能。

1.2.1 弱人工智能

弱人工智能的英文单词是 Artificial Narrow Intelligence，简称为 ANI。弱人工智能是指不能制造出真正能推理（Reasoning）和解决问题（Problem Solving）的智能机器，这些机器只不过看起来像是智能的，但是并不真正拥有智能，也不会有自主意识。主流科研集中在弱人工智能上，并且一般认为这一研究领域已经取得可观的成就。弱人工智能是擅长于单个方面的人工智能，应用于语音识别、图像识别、图像审核、图像效果增强、文字识别、人脸识别、人体分析、语音合成、文本审核、智能写作、博弈及自动驾驶等。例如，有能战胜围棋世界冠军的人工智能"阿尔法狗"（AlphaGo），但是它只会下围棋，如果我们问它其他的问题，它就不知道怎么回答了。

弱人工智能具备"数据处理""自主学习"及"快速改进"三大基本能力，能够将大量数据进行存储—学习—应用—改进的循环，但其局限在于无法进行推理或通用学习，并需要大量的数据样本进行归纳与不断的试错练习。因此，"人"对实现弱人工智能的应用非常重要：需要"人"设计解决问题的方法，需要"人"寻找、识别并分享有用的数据，也需要"人"对机器的行动进行反馈。

大量高质量且有意义的数据样本及如何获得数据样本是弱人工智能进行商业应用的关键成功要素，也是拥有海量数据的互联网巨头得以取得不俗成绩的原因之一。

比如，基于海量的大数据和强大的云计算能力，阿里巴巴的 ET 能实现直播实时字幕、看图说话、个性化推荐与体育视频分析。在美国，亚马逊推出实体店面 Amazon Go，消费者在店里随意选购商品时，人工智能会在后台通过实时图像识别技术将这些商品放进虚拟购物袋。结束购物时，消费者可直接离开，费用将从消费者的亚马逊账户中扣除，大大节省了排队结账的时间和麻烦。

从功能性分析，人工智能的商业应用主要有六大功能，且在各行业都有相应的应用场景（见表1-1）：战略优化/资源配置、静态个性化建议、预测及分析、发现新问题/趋势、处理无规则数据以及产品价格优化。

表 1-1 人工智能商业应用的六大功能及应用场景

功能	领域						
	汽车、制造业	零售业	金融业	农业、能源行业	医疗	公众社会	电信、媒体行业
战略优化/资源配置	优化研发、制造过程来追踪产品进度	各地区广告资源的投放和组合	根据市场实际情况优化银行分支机构	优化供货商和采购的组合 优化能源精炼组合	优化医生和病人的分配以减少资源浪费问题	优化城市的公共资源，提高生活质量	优化信息和网络资源的配置
静态个性化建议	根据乘客座位和偏好推荐车内信息	根据消费者偏好进行产品推荐	将金融产品更有针对性地推荐给有需要的客户	农业技术的个性化处理	根据病人健康状况优化治疗手段	个性化定制公众服务	广告投放的个性化推荐
预测及分析	预测故障并预先维护	预测未来需求走向和供应链的限制	风险评估等	预测广告需求走向和价格走向	疾病严重性的预测	预测并阻止恐怖袭击及非法活动	预测消费需求以及消费个体的价值和风险
发现新问题/趋势	识别生产当中发现的产能低下、质量低下等问题	消费者偏好的变化	辨别欺诈、无信用等违法行为	某些能源、农业化学品的潜在未知风险	识别过度诊疗以及医疗欺诈行为	发现新的社会形态和社会行为	发现消费模式的新趋势
处理无规则数据	识别语音指令	根据每天店内销售情况进行市场分析	识别语音指令	构建农业和能源特征地图	对可穿戴设备回收的数据进行处理和分析	由社会不同群体分析并总结社会形态特征	识别媒体内容的特征
产品价格优化	优化市场组合及营销成本	优化产品库存配置	通过对金融产品价格走向的预测来制定交易策略	根据消费者消费水平优化定价手段	优化各地区医疗物资的定价策略	对政府提供的服务和设施进行定价优化	优化营销组合以及营销成本

案 例

风格迁移（AI 艺术家）

风格迁移也可以理解为"滤镜"类，就是把照片按照给定的艺术画进行再创作（风格化），这类产品现在有很多，有静态图的，也有动态视频类的。

不同产品的滤镜其实都差不多，都是以各种世界名画为素材，来风格化用户上传的照片。唯一区别就是各产品的算法跟硬件设备稍有不同，这导致了用户上传照片后获取风格化的艺术照所需要的时间不一。

其实，人工智能在设计行业的应用，不一定用世界名画作为素材，可以根据设计的需要，选取合适的主题来配合设计风格。比如，做建筑设计的，想要表达新江南或新中式的风格，可以拿吴冠中的江南画作为风格化的素材，迁移一下，立面图、效果图是不是立马有新中式的味道了？图 1-1 展示的就是通过 DeepArt 软件生成的艺术照片。

图 1-1 通过 DeepArt 软件生成的艺术照片

无人仓技术

在需求、技术（大数据技术、人工智能）以及资本等多方促进下，我国的无人仓技术迅速发展。而以无人仓为代表的智慧物流也将成为物流变革的重要驱动力。图1-2为京东物流无人仓库。根据京东物流公布的无人仓相关数据，其智慧大脑能够在0.2秒内计算出300多个机器人运行的680亿条可行路径；智能控制系统反应速度是人的6倍；分拣"小红人"速度达每秒3米，是全世界最快的分拣速度；运营效率是传统仓库的10倍。

图1-2　京东物流无人仓库

1.2.2　强人工智能

强人工智能的英文单词是Artificial General Intelligence，简称AGI。强人工智能是指在各方面都能和人类比肩的人工智能，人类能干的脑力活它都能干。强人工智能是一种宽泛的心理能力，能够进行思考、计划、解决问题、抽象思维、理解复杂理念、快速学习和从经验中学习等操作。强人工智能需要结合情感、认知和推理等人脑高阶智能，并能通用到各种场景中，是未来人工智能的主要发展方向。由于技术壁垒非常高，强人工智能目前仍处于探索阶段，但未来的发展空间不可估量，国内外一些由顶尖科学家领导的创业公司正在各个垂直领域努力寻求技术突破。

在弱人工智能三大基本能力的基础上，强人工智能还具有如人脑一样的完整推理能力（Robust Reasoning），即掌握学习的方法，减少对"人"的依赖。此能力有多种不同的技术实现路径，例如迁移学习（Transfer Learning）、小数据推理等，甚至不只是一种技术，而是多种技术的叠加。

迁移学习是人类的本能，核心是发现共性（共同特征），在一个模型训练任务中针对某种类型数据获得的关系也可轻松应用于同一领域的不同问题。让机器具备此能力对人工智能的未来发展和商业应用有三大重要意义：①实现小数据学习，而非依赖成本高昂的海量数据；②触类旁通，实现通用功能，而非学习的应用仅限于一个领域；③实现个性化服务，应用于个人化的场景中。如图1-3所示，迁移学习的核心就是发现问题的共性/特征。

小数据推理是指用样本量小且存在不确定性的数据样本进行推理，并通用到其他场景中，这更符合现实中的大多数情况，但其难点在于推断部分，而现阶段的发展目标是创建一个稳定的计算平台来进行推断。

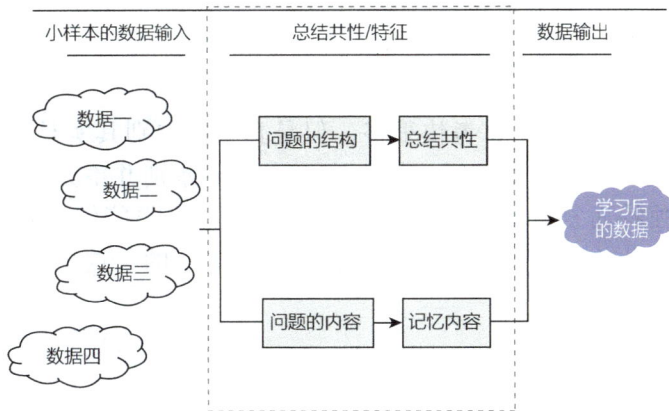

图 1-3 迁移学习的核心是发现问题的共性 / 特征

另外，强化学习（Reinforcement Learning）的进一步发展也为强人工智能的技术突破创造了可能性。强化学习的最大优势在于机器可以理解这个世界，在正常运行中学习，随后利用自己所学的知识完成人类指定的任务，纠正自主行为。特别是"一次性学习（One-shot Learning）"尝试用很小的样本量进行学习，攻克此技术难题后，强化学习的发展速度将得到大幅提升。

可见，强人工智能应用的成本相对低于弱人工智能。在商业应用方面，除了能够进一步降低成本和提高效率，还会出现许多创新的商业模式和用户体验，甚至能够完成人类不能完成的活动，进行高价值的创造。如何打好组合拳以实现多种技术叠加的最大效应，是强人工智能将来要解决的一大问题。

1.2.3 超人工智能

超人工智能的英文单词是 Artificial Super Intelligence，简称 ASI。牛津大学哲学家、人工智能思想家尼克·博斯特罗姆（Nick Bostrom）将超级智能定义为"在几乎所有领域，包括科学创造力、一般智慧和社交技能，都比最优秀的人类大脑聪明得多的智力"。超人工智能可以是各方面都比人类强一点，也可以是各方面都比人类强万亿倍的。这也正是超人工智能这个话题为什么这么火的缘故。

目前，人工智能领域很多专家认为 2060 年是一个实现超人工智能的合理预测年，主流观点也认为超人工智能可能在 21 世纪就发生，发生时可能会产生巨大的影响。超人工智能意味着什么呢？很多人在提到和人类一样聪明的超级智能的计算机时，第一反应是它运算速度会非常快，就好像一个运算速度是人类百万倍的机器，能够用几分钟时间思考完人类几十年才能思考完的东西。

美国未来学家雷·库兹韦尔（Ray Kurzweil）提出了著名的"奇点（Singularity）理论"。他认为，科技的发展是符合幂律分布的。前期发展缓慢，后面越来越快，直到爆发。库兹韦尔认为，以幂律式的加速度发展，2045 年，强人工智能终会出现。人工智能花了几十年时间，终于达到了幼儿智力水平。然后，可怕的事情出现了，在到达这个节点一小时后，计算机立刻推导出了爱因斯坦的相对论；而在这之后一个半小时，这个强人工智能变成了超人工智能，智能瞬间达到了普通人类的 17 万倍。这就是改变人类种族的"奇点"。库兹韦尔也有很多支持者，比如斯蒂芬·霍金（Stephen Hawking）、比尔·盖茨（Bill Gates）和埃隆·马斯克（Elon Musk）。

超人工智能确实会比人类思考快很多，但是真正的差别其实是在"智能"的质量，而不是速度上。人类之所以比猩猩智能很多，真正的差别并不是思考的速度，而是人类的大脑有一些独特而复杂的认知模块，这些模块让人类能够进行复杂的语言呈现、长期规划或者抽象思考等，而猩猩的脑子是做不来这些的，这也正是超人工智能的进化之处。

1.3 人工智能与图灵测试

1.3.1 图灵测试的研究过程

1936 年，英国哲学家阿尔弗雷德·艾耶尔（Alfred Ayer）思考了一个心灵哲学问题：我们怎么知道其他人曾有同样的体验。在《语言、真理与逻辑》中，艾耶尔指出有意识的人类及无意识的机器之间的区别。

1950 年，英国计算机科学家、数学家艾伦·麦席森·图灵（A. M. Turing）发表了一篇划时代的论文，文中预言了创造出具有真正智能的机器的可能性。由于注意到"智能"这一概念难以确切定义，他提出了著名的图灵测试。图灵测试是人工智能哲学方面第一个严肃的提案。

1952 年，在一场 BBC 广播中，图灵谈到了一个新的具体想法：让计算机来冒充人，如果超过 30% 的裁判误以为在和自己说话的是人而非计算机，那么测试就算成功。

1956 年达特茅斯会议之前，英国研究者已经探索了十几年的机器人工智能研究。比率俱乐部是一个非正式的英国控制论和电子产品研究团体，成员包括图灵。

1980 年美国哲学家约翰·塞尔（John Searle）在《心智、大脑和程序》一文中提到的中文屋实验，对图灵测试发表了批评。

美国科学家兼慈善家休·罗布纳（Hugh Loebner）于 20 世纪 90 年代初设立人工智能年度比赛，把图灵的设想付诸实践。

2014 年 6 月在英国皇家学会举行的"2014 图灵测试"大会上，举办方英国雷丁大学发布新闻稿，宣称俄罗斯人弗拉基米尔·维西罗夫（Vladimir Veselov）创立的人工智能软件尤金·古斯特曼（Eugene Goostman）通过了图灵测试。虽然"尤金"软件还远不能"思考"，但这是人工智能乃至于计算机史上的一个标志性事件。

2015 年 11 月，*Science* 杂志封面刊登了一篇重磅研究：人工智能终于能像人类一样学习，并通过了图灵测试。测试的对象是一种 AI 系统，研究者分别展示了它未见过的书写系统（例如藏文）中的一个字符例子，并让它写出同样的字符、创造相似的字符等。结果表明这个系统能够迅速学会写陌生的文字，同时还能识别出非本质特征，也就是那些因书写造成的轻微变异，通过了图灵测试，这也是人工智能领域的一大进步。

1.3.2　图灵测试的内容

图灵提出了一种测试机器是不是具备人类智能的方法，即假设有一台计算机，其运算速度非常快、记忆容量和逻辑单元的数目也超过了人脑，而且还为这台计算机编写了许多智能化的程序，并提供了合适种类的大量数据，那么，是否就能说这台机器具有思维能力了呢？

图灵肯定机器是可以思维的，他还对智能问题从行为主义的角度给出了定义，由此提出一个假想：即一个人在不接触对方的情况下，通过一种特殊的方式，和对方进行一系列的问答，如果在相当长时间内，他无法根据这些问题判断对方是人还是计算机，那么就可以认为这台计算机具有和人类相当的智力，即这台计算机是具有思维的。这就是著名的"图灵测试"（Turing Testing），如图 1-4 所示。

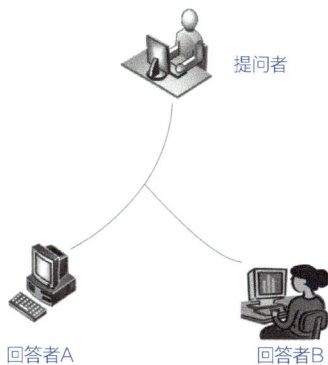

图 1-4　图灵测试示意图

要分辨一个想法是"自创"的思想，还是精心设计的"模仿"，是非常难的，任何自创思想的证据都可以被否决。图灵试图解决长久以来关于如何定义思考的哲学争论，他提出一个虽然主观但可操作的标准：如果一台计算机的表现（act）、反应（react）和互相作用（interact）都和有意识的个体一样，那么它就应该被认为是有意识的。

为消除人类心中的偏见，图灵设计了一种"模仿游戏"，即图灵测试：远处的人类测试者在一段规定的时间内，根据两个实体对他提出的各种问题的反应来判断是人还是计算机。通过一系列这样的测试，从计算机被误判断为人的概率就可以测出计算机智能化的程度。

案　例

图灵测试

图灵采用"问"与"答"模式，即观察者通过控制打字机向两个测试对象通话，其中一个是人，另一个是机器。要求观察者不断提出各种问题，从而辨别回答者是人还是机器。图灵还为这项测试亲自拟定了几个示范性问题。

问：请给我写出有关"第四号桥"主题的十四行诗。

答：不要问我这道题，我从来不会写诗。

问：34957 加 70764 等于多少？

答：（停 30 秒后）105721。

问：你会下国际象棋吗？

答：是的。

问：我在我的 K1 处有棋子 K；你仅在 K6 处有棋子 K，在 R1 处有棋子 R。轮到你走，你应该下哪步棋？

答：（停 15 秒钟后）棋子 R 走到 R8 处，将军！

图灵指出:"如果机器在某些现实的条件下,能够非常好地模仿人回答问题,以至提问者在相当长时间里误认为它不是机器,那么机器就可以被认为是能够思维的。"

从表面上看,要使机器回答按一定范围提出的问题似乎没有什么困难,可以通过编制特殊的程序来实现。然而,如果提问者并不遵循常规标准,编制回答的程序是极其困难的事情。例如,提问与回答呈现出下列状况。

问:你会下国际象棋吗?

答:是的。

问:你会下国际象棋吗?

答:是的。

问:请再次回答,你会下国际象棋吗?

答:是的。

你多半会想到,面前的这位是一部笨机器。如果提问与回答呈现出如下的另一种状况。

问:你会下国际象棋吗?

答:是的。

问:你会下国际象棋吗?

答:是的,我不是已经说过了吗?

问:请再次回答,你会下国际象棋吗?

答:你烦不烦,干嘛老提同样的问题。

那么,你面前的这位,大概率是人而不是机器。上述两种对话的区别在于,第一种可明显地感觉到回答者是从知识库里提取简单的答案,第二种则具有综合分析的能力,回答者知道观察者在反复提出同样的问题。"图灵测试"没有规定问题的范围和提问的标准,如果想要制造出能通过试验的机器,以我们的技术水平,必须在计算机中储存人类所有可以想到的问题,储存对这些问题的所有合乎常理的回答,并且还需要理智地做出选择。

1.4　人工智能的风险挑战与应对措施

1.4.1　人工智能的风险挑战

人工智能作为新一轮科技革命和产业变革的引领力量,正深刻地影响着我们的社会、经济和生活方式。这既带来了前所未有的机遇,也带来了一系列新的风险挑战。

1. 技术失控与超级智能风险

随着人工智能系统的复杂性和自主性逐渐增加,存在超出人类控制范围的风险。这种失控可能导致不可预测的决策或行为,对人类社会造成较大的威胁。特别是当人工智能系统具有自主学习和决策能力时,其目标和行动可能与人类利益不完全一致,从而引发风险。另一个被广泛讨论的概念是"超级智能",即比人类最聪明的大脑还要聪明得多的AI系统。如果这样的系统出现,并且其目标函数与人类的利益不完全一致,那么它可能会做出对人类不利的决策,如追求自身的利益而忽视人类的需求和价值。

2. 数据安全和隐私威胁

人工智能系统通常需要大量的数据来训练和改进算法或者模型。如果这些数据未经适当保护，就可能会被滥用或泄露，对个人的隐私和安全造成严重威胁。特别是当数据包含一些敏感信息（如个人身份、健康状况、金融交易记录等）时，泄露的风险更大。此外，人工智能系统的训练数据可能存在偏见，导致对某些群体或个体的不公平对待。例如，在招聘和贷款等决策中，由于训练数据的偏见，人工智能系统可能产生相应的歧视性结果。这种偏见和歧视可能会被放大并嵌入算法中，进一步加剧社会不平等现象。

3. 就业结构的影响

人工智能的快速发展可能导致大量工作岗位的自动化，从而减少对人力资源的需求。例如，生产线上的装配工作、客服中心的电话操作员、某些行业的数据分析等都可以被机器人或自动化系统取代。这可能导致失业问题。例如，百度旗下的萝卜快跑自动驾驶出行服务平台，目前在武汉、重庆、北京、深圳等城市开启了全无人自动驾驶出行服务与测试（见图 1-5）。截至 2024 年 4 月 19 日，萝卜快跑累计向公众提供乘车服务 600 万次。如果萝卜快跑全面投入市场，全国超 1000 万的出租车和网约车从业人员将面临失业风险。

图 1-5　萝卜快跑汽车

人工智能的发展还可能导致技能需求的改变。新的技术和工具的出现需要人们具备不同的新技能和新知识，这可能改变社会就业结构。

4. 伦理和道德挑战

人工智能系统在决策过程中可能产生伦理问题。例如，在自动驾驶汽车中，系统可能需要在紧急情况下做出选择，如避免撞击行人或保护乘客。这引发了道德和法律上的困境，需要解决权衡不同利益的问题。

当人工智能系统做出决策并导致不良后果时，责任的归属问题变得复杂。由于人工智能系统的决策过程往往难以解释和预测，因此很难确定谁应该承担责任。这可能导致法律纠纷和社会不满。

5. 军事和武器化风险

人工智能有可能被用于军事目的，包括开发自主武器系统。这可能会加剧国际紧张局势和冲突，因为自主武器系统可能在没有人类干预的情况下做出决策和使用武力。这种自主性可能导致无法预测的后果和不可控的局面。

6. 法律和政策滞后

人工智能技术的快速发展超过了现有的法律和伦理框架的适应能力。例如，自动驾驶汽车的出现引发了关于责任分配和伦理抉择的争议。这要求政府和国际组织制定和实施有效的监管框架，以确保人工智能的健康发展。然而，目前法律和政策的制定往往滞后于技术的发展速度。

7. 公众认知与接受度

人工智能系统的复杂性和"黑箱"特性使其难以理解和解释内部的决策过程。这给用户、监管机构和社会大众带来了信任和接受的挑战。如果公众对人工智能系统的决策过程缺乏信任和理解，那么其广泛应用可能会受到阻碍。

1.4.2　风险与挑战的应对措施

为了应对人工智能的风险与挑战，需要采取以下措施。

1. 加强监管和立法

2010年后，人工智能的发展迎来了第三次高潮。尤其是2022年以来，生成式人工智能的兴起加速了人工智能的应用和发展。各国政府和国际组织需要制定和实施有效的监管框架和法律法规，以确保人工智能的开发和应用符合伦理和法律标准。

2. 提升技术透明度

随着人工智能技术的飞速发展，智能系统已广泛应用于各个领域，从医疗诊断到自动驾驶，从金融分析到教育辅导，人工智能的足迹无处不在。但人们对于人工智能决策过程的"黑箱"特性产生了深深的疑虑，因此需要发展可解释性和透明度更高的算法和技术手段，以便能够更好地理解和监管人工智能系统的决策过程。

3. 促进跨学科研究和合作

人工智能作为一门新兴的科学技术，正日益渗透到各个学科领域。随着技术的不断发展和应用，其与其他学科的融合已成为一个备受关注的话题。这种融合不仅有望推动跨学科研究的进展，还可能对人类的学术传统、知识产生以及人类角色带来深远的影响。因此，深入研究人工智能与跨学科研究的融合，对于理解其在现代社会中的哲学意义至关重要。同时，也需要不同学科领域的专家和研究人员共同合作，以应对人工智能带来的各种挑战。

4. 加强公众教育和意识提升

人工智能技术不应该被视为人类的竞争对手，而应该被看作是人类智慧的延伸和补充。因此，需要通过推动人工智能与人类的合作共生，实现更好的社会和经济效益；需要通过教育和宣传，提高公众对人工智能的认识和理解，确保其广泛应用。

5. 关注数据隐私和安全

数据隐私和安全威胁是人工智能发展面临的一大挑战。一是要加强对数据隐私的保护，确保数据使用的透明度和法律合规性，防止滥用和不当使用；二是要通过技术手段来解决数据隐私保护的问题，确保数据安全。

6. 推动技术创新与人才培养

人工智能的发展非常快，这就需要推动技术创新和人才培养，以适应人工智能时代的发展需求，同时关注技能需求的变化并调整教育和培训体系。

1.5 人工智能国家治理

当前，全球人工智能技术快速更迭，以 ChatGPT 为代表的生成式人工智能技术不断催生新场景、新业态、新模式和新市场。在赋能人类社会经济进步的同时，人工智能"狂飙突进"式的发展也给全球带来了安全隐患和风险挑战。

2023 年 7 月，联合国秘书长古特雷斯呼吁成立实体机构负责人工智能安全治理，并召集成立"人工智能高级别咨询委员会"进行探讨，拉开了全球人工智能治理的序幕。2023 年 2 月和 11 月，荷兰与英国分别举办了全球性的人工智能峰会，发布了《军事领域负责任使用人工智能行动倡议》和《布莱切利宣言》。2023 年 10 月，习近平主席在第三届"一带一路"国际合作高峰论坛开幕式上的主旨演讲中提出《全球人工智能治理倡议》，向国际社会展示我国在人工智能治理方面的政策主张。此外，联合国互联网治理论坛、世界经济论坛等国际组织也陆续提出有关全球人工智能治理的倡议。据不完全统计，目前全球关于人工智能的倡议已有 50 多个，这标志着全球人工智能治理进入了全面发展的新阶段。

1.5.1　国外人工智能国家治理

在人工智能国家治理方面，不同国家和地区往往根据其自身的法律传统、技术发展水平、政策导向等因素来制定各具特色的治理模式。

1. 欧盟《人工智能法案》

欧盟的人工智能治理模式坚持伦理优先，主张在促进人工智能发展与创新的同时，防范人工智能风险，确保公民基本权利和安全。欧盟将人工智能视为战略技术，致力于在全球范围内推广伦理优先的治理方法。

《人工智能法案》是全球首个 AI 监管法案，2021 年被首次提出，适用于任何使用人工智能系统的产品或服务。该法案根据 4 个级别的风险对人工智能系统进行分类，从最小到不可接受。风险较高的应用程序，例如招聘和针对儿童的技术将面临更严格的要求，包括更加透明和使用准确的数据。

2023 年 12 月 8 日，欧盟就《人工智能法案》达成协议。该项法案旨在通过全面监管人工智能，为这一技术的开发和使用提供更好的条件，谈判同意对生成式人工智能工具实施一系列控制措施。2024 年 2 月 2 日，欧盟 27 国代表一致支持《人工智能法案》文本。2024 年 3 月 13 日，欧洲议会通过了《人工智能法案》。2024 年 5 月 21 日，欧洲理事会正式批准欧盟《人工智能法案》。《人工智能法案》于 2024 年 8 月 1 日在整个欧盟范围内正式生效。

2. 美国人工智能国家治理

美国的人工智能治理模式坚持创新优先，强调维护和促进人工智能技术的创新发展。美国政府通过发布一系列政策、法规和行政命令，旨在确保美国在人工智能技术和产业领域的全球领先地位。

美国的人工智能治理架构呈现分散的特点，各州拥有独立的立法权和执法权，可以独立制定和实施自己的法律。在联邦层面，多个部门和机构共同参与人工智能的治理工作，形成了多部门协同的治理架构。

2023年1月，美国商务部国家标准与技术研究院发布《人工智能风险管理框架》，旨在对人工智能系统全生命周期实行有效的风险管理。

2023年10月，美国第一次在政治对话中真正纳入人工智能的议程，并发布总统行政命令《安全、可靠和值得信赖的人工智能开发和使用》，明确了美国政府治理人工智能的政策法律框架，并动用《国防生产法》的紧急权力，强制要求人工智能企业进行安全测试并与政府分享测试成果。

2024年5月，美国参议院人工智能工作组发布《推动美国在AI领域的创新：参议院AI政策路线图》，进一步明确了美国在人工智能领域的发展方向。

1.5.2　我国人工智能国家治理

我国人工智能国家治理是一个多维度、多层次的复杂体系，旨在通过法律法规建设、治理原则与理念、国际合作与倡议、监管机制与措施等多个方面的努力，推动人工智能技术的健康发展和社会福祉的提升。

1. 治理原则与理念

以人为本：强调人工智能技术的发展应服务于人类福祉，不能偏离人类文明进步的方向。

智能向善：规范人工智能在法律、伦理和人道主义层面的价值取向，确保人工智能发展安全可控。

发展与安全并重：在鼓励人工智能创新发展的同时，注重防范和化解潜在的安全风险。

2. 法律法规建设

我国建立了一系列与人工智能相关的法律法规，以规范人工智能技术的研发、应用和管理。

人工智能领域涉及大量的技术创新和知识产权问题。《中华人民共和国刑法》《中华人民共和国商标法》《中华人民共和国专利法》《中华人民共和国著作权法》等法律法规对侵犯知识产权的行为进行了严厉打击，保护了创新者的合法权益，促进了人工智能技术的健康发展。

2017年7月，国务院印发《新一代人工智能发展规划》。2020年7月，国家标准化管理委员会、中央网信办、国家发展改革委、科学技术部、工业和信息化部联合印发《国家新一代人工智能标准体系建设指南》，从基础技术、产品、服务、行业应用以及安全伦理方面进行规范和指导，旨在加强人工智能领域标准化顶层设计，推动人工智能产业技术研发和标准制定，促进产业健康可持续发展。2023年7月10日，国家网信办联合国家发展改革委、教育部、科学技术部、工业和信息化部、公安部、广电总局发布的《生成式人工智能服务管理暂行办法》，自2023年8月15日起施行。该办法要求提供和使用生成式人工智能服务，应当遵守法律、行政法规，尊重社会公德和伦理道德，不得生成虚假有害信息等法律、行政法规禁止的内容；鼓励生成式人工智能技术在各行业、各领域的创新应用，生成积极健康、向上向善的优质内容，助力营造健康、有序、诚信的网络环境。我国也因此成为世界上首个为 GPT 大模型立法的国家。

3. 国际合作与倡议

我国积极与美国、法国等建立高层级对话机制。2023 年 11 月，中美元首旧金山会晤期间，两国就建立人工智能政府间对话机制达成重要共识。2024 年 5 月，中美人工智能政府间对话首次会议成功举行。2024 年 5 月 7 日，中法两国发布《中华人民共和国和法兰西共和国关于人工智能和全球治理的联合声明》，加强了两国在人工智能领域的合作。

2023 年 10 月，我国提出《全球人工智能治理倡议》，旨在推动全球人工智能的健康发展，确保人工智能技术更好地服务于人类社会。该倡议强调了人工智能发展的基本原则，包括以人为本、智能向善、造福人类等，并提出了加强国际合作、完善法律法规、提升技术能力等一系列具体措施。2024 年 7 月，在上海举办的 2024 世界人工智能大会上，我国发布了《人工智能全球治理上海宣言》。该宣言提出要促进人工智能发展，维护人工智能安全，构建人工智能的治理体系，加强社会参与和提升公众素养，提升生活品质与社会福祉。

1.6　人工智能的发展趋势

人工智能的发展趋势是多方面且快速演进的，有以下几大主要趋势。

1. 大模型的持续迭代

2022 年 11 月，OpenAI 公司推出一款人工智能对话聊天机器人 ChatGPT，其出色的自然语言生成能力引起了全世界范围的广泛关注，2 个月用户突破 1 亿，国内外随即掀起了一场大模型浪潮，Gemini、文心一言、Copilot、LLaMA、SAM、Sora 等各种大模型如雨后春笋般涌现，2022 年也被誉为大模型元年。这些模型展现了更强的多模态能力和更广泛的应用场景，在文本生成、图像识别、音频处理等方面表现出色，并持续推动技术边界的拓展。

2. 生成式人工智能的兴起

生成式人工智能（Generative Artificial Intelligence）是利用复杂的算法、模型和规则，从大规模数据集中学习，以创造新的原创内容的人工智能技术。生成式人工智能在文本、图像、视频等多个领域展现出强大的创造力，降低了专业创作的门槛，并推动了数字创意产业的快速发展。

2023 年 12 月，生成式人工智能入选"2023 年度十大科技名词"。这项技术从单一的语言生成逐步向多模态、具身化快速发展。在图像生成方面，生成系统在解释提示和生成逼真输出方面取得了显著的进步。同时，视频和音频的生成技术也在迅速发展，这为虚拟现实和元宇宙的实现提供了新的途径。

2024 年 4 月，在瑞士举行的第 27 届联合国科技大会上，世界数字技术院（WDTA）发布了《生成式人工智能应用安全测试标准》和《大语言模型安全测试方法》两项国际标准。这两项国际标准由 OpenAI、蚂蚁集团、科大讯飞、谷歌、微软、英伟达、百度、腾讯等数十家单位的多名专家学者共同编制而成。

3. 人工智能与机器人技术的融合

将大型语言模型与机器人或智能体相结合，使机器人在现实世界中更有效地工作，成为未来发展的重要方向。人形机器人正逐步走出实验室,进入公众视野。它们不仅在家庭、工业等领域展现出应用潜力,还推动了机器人技术的整体进步。2024 年 4 月 27 日,北京人形机器人创新中心在北京发布了全球首个纯电驱拟人奔跑的全尺寸人形机器人"天工"。

4. 人工智能加速赋能千行百业

截至 2024 年 5 月,我国人工智能发展取得积极进展,企业数量超过 4500 家,智能芯片、通用大模型等创新成果加速涌现,智能基础设施不断夯实,数字化车间和智能工厂加快建设,为人工智能赋能新型工业化奠定了良好基础。人工智能在影像、零售、制造、金融、教育、医疗等领域已得到广泛应用,改变了生产模式和经济形态,提高了生产效率,降低了生产成本,有效提升了产业国际竞争力。

5. 人工智能的法规与伦理问题日益受到重视

随着人工智能技术的快速发展,各国政府纷纷出台相关法规以规范其应用和发展。我国关于人工智能的法律法规主要包括与个人信息保护、网络安全以及知识产权保护相关的法律。这些法律法规共同构成了我国人工智能领域的基本法律框架。人工智能的伦理问题也日益受到关注,包括隐私保护、算法偏见、责任归属等。

6. 人工智能的算力与数据需求持续增长

算力是支撑人工智能算法运行和数据处理的基础设施。随着人工智能技术的不断发展,对算力的需求也在持续增长。为了满足大模型等复杂应用的需求,算力规模呈指数级增长。数据是人工智能的"燃料",是驱动 AI 技术发展的重要基础。没有数据的支持,再先进的算法和算力也无法发挥出应有的价值。随着人工智能应用的深入,高品质数据的需求不断增加,合成数据的重要性也日益凸显。

习 题 测 试

一、单选题

1. 人工智能英文缩写为(　　　)。

　　A. IT　　　　　　　　　　　　B. AI

　　C. IG　　　　　　　　　　　　D. IBM

2. "人工智能是关于知识的学科——怎样表示知识以及怎样获得知识并使用知识的科学。"这是(　　　)提出的。

　　A. 艾伦·纽厄尔　　　　　　　　B. 尼尔逊

　　C. 温斯顿　　　　　　　　　　　D. 图灵

3. 下列不是弱人工智能应用的是(　　　)。

　　A. 语音识别　　　　　　　　　　B. 图像识别

　　C. 文本审核　　　　　　　　　　D. 迁移学习

4. 迁移学习是人类的本能,其核心是(　　　)。

　　A. 机器学习　　　　　　　　　　B. 数据处理

　　C. 发现共性　　　　　　　　　　D. 自主学习

5. 著名的"奇点理论"是（　　）提出的。
   A. 库兹韦尔
   B. 爱因斯坦
   C. 爱德华·费根鲍姆
   D. 艾伦·纽厄尔
6. 著名的图灵测试是（　　）提出的。
   A. 约翰·塞尔
   B. 尼尔逊
   C. 温斯顿
   D. 图灵
7. 下列不属于人工智能的风险挑战的是（　　）。
   A. 技术失控与超级智能风险
   B. 数据安全和隐私威胁
   C. 引领产业革命
   D. 就业和社会稳定影响

二、多选题

1. 人工智能的定义可以分为两部分，即（　　）和（　　）。
   A. 人工
   B. 智能
   C. 人脑
   D. 计算机
2. 20 世纪 70 年代以来被称为世界三大尖端技术的是（　　）。
   A. 空间技术
   B. 能源技术
   C. 人工智能
   D. 基因工程
3. 21 世纪三大尖端技术是（　　）。
   A. 基因工程
   B. 纳米科学
   C. 人工智能
   D. 能源技术
4. 人工智能分类为（　　）。
   A. 弱人工智能
   B. 强人工智能
   C. 超人工智能
   D. 类人工智能
5. 我国人工智能的治理原则是（　　）。
   A. 以人为本
   B. 智能向善
   C. 发展与安全并重
   D. 能源技术

三、判断题

1. 人工智能与思维科学的关系是实践和理论的关系。　　　　　　　　　　　（　　）
2. 弱人工智能的英文单词是 Artificial Narrow Intelligence，简称为 AGI。　　（　　）
3. 2015 年 11 月，*Science* 杂志封面刊登了一篇重磅研究：人工智能终于能像人类一样学习，并通过了图灵测试。　　　　　　　　　　　　　　　　　　　　　　（　　）
4.《人工智能法案》是全球首个 AI 监管方案。　　　　　　　　　　　　　（　　）

四、简答题

1. 本章主要介绍了人工智能的哪些知识？
2. 图灵测试对人工智能的发展起到了哪些划时代的意义？
3. 试对比弱人工智能与强人工智能之间的区别与联系，并举例说明。
4. 试简述人工智能的发展趋势。

人工智能应用基础

第 2 章
人工智能的发展简史

教学目标

- 了解人工智能与其他学科间的联系。
- 理解人工智能的形成史。
- 理解人工智能的发展史。
- 理解人工智能的各学派思想。
- 能够对人工智能与各学科间的交叉和区别进行分析。
- 能够简述人工智能发展史上的重大事件。
- 能够对比总结人工智能各学派思想的差别与联系。

素质目标

- 激发学生科技报国的家国情怀。
- 树立学生的自主创新意识。
- 培养学生的职业理想与职业担当。

概　述

　　人工智能在 20 世纪五六十年代被正式提出，1950 年，一位名叫马文·明斯基（Marvin Minsky，后被称为"人工智能之父"）的大四学生与他的同学邓恩·埃德蒙一起，建造了世界上第一台神经网络计算机。这也被看作是人工智能的一个起点。巧合的是，同样是在 1950 年，被称为"计算机之父"的图灵提出了一个举世瞩目的想法——图灵测试。按照图灵的设想：如果一台机器能够与人类开展对话而不能被辨别出机器身份，那么这台机器就具有智能。而就在这一年，图灵还大胆预言了真正具备智能机器的可行性。1956 年，在达特茅斯会议上，计算机专家约翰·麦卡锡（John McCarthy）等人提出了"人工智能"一词。就在这次会议后不久，麦卡锡和明斯基共同创建了世界上第一座人工智能实验室——MIT AI LAB 实验室。值得注意的是，达特茅斯会议正式确立了 AI 这一术语，并且开始从学术角度对 AI 展开了严肃而精专的研究。在那之后不久，最早的一批人工智能学者和技术开始涌现。因此，达特茅斯会议被广泛认为是人工智能诞生的标志，从此人工智能走上了快速发展的道路。

　　20 世纪 90 年代中期开始，随着 AI 技术尤其是神经网络技术的逐步发展，以及人们对 AI 开始抱有客观理性的认知，人工智能技术开始进入平稳发展时期。1997 年 5 月 11 日，IBM 的计算机系统"深蓝"战胜了国际象棋世界冠军卡斯帕罗夫（Kasparov），又一次在公众领域引发了现象级的 AI 话题讨论。这是人工智能发展的一个重要里程碑。

　　2006 年，深度学习之父、谷歌副总裁兼工程研究员杰弗里·辛顿（Geoffrey Hinton）在神经网络的深度学习领域取得突破，这是标志性的技术进步，人类又一次看到机器赶超人类的希望。

思维导图

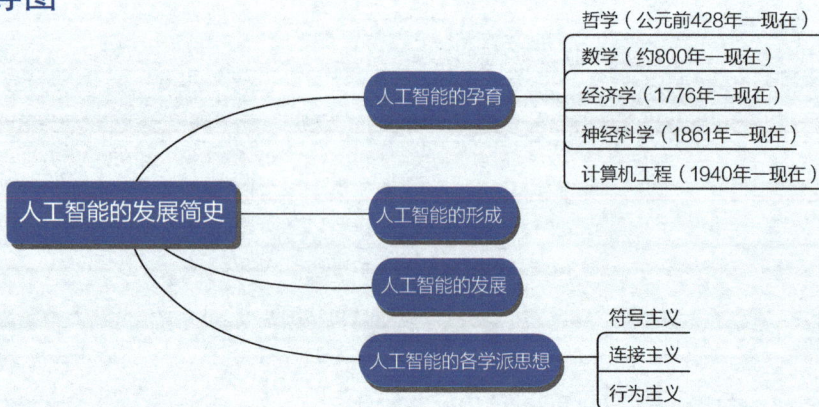

2.1　人工智能的孕育

人工智能的孕育阶段主要是指 1956 年以前。自古以来，人们就一直试图用各种机器来代替人的部分脑力劳动，以提高人们征服自然的能力，其中对人工智能的产生、发展有重大影响的主要研究成果如下。

大约公元前 355 年，伟大的哲学家亚里士多德（Aristotle）就在其编著的《工具论》中提出了形式逻辑的一些主要定律，他提出的三段论至今仍是演绎推理的基本依据。

英国哲学家弗朗西斯·培根（F. Bacon）曾系统地提出了归纳法，还提出了"知识就是力量"的警句。这对于研究人类的思维过程，以及自 20 世纪 70 年代人工智能转向以知识为中心的研究都产生了重要影响。

德国数学家和哲学家戈特弗里德·威廉·莱布尼茨（G. W. Leibniz）提出了万能符号和推理计算的思想，他认为可以建立一种通用的符号语言以及在此符号语言上进行推理的演算。这一思想不仅为数理逻辑的产生和发展奠定了基础，而且是现代机器思维设计思想的萌芽。

英国逻辑学家乔治·布尔（G. Boole）致力于使思维规律形式化和机械化，并创立了布尔代数。他在《思维法则》一书中首次用符号语言描述了思维活动的基本推理法则。

英国数学家图灵在 1936 年提出了一种理想计算机的数学模型，即图灵机，为后来电子数字计算机的问世奠定了理论基础。

美国神经生理学家沃伦·麦卡洛克（W. McCulloch）与沃尔特·皮茨（W. Pitts）在 1943 年建成了第一个神经网络模型（M–P 模型），开创了微观人工智能的研究领域，为后来人工神经网络的研究奠定了基础。

美国爱荷华州立大学的约翰·阿塔纳索夫（John Atanasoff）教授和他的研究生克利福特·贝瑞（C. Berry）在 1937—1941 年间开发的世界上第一台电子计算机"阿塔纳索夫 – 贝瑞计算机（Atanasoff–Berry Computer，ABC）"为人工智能的研究奠定了物质基础。需要说明的是：世界上第一台计算机不是许多书上所说的由美国的莫克利和埃柯特在 1946 年发明的。这是美国历史上一桩著名的公案。

由上面的发展过程可以看出，人工智能的产生和发展绝不是偶然的，它是科学技术发展的必然产物。

人工智能是一门边缘学科，属于自然科学和社会科学的交叉学科。用来研究人工智能的主要物质基础以及能够实现人工智能技术平台的机器就是计算机，人工智能的发展历史是和计算机科学技术的发展史联系在一起的。除了计算机科学以外，人工智能还涉及哲学、数学、经济学、神经科学、计算机工程等多门学科。人工智能学科研究的主要内容包括知识表示、自动推理和搜索方法、机器学习和知识获取、知识处理系统、自然语言理解、计算机视觉、智能机器人、自动程序设计等方面。

2.1.1　哲学（公元前 428 年一现在）

亚里士多德认为哲学是科学，而不是感觉、经验和技术。他是第一个把支配意识的理性部分的法则形式化为精确的法则集合的人。他发展了一种非形式的三段论系统用于正确推理，这种系统原则上允许在初始条件下机械地推导出结论。在亚里士多德看来，只有其目的是追究事物的本原和原因的知识，才能称之为科学。人们通过感觉拥有记忆，对统一事物的众多记忆导致经验，由经验得到技术，最后才能知晓事物的本原和原因，从而达到科学。他认为这是一个由低到高的过程，每一阶段比前一阶段更具有"智慧"的意义。有这样一种思想，可以用一个规则集合描述意识的形式化、理性的部分，下一步就是从物理系统的角度来考虑意识。

雷内·笛卡尔（René Descartes）给出了第一个关于意识和物理之间的区别以及由此引起的问题的清晰讨论。将意识作为纯粹的物理概念带来的一个问题是，自由意志看来几乎没有存在空间：如果意识完全由物理定律支配，那么似乎它拥有的自由意志并不比一块"决定"掉向地心的岩石更多。

有了能处理知识的物理意识，下一个问题就是建立知识的来源。自培根的《新工具论》开始的经验主义运动，被约翰·洛克（John Locke）一言以蔽之："无物非先感而后知"。大卫·休谟（David Hume）的《论人类天性》（*A Treatise of Human Nature*，1739 年出版）提出现在周知的归纳原理：一般规则是通过揭示形成规则的元素之间的重复关联而获得的。建立在路德维希·维特根斯坦（Ludwig Wittgenstein）和伯特兰·罗素（Bertran Russel）的工作基础上，由鲁道夫·卡尔维纳普（Rudolf Carnap）领导的著名的维也纳学派发展出逻辑实证主义学说。该学说坚持所有的知识都可以用最终与对应于传感器输入的观察语句相联系的逻辑理论来刻画。鲁道夫·卡尔纳普（Rudolf Carnap）的著作《世界的逻辑结构》（*The Logical Structure of the World*，1928 年出版）中定义了一个清楚的计算过程，用以从基本实验中抽取知识。它很可能是第一个把意识当作计算过程的理论。

复旦大学哲学学院教授徐英瑾是中国少有的持续关注人工智能的哲学研究者。他还专门为复旦学生开了"人工智能哲学"课。这门课第一讲的标题是：为何人工智能科学需要哲学的参与？或者换句话来说，一个哲学研究者眼中的人工智能，应该是什么样的？

关于意识的哲学图景的最后元素是知识与行动之间的联系。这个问题对于 AI 至关重要，因为智能既要求推理，也要求行动，而且只有理解如何判断行动的正确性，我们才能理解如何去构建其行动能够被判断是正确的（或理性的）智能体。亚里士多德辩称行动是通过目标与关于行动结果的知识之间的逻辑联系来判定的。亚里士多德的算法在 2300 年后由计算机科学家艾伦·纽厄尔（Allan Newell）和赫伯特·西蒙（Herbert Simon）在他们的 GPS 程序中实现了。我们现在可以称之为回归规划系统。

基于目标的分析是很有用的，但是没有说明当多个行动可达到目标时，或者当根本没有行动可达到目标时，该如何行事。安托万·阿尔诺（Antoine Arnauld）正确地表述了用于在类似情况下决策该采取什么行动的一个定量规则。约翰·斯图尔特·密尔（John Stuart Mill）的著作《功利主义》（*Utilitarianism*，1863 年出版）把理性决策规范的思想发扬推广到人类行为的各个层面。

2.1.2　数学（约 800 年—现在）

哲学家们标志出了 AI 的大部分重要思想，但是实现一门规范科学的飞跃发展就要求在逻辑、计算和概率三个基础领域完成一定程度的数学形式化。

形式逻辑的思想可以追溯到古希腊哲学家，但是其数学的发展其实是从布尔的工作开始的，他于 1847 年完成了命题逻辑，也称布尔逻辑的细致工作。1879 年，高特洛布·弗雷格（Gottlob Frege）扩展了布尔逻辑，使其包含对象和关系，创建了作为当今最基本的知识表示系统的一阶逻辑。阿尔弗雷德·塔斯基（Alfred Tarski）引入了一种参考理论，可以表现如何把逻辑对象与现实世界的对象联系起来。下一步是要确定逻辑和计算能做到的极限。

一般认为第一个不可忽视的算法是欧几里得（Euclid）的计算最大公约数的算法。对于算法自身的研究要回溯到中世纪阿拉伯数学家阿尔·花剌子模（Al-Khwarizmi），他的著述还把阿拉伯数字和代数引入了欧洲。布尔和其他人探讨了逻辑演绎的算法，而到了 19 世纪晚期，把一般的数学推理形式化为逻辑演绎的努力已经展开。

1900 年，大卫·希尔伯特（David Hilbert）提出了一份包括 23 个问题的清单，他提出的最后一个问题是：是否存在一个算法可以判定任何涉及自然数的逻辑命题的真实性，即著名的可判定性问题（Entscheidungs problem），或称判定问题。

1930 年，库特·哥德尔（Kurt Godel）提出存在一个有效的过程可以证明罗素和弗雷格的一阶逻辑中的任何真值语句，但是一阶逻辑不能捕捉到刻画自然数所需要的数学归纳法原则。1931 年，他证明了确实存在真实的局限。他的不完备性定理表明在任何表达能力足以描述自然数的语言中，在不能通过任何算法建立它们的真值的意义上，存在不可判定的真值语句。这个基本的结果还可以解释为表明整数的某些函数无法用算法表示，即它们是不可计算的。

这激发了图灵的热情，他试图精确地刻画哪些函数是能够被计算的。此观念事实上是有些问题的，因为计算或者有效过程的概念实际上是无法给出形式化定义的。然而，丘奇 - 图灵论题说明图灵机有能力计算任何可计算的函数，也就作为一种充分的定义而被大家所接受。图灵还说明了有些函数是无法通过图灵机计算的。例如，没有通用的图灵机可以判断一个给定的程序对于给定的输入能否返回答案或者永远运行下去。

虽然不可判定性和不可计算性对于理解计算是很重要的，不过不可操作性有着更重要的影响。粗略地说，如果解决一个问题需要的时间随实例的规模成指数级增长，那么该问题被称为不可操作的。

在逻辑和计算之外，数学对 AI 的第三个重要贡献是概率理论。意大利人吉罗拉莫·卡尔达诺（Geroamo Cardano）首先搭建了概率思想的框架，按照赌博事件的可能结果来描述它。概率很快成为所有需要定量的科学的无价之宝，帮助对付不确定的测量和不完备的理论。皮埃尔·德·费马（Pierre de Fermat）、布雷西·帕斯卡（Blaise Pascal）、詹姆斯·贝努利（James Bernoulli）、彼埃尔·拉普拉斯（Pierre Laplace）以及其他人推进了理论并引入了新的统计方法。托马斯·贝叶斯（Thomas Bayes）提出了根据新证据更新概率的法则。贝叶斯法则及由其衍生出来的"贝叶斯分析"形成了大多数 AI 系统中不确定推理的现代方法的基础。

2.1.3　经济学（1776 年—现在）

经济学的科学研究从 1776 年开始，当时苏格兰哲学家亚当·斯密（Adam Smith）出版了《国家财富的性质和原因的研究》（也称作《国富论》，*An Inquiry into the Nature and Causes of the Wealth of Nations*）一书。虽然古希腊人和其他一些人也对经济学思想有所贡献，亚当·斯密却是第一个把它当作科学对待的人，他认为经济是个体代理之间的协调过程，这些代理追求自己经济利益的最大化。

很多人认为经济学就是关于金钱的，但是经济学家会说他们真正研究的是人们如何进行选择以达到更理想的结果。对于"偏好的结果"或称效用的数学处理，最先由经济学家瓦尔拉斯（Leon Walras）完成形式化，由弗兰克·拉姆齐（Frank Ramsey）于 1931 年加以改进，后来由约翰·冯·诺依曼（John von Neumann）和奥斯卡·莫根施特恩（Oskar Morgenstern）在他们的著述《博弈论与经济学行为》（*The Theory of Games and Economic Behavior*，1944 年出版）中进一步改进。

虽然 AI 研究多年来一直沿着完全独立的道路发展，但是经济学和运筹学的研究工作对于我们的理性智能体很有贡献。一个原因就是制定理性决策的明显的复杂性。AI 研究者的先驱赫伯特·西蒙于 1978 年获得诺贝尔经济学奖，是因为他早年的工作显示出基于满意度的模型制定"足够好"的决策，而不是艰苦计算得到最优化决策——能更好地描述真实人类行为。到了 20 世纪 90 年代，对于智能体系统中使用决策理论技术的兴趣开始复苏。

2.1.4　神经科学（1861 年—现在）

神经科学研究的是神经系统，特别是大脑。大脑产生思维的精确方式是科学上最重大的神秘现象之一。几千年来人们一直赞同大脑以某种方式和思维联系在一起，因为有证据表明头部受到重击会导致精神缺陷。大约公元前 335 年，亚里士多德写道："在所有的动物中，人拥有相对于其体型比例而言最大的大脑。"然而，直到 18 世纪中期人们才广泛地承认大脑是意识的居所。在那之前，一般认为意识存在于心脏、脾或松果体。法国神经学家保罗·布鲁卡（Paul Broca）通过解剖语言障碍者的大脑发现了人类的语言中枢，现在被称为布鲁卡区。那时，人们已经知道大脑是由神经细胞或称神经元组成的，但是直到 1873 年卡米洛·高尔基（Camillo Golgi）开发出一项染色技术，人们才观察到了大脑的单个神经元。该技术由圣地亚哥·拉蒙·卡哈尔（Santiago Ramony Cajal）用于他对大脑的神经元结构的先驱研究中。图 2-1 为神经系统结构图。

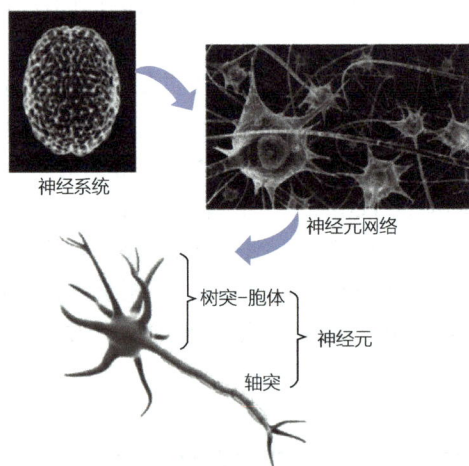

图 2-1　神经系统结构图

现在有一些数据显示出大脑区域与它们控制或者接收传感器输入的躯体部分之间的映射关系，这样的映射能够在数周时间内发生根本性的改变，而一些动物似乎具有多重映射。另外，我们尚不完全了解其他区域如何能够接管一个受到损伤的区域的原有功能，几乎没有理论能说明单独的记忆是如何保存的。

对于本来状态的大脑活动的测量始于 1929 年，使用了汉斯·贝格尔（Hans Berger）发明的脑电图记录仪（EG）。之后由小川诚二（Seiji Ogawa）开发的功能性核磁共振（MRI）为神经科学家们提供了关于大脑活动的空前细致的图像，使得以某些有趣的方式与正在进行的认知过程相符合的测量成为可能。

真正令人震惊的结论是简单细胞的集合能够导致思维、行动和意识，或者换句话说，大脑产生意识。唯一的实际可替代理论是神秘主义：存在某种神秘的领域，精神在其中运作，它超出了自然科学的范围。

表 2-1 是关于计算机（大约截至 2003 年）和人脑可获得的原始资源的一个粗略比较，大脑和数字计算机执行相对不同的任务，也有不同的属性。此表显示出在典型的人类大脑中神经元的数目要比典型的高端计算机的 CPU 中的逻辑门数目多 1000 倍。计算机芯片能够在 1 纳秒内执行一条指令，而神经元则慢了上百万倍。然而大脑有更多的补偿，因为所有神经元和突触是同时活动的，而最新的计算机也只有一个或者至多几个 CPU。因此，尽管计算机在原始的转换速度上快 100 万倍，大脑最终在做事上却比计算机快 10 万倍。

表 2-1　计算机和人脑的比较

比较项目	计算机	人脑
计算单元数	1 个 CPU，10^8 个逻辑门	10^{11} 个神经元
存储单元数	10^{10} 比特　RAM 10^{11} 比特　磁盘	10^{11} 个神经元 10^{14} 个突触
运算周期时间	10^{-9} 秒	10^{-3} 秒
带宽	10^{10} 比特 / 秒	10^{14} 比特 / 秒
记忆更新次数	10^9 次 / 秒	10^{14} 次 / 秒

2.1.5　计算机工程（1940 年—现在）

要使人工智能获得成功，我们需要两样东西：智能和人工制品。计算机就是被选中的人工制品。我们如何才能制造出能干的计算机？现代的数字电子计算机是独立地和几乎同时地被 3 个第二次世界大战参战国的科学家发明出来的。第一台可运转的计算机是电动机械式的，名为希斯·罗宾逊（Heath Robinson），由图灵的研究组建造于 1940 年，其唯一目的是解密德国人的消息。1943 年，同一个研究组开发了巨人计算机 Colossus，是基于真空电子管的强大的通用机器。第一台能运转的可编程计算机是 Z3，是由康拉德·楚泽（Konrad Zuse）于 1941 年在德国发明的。楚泽还发明了浮点数和第一种高级编程语言 Plankalkül。第一台电子计算机 ABC，于 1937—1941 年间由阿塔纳索夫和他的研究生贝瑞在爱荷华大学装配成功。阿塔纳索夫的研究很少得到支持或承认。在宾夕法尼亚大学作为秘密军事项目的一部分开发出来的 ENIAC 被公认是现代计算机最有影响的先驱。

从那时起半个世纪的时间，每一代计算机硬件都带来了速度和容量的提高以及价格的下降。计算机的性能大约每 18 个月翻一番，这样的增长速度还可以保持 10~20 年。之后，我们将需要分子工程或者其他新技术。

当然，在电子计算机之前还有一些计算装置。最早的自动机器应该从 17 世纪算起，第一台可编程的机器是 1805 年由约瑟夫·玛丽·雅卡尔（Joseph Marie Jacquard）设计的一台织布机，它使用穿孔卡片存储对应于要编织图案的操作指令。19 世纪中叶，查尔斯·巴贝奇（Charles Babbage）设计了两台机器，但都没有完成。一台是"差分机"，其设计意图是计算用于工程和科学项目的数学用表，它最终于 1991 年被建造出来，并在伦敦的科学博物馆展览。巴贝奇的另一台机器"分析机"更野心勃勃：它包含可编程存储器、存储的程序以及条件跳转，而且是第一台能够进行通用计算的人工制品。巴贝奇的同事爱达·勒芙蕾丝（Ada Lovelace）是世界上第一个程序员，程序设计语言 Ada 就是以她的名字命名的，她为未完成的分析机编写了程序，甚至设想机器可以下国际象棋或者创作音乐。

AI 领域的工作开拓了很多思想，并反过来对主流计算机科学产生影响，包括分时技术、交互式翻译器、使用窗口和鼠标的个人计算机、快速开发环境、链接表数据类型、自动存储管理以及符号化、功能化、动态的和面向对象的编程等关键概念。

2.2 人工智能的形成

1949 年，唐纳德·赫布（Donald Hebb）出版了《行为的组织》一书，书中描述了赫布学习规则，提出权值的概念，这个理论为机器学习中的人工神经网络的学习算法奠定了基础，人工神经网络就是现在非常热门的深度学习的前身。

1950 年，图灵发表了一篇题为《机器能思考吗？》的著名论文，提出了机器思维的概念，并提出图灵测试。后来为了纪念图灵的贡献，美国计算机协会设立图灵奖，以表彰在计算机科学中做出突出贡献的人，图灵奖被誉为"计算机界的诺贝尔奖"。

1952 年，阿瑟·萨缪尔（Arthur Samuel）开发了一个跳棋程序，具有自我学习的能力，甚至在训练后可以战胜人类专业跳棋选手。萨缪尔提出了"机器学习"的概念，定义为"不显示编程地赋予计算机一定的功能"。1956 年 8 月，在达特茅斯会议上，麦卡锡、明斯基、克劳德·香农（Claude Shannon）、纽厄尔、西蒙等科学家聚在一起，讨论着一个"不食人间烟火"的主题：用机器来模仿人类学习以及其他方面的智能。会议足足开了两个月的时间，虽然大家没有达成普遍的共识，但是却为会议讨论的内容起了一个名字：人工智能。因此，1956 年被称为人工智能元年。自这次会议之后的 10 多年间，人工智能的研究在机器学习、定理证明、模式识别、问题求解、专家系统及人工智能语言等方面都取得了许多引人注目的成就。

1）在机器学习方面，1957 年罗森布拉特（Rosenblatt）研制成功了感知机。这是一种将神经元用于识别的系统，它的学习功能引发了人们广泛的兴趣，推动了连接机制的研究，但人们很快发现了感知机的局限性。

2）在定理证明方面，美籍华人数理逻辑学家王浩于 1958 年在 IBM-704 机器上用 3~5 分钟证明了《数学原理》中有关命题演算的全部定理（220 条），并且还证明了谓词演算中 150 条定理的 85%。1965 年鲁宾逊（J. A. Robinson）提出了归结原理，为定理的机器证明做出了突破性的贡献。

3）在模式识别方面，1959 年塞尔夫里奇（Selfridge）推出了一个模式识别程序，1965 年罗伯特（Roberts）编制出了可分辨积木构造的程序。

4）在问题求解方面，1960 年纽厄尔等人通过心理学实验总结出了人们求解问题的思维规律，编制了通用问题求解程序（General Problem Solver，GPS），可以用来求解 11 种不同类型的问题。

5）在专家系统方面，美国斯坦福大学计算机系教授、专家系统之父、知识工程奠基人爱德华·费根鲍姆（Edward Feigenbaum）领导的研究小组自 1965 年开始专家系统 DENDRAL 的研究，1968 年完成并投入使用。该专家系统能根据质谱仪的实验，通过分析推理决定化合物的分子结构，其分析能力已接近甚至超过有关化学专家的水平，在美、英等国得到了实际的应用。该专家系统的研制成功不仅为人们提供了一个实用的专家系统，而且对知识表示、存储、获取、推理及利用等技术是一次非常有益的探索，为以后专家系统的建造树立了样板，对人工智能的发展产生了深刻的影响，其意义远远超过了系统本身在实用上所创造的价值。

6）在人工智能语言方面，1960 年麦卡锡研制出了人工智能语言（List Processing，LISP），成为建造专家系统的重要工具。

1969 年成立的国际人工智能联合会议（International Joint Conferences on Artificial Intelligence，IJCAI）是人工智能发展史上一个重要的里程碑，它标志着人工智能这门新兴学科已经得到了世界的肯定和认可。1970 年创刊的国际期刊《人工智能》（*Artificial Intelligence*）对推动人工智能的发展，促进研究者们的交流起到了重要的作用。

2.3　人工智能的发展

人工智能的发展阶段主要是指 1970 年以后。进入 20 世纪 70 年代，许多国家都开展了人工智能的研究，涌现了大量的研究成果。例如，1972 年法国马赛大学的科麦瑞尔（A. Comerauer）提出并实现了逻辑程序设计语言 PROLOG；斯坦福大学的肖特利夫（E. H. Shorliffe）等人从 1972 年开始研制用于诊断和治疗感染性疾病的专家系统 MYCIN。

但是，和其他新兴学科的发展一样，人工智能的发展道路也不是平坦的。例如，机器翻译的研究没有像人们最初想象得那么容易。当时人们总以为只要一部双向词典及一些语法知识就可以实现两种语言文字间的互译。后来发现机器翻译远非这么简单。实际上，由机器翻译出来的文字有时会出现十分荒谬的错误。例如，当把"眼不见，心不烦"的英语句子"Out of sight，out of mind"翻译成俄语时，变成"又瞎又疯"；当把"心有余而力不足"的英语句子"The spirit is willing but the flesh is weak"翻译成俄语，然后再翻译回英语时，竟变成了"The wine is good but the meat is spoiled"，即"酒是好的，但肉变质了"；当把"光阴似箭"的英语句子"Time flies like an arrow"翻译成日语，然后再翻译回中文时，竟变成了"苍蝇喜欢箭"。由于机器翻译出现的这些问题，1960 年美国政府顾问委员会的一份报告裁定："还不存在通用的科学文本机器翻译，也没有很近的实现前景。"因此，英国、美国当时中断了对大部分机器翻译项目的资助。在其他方面，如问题求解、神经网络、机器学习等，也都遇到了困难，人工智能的研究一时陷入了困境。

　　人工智能研究的先驱者们认真反思，总结前一段研究的经验和教训。1977 年费根鲍姆在第五届国际人工智能联合会议上提出了"知识工程"的概念，对以知识为基础的智能系统的研究与建造起到了重要的作用。大多数人接受了费根鲍姆关于以知识为中心展开人工智能研究的观点。从此，人工智能的研究又迎来了蓬勃发展的以知识为中心的新时期。

　　这个时期，专家系统的研究在多个领域中取得了重大突破，各种不同功能、不同类型的专家系统如雨后春笋般地建立起来，产生了巨大的经济效益及社会效益。例如，地矿勘探专家系统 PROSPECTOR 拥有 15 种矿藏知识，能根据岩石标本及地质勘探数据对矿藏资源进行估计和预测，能对矿床分布、储藏量、品位及开采价值进行推断，制定合理的开采方案。人们应用该系统成功地找到了超亿美元的钼矿。专家系统 MYCIN 能识别 51 种病菌，正确地处理 23 种抗生素，可协助医生诊断、治疗细菌感染性血液病，为患者提供最佳处方。该系统成功地处理了数百个病例，并通过了严格的测试，显示出了较高的医疗水平。美国 DEC 公司的专家系统 XCON 能根据用户要求确定计算机的配置。由专家做这项工作一般需要 3 小时，而该系统只需要 0.5 分钟，速度提高了 360 倍。DEC 公司还建立了另外一些专家系统，由此产生的净收益每年超过 4000 万美元。信用卡认证辅助决策专家系统 American Express 能够防止不应有的损失，据统计每年可节省 2700 万美元左右。

　　专家系统的成功，使人们越来越清楚地认识到知识是智能的基础，对人工智能的研究必须以知识为中心。对知识的表示、利用及获取等的研究取得了较大的进展，特别是对不确定性知识的表示与推理取得了突破，建立了主观贝叶斯理论、确定性理论、证据理论等，为人工智能中模式识别、自然语言理解等领域的发展提供了支持，解决了许多理论及技术上的问题。

　　人工智能在博弈中的成功应用也举世瞩目。人们对博弈的研究一直抱有极大的兴趣，早在 1956 年人工智能作为一门学科形成前，萨缪尔就研制出了跳棋程序。这个程序能从棋谱中学习，也能从下棋实践中提高棋艺。1959 年它击败了萨缪尔本人，1962 年又击败了康涅狄格州的跳棋冠军。1991 年 8 月在悉尼举行的第 12 届国际人工智能联合会议上，IBM 公司研制的"深思"（Deep Thought）计算机系统就与澳大利亚国际象棋冠军约翰森（D. Johansen）举行了一场人机对抗赛，结果以 1:1 平局告终。1957 年西蒙曾预测 10 年内计算机可以击败人类的世界冠军。虽然在 10 年内没有实现，但 40 年后"深蓝"计算机击败国际象棋棋王卡斯帕罗夫，仅比预测迟了 30 年。

　　经过了多年的漫漫发展之路，人工智能在诸多方面取得了突飞猛进的发展，在现实生活中得到了广泛的应用，影响着人类的日常行为。人工智能在哲学领域中也寻求新的突破，不但深化了认识论的进一步研究，同时也促进了辩证法的发展。从卫星智能控制，到智能机器人模拟人类活动等，这一切都充分印证了人工智能的飞速发展。

2.4　人工智能的各学派思想

　　根据前面的论述，我们知道要理解人工智能，就要研究如何在一般的意义上定义知识。可惜的是，准确定义知识也是一件十分复杂的事情。严格来说，人们最早使用的知识定义是柏拉图（Plato）在《泰阿泰德篇》中给出的，即"被证实的、真的和被相信的陈述"（Justified true belief，简称 JTB 条件）。

然而，这个延续了 2000 多年的定义在 1963 年被哲学家埃德蒙·盖梯尔（Edmund Gettier）否定了。盖梯尔提出了著名的"盖梯尔悖论"。该悖论说明柏拉图给出的知识定义存在严重缺陷。虽然后来人们给出了很多知识的替代定义，但直到现在仍然没有定论。

关于知识，至少有一点是明确的，那就是知识的基本单位是概念。精通掌握任何一门知识，必须从这门知识的基本概念开始学习。因此，如何定义一个概念，对于人工智能具有非常重要的意义。给出一个定义看似简单，实际上是非常难的，因为经常会涉及自指的性质。一旦涉及自指，就会出现非常多的问题，很多的语义悖论都出于概念自指。

自指与转指这一对概念最早出自朱德熙先生的《自指与转指》。陆俭明先生在《八十年代中国语法研究》中说："自指和转指的区别在于，自指单纯是词性的转化——由谓词性转化为体词性，语义则保持不变；转指则不仅词性转化，语义也发生变化，尤指行为动作或性质本身转化为与行为动作或性质相关的事物。"

案　例

自指与转指

1）教书的来了，"教书的"是转指，转指教书的"人"；教书的时候要认真，"教书的"语义没变，是自指。

2）unplug 一词的原意为"不使用（电源）插座"，是自指；常用来转指为不使用电子乐器唱歌。

3）colored 表示 having colour（着色）时是自指；表示有色人种时，就是转指。

4）rich，富有的，是自指；the rich，富人，是转指。

知识本身也是一个概念。据此，人工智能的问题就变成了如下三个问题：如何定义（或者表示）一个概念、如何学习一个概念、如何应用一个概念。因此对概念进行深入的研究就非常必要了。

那么，如何定义一个概念呢？简单起见，这里先讨论最为简单的经典概念。经典概念的定义由三部分组成：第一部分是概念的符号表示，即概念的名称，说明这个概念叫什么，简称概念名；第二部分是概念的内涵表示，由命题来表示，命题就是能判断真假的陈述句；第三部分是概念的外延表示，由经典集合来表示，用来说明与概念对应的实际对象是哪些。

举一个常见的经典概念的例子——素数（Prime Number），其内涵表示是一个命题，即只能够被 1 和自身整除的自然数。

概念有什么作用呢？或者说概念定义的各个组成部分有什么作用呢？经典概念定义的三部分各有作用，且彼此不能互相代替。具体来说，概念有三个作用或功能，要掌握一个概念，必须清楚其三个功能。

第一个功能是概念的指物功能，即指向客观世界的对象，表示客观世界的对象的可观测性。对象的可观测性是指对象对于人或者仪器的知觉感知特性，不依赖于人的主观感受。举一个《阿 Q 正传》里的例子：那赵家的狗，何以看我两眼呢？句子中"赵家的狗"应该是指现实世界当中的一条真正的狗。但概念的指物功能有时不一定能够实现，有些概念其设想存在的对象在现实世界并不存在，例如"鬼"。

第二个功能是概念的指心功能，即指向人心智世界里的对象，代表心智世界里的对象表示。鲁迅有一篇著名的文章《"丧家的""资本家的乏走狗"》，显然，这个"狗"不是现实世界的狗，只是他心智世界中的狗，即心里的狗。概念的指心功能一定存在。如果对于某一个人，一个概念的指心功能没有实现，则该词对于该人不可见，简单地说，该人不理解该概念。

第三个功能是概念的指名功能，即指向认知世界或者符号世界表示对象的符号名称，这些符号名称组成各种语言。最著名的例子是乔姆斯基的"colorless green ideas sleep furiously"，这句话翻译过来是"无色的绿色思想在狂怒地休息"。这句话没有什么意思，但是完全符合语法，纯粹是在语义符号世界里，即仅仅指向符号世界而已。当然也有例外，"鸳鸯两字怎生书"指的就是"鸳鸯"这两个字组成的名字。一般情形下，概念的指名功能依赖于不同的语言系统或者符号系统，由人类所创造，属于认知世界。同一个概念在不同的符号系统里，概念名不一定相同，如汉语称"雨"，英语称"rain"。

根据卡尔·波普尔（Karl Popper）的三个世界理论，认知世界、物理世界与心理世界虽然相关，但各不相同。因此，一个概念的三个功能虽然彼此相关，也各不相同。更重要的是，人类文明发展至今，这三个功能不断发展，彼此都越来越复杂，但概念的三个功能并没有改变。

在现实生活中，如果你要了解一个概念，就需要知道这个概念的三个功能：要知道概念的名字，也要知道概念所指的对象（可能是物理世界），更要在自己的心智世界里具有该概念的形象（或者图像）。如果只有一个，那是不行的。

知道了概念的三个功能之后，就可以理解人工智能的三个学派以及各学派之间的关系。

人工智能也是一个概念，而要使一个概念成为现实，自然要实现概念的三个功能。人工智能的三个学派关注如何才能让机器具有人工智能，并根据概念的不同功能给出了不同的研究路线。专注于实现 AI 指名功能的人工智能学派称为符号主义，专注于实现 AI 指心功能的人工智能学派称为连接主义，专注于实现 AI 指物功能的人工智能学派称为行为主义。

2.4.1 符号主义

符号主义的代表人物是西蒙与纽厄尔，他们提出了物理符号系统假设，即只要在符号计算上实现了相应的功能，在现实世界就实现了对应的功能，这是智能的充分必要条件。因此，符号主义认为，只要在机器上是正确的，现实世界就是正确的。说得更通俗一点，若指名对了，指物则自然正确。

在哲学上，关于物理符号系统假设也有一个著名的思想实验——图灵测试。图灵测试要解决的问题就是如何判断一台机器是否具有智能。

图灵测试将智能的表现完全限定在指名功能里。实际上，根据指名与指物的不同，塞尔专门设计了一个思想实验用来批判图灵测试，这就是著名的中文屋实验。

案 例

中文屋实验

中文屋实验描述如下：如果把一位只会说英语的人关在一个封闭的房间里，他只能靠墙上的一个小洞传递纸条来与外界交流，而外面传进来的纸条全部由中文写成。这个人带着一本写有中文翻译程序的书，房间里还有足够的稿纸、铅笔和橱柜。那么利用中文翻译程序，这个人就可以把传进来的文字翻译成英文，再利用程序把自己的回复翻译成中文传出去。在这样的情景里，外面的人会认为屋里的人完全通晓中文，但事实上这个人只会操作翻译工具，对中文一窍不通，如图 2-2 所示。

图 2-2 著名的中文屋实验

中文屋实验明确说明，即使符号主义成功了，这也全是符号的计算，跟现实世界不一定搭界，即完全实现指名功能也不见得具有智能。这是哲学上对符号主义的一个正式批评，明确指出了按照符号主义实现的人工智能不等同于人的智能。

虽然如此，符号主义在人工智能研究中依然扮演了重要角色，其早期工作的主要成就体现在机器证明和知识表示上。机器证明以后，符号主义最重要的成就是专家系统和知识工程，最著名的学者就是费根鲍姆。如果认为沿着这条路就可以实现全部智能，显然存在问题。日本第五代智能机就是沿着知识工程这条路走的，其后来的失败在现在看来是完全合乎逻辑的。

实现符号主义面临的现实挑战主要有三个。第一个是概念的组合爆炸问题。每个人掌握的基本概念大约有 5 万个，其形成的组合概念却是无穷的。因为常识难以穷尽，推理步骤可以无穷。第二个是命题的组合悖论问题。两个都是合理的命题，合起来就变成了无法判断真假的句子，比如著名的柯里悖论（Curry's paradox）。第三个也是最难的问题，即经典概念在实际生活当中是很难得到的，知识也难以提取。上述三个问题成了符号主义发展的瓶颈。

2.4.2 连接主义

连接主义认为大脑是一切智能的基础，主要关注于大脑神经元及其连接机制，试图发现大脑的结构及其处理信息的机制，揭示人类智能的本质机理，进而在机器上实现相应的模拟。前面已经指出知识是智能的基础，而概念是知识的基本单元，因此连接主义实际上主要关注概念的心智表示以及如何在计算机上实现其心智表示，这对应着概念的指心功能。2016 年发表在 *Nature* 上的一篇学术论文揭示了大脑语义地图的存在性，文章指出概念可以在每个脑区找到对应的表示区，确确实实概念的心智表示是存在的。因此，连接主义也有了其坚实的物理基础。

连接主义学派的早期代表人物有麦卡洛克、皮茨、约翰·霍普菲尔德（John Hopfield）等。按照这条路，连接主义认为可以实现完全的人工智能。对此，哲学家希拉里·普特南（Hilary Putnam）设计了著名的"缸中之脑实验"，该实验可以看作是对连接主义的一个哲学批判。

案　例

缸中之脑实验

缸中之脑实验描述如下：一个人（可以假设是你自己）被邪恶科学家进行了手术，脑被切下来并放在存有营养液的缸中。脑的神经末梢被连接在计算机上，同时计算机按照程序向脑传递信息。对于这个人来说，人、物体、天空都存在，神经感觉等都可以输入，这个大脑还可以被输入、截取记忆，比如截取掉大脑手术的记忆，然后输入他可能经历的各种环境、日常生活，甚至可以被输入代码，"感觉"到自己正在阅读这一段有趣而荒唐的文字，如图 2-3 所示。

缸中之脑实验说明即使连接主义实现了，指心没有问题，但指物依然存在严重问题。因此，连接主义实现的人工智能也不等同于人的智能。

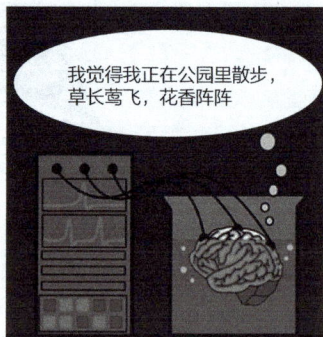

图 2-3　缸中之脑实验

尽管如此，连接主义仍是目前最为大众所知的一条 AI 实现路线。在围棋上，采用了深度学习技术的"阿尔法狗"战胜了李世石，之后又战胜了柯洁。在机器翻译上，深度学习技术已经超过了人的翻译水平。在语音识别和图像识别上，深度学习也已经达到了实用水准。客观地说，深度学习的研究成就已经取得了工业级的进展。

但是，这并不意味着连接主义就可以实现人的智能。更重要的是，即使要实现完全的连接主义，也面临极大的挑战。到现在为止，人们并不清楚人脑表示概念的机制，也不清楚人脑中概念的具体表示形式、表示方式和组合方式等。现在的神经网络与深度学习实际上与人脑的真正机制距离尚远。

2.4.3　行为主义

行为主义假设智能取决于感知和行动，不需要知识、表示和推理，只需要将智能行为表现出来就好，即只要能实现指物功能，就可以认为具有智能了。这一学派的早期代表作是罗德尼·布鲁克斯（Rodney Brooks）发明的六足爬行机器人。

对此，普特南也设计了一个思想实验，可以看作是对行为主义的哲学批判，这就是"完美伪装者和斯巴达人"。

案　例

完美伪装者和斯巴达人

　　完美伪装者可以根据外在的需求进行完美的表演，需要哭的时候可以哭得撕心裂肺，需要笑的时候可以笑得兴高采烈，但是其内心可能始终冷静如常。斯巴达人则相反，无论其内心是激动万分还是心冷似铁，其外在总是一副泰山崩于前而色不变的表情。完美伪装者和斯巴达人的外在表现都与内心没有联系，这样的智能如何从外在行为进行测试？因此，行为主义路线实现的人工智能也不等同于人的智能。

　　对于行为主义路线，其面临的最大实现困难可以用莫拉维克悖论来说明。莫拉维克悖论是由人工智能和机器人学者所发现的一个和常识相左的现象。和传统假设不同，人类所独有的高阶智慧能力只需要非常少的计算能力，例如推理，但是无意识的技能和直觉却需要极大的运算能力。目前，模拟人类的行动技能面临很大的挑战。比如，波士顿动力公司人形机器人可以做高难度的后空翻动作，大狗机器人可以在任何地形负重前行，其行动能力似乎非常强。但是这些机器人都有一个缺点——能耗过高、噪声过大。大狗机器人原是美国军方订购的产品，但因为大狗机器人开动时的声音太吵，容易暴露位置，大大增加了其成为活靶子的可能性，使其在战场上几乎没有实用价值，美国军方最终放弃了采购。

习 题 测 试

一、单选题

1. "人工智能"一词是在哪一年提出的？（　　　）
　　A. 1950 年　　　　　　B. 1956 年　　　　　　C. 1963 年　　　　　　D. 1970 年
2. 万能符号和推理计算的思想是（　　　）提出的。
　　A. 布尔　　　　　　　　　　　　　B. 培根
　　C. 莱布尼茨　　　　　　　　　　　D. 亚里士多德
3.（　　　）致力于使思维规律形式化和实现机械化，并创立了布尔代数。
　　A. 布尔　　　　　　　　　　　　　B. 培根
　　C. 莱布尼茨　　　　　　　　　　　D. 亚里士多德
4.（　　　）于 1958 年在 IBM-704 机器上用 3~5 分钟证明了《数学原理》中有关命题演算的全部定理（220 条），并且还证明了谓词演算中 150 条定理的 85%。
　　A. 王浩　　　　　　　　　　　　　B. 爱因斯坦
　　C. 费根鲍姆　　　　　　　　　　　D. 纽厄尔
5. 著名的中文屋实验是（　　　）提出的。
　　A. 符号主义学派　　　　　　　　　B. 连接主义学派
　　C. 行为主义学派　　　　　　　　　D. 现实主义学派

二、多选题

1. 为人工智能的发展做出重要贡献的学科有（　　　）。

　　A. 哲学　　　　　　　B. 数学　　　　　　C. 神经科学　　　D. 计算机工程

2.（　　　）建成了第一个神经网络模型（M-P 模型）。

　　A. 麦卡洛克　　　　　　　　　　　B. 皮茨

　　C. 培根　　　　　　　　　　　　　D. 亚里士多德

三、判断题

1. 人工智能是一门边缘学科，属于自然科学和社会科学的交叉学科。　　　　（　　）

2. 被人们称为"人脑与计算机的世界决战"的人机大战，棋王卡斯帕罗夫最终胜利。

（　　）

3. 哲学家约翰·塞尔专门设计了一个思想实验用来批判图灵测试，这就是著名的中文屋实验。　　　　（　　）

四、简答题

1. 人工智能涉及哪些学科？

2. 三种学派对人工智能的理解有何不同？

3. 你知道我国著名数学家王浩、吴文俊对人工智能做出了哪些贡献吗？请查阅相关资料后分组讨论。

五、分组讨论

由图 2-4 你能得到哪些启发？并举例说明人工智能在我国的应用。

图 2-4　中国 2015—2020 年人工智能市场规模

第3章
人工智能的应用现状

教学目标

- 了解"人机大战"中人工智能的作用。
- 了解人工智能大模型的特点。
- 掌握人工智能助理的定义。
- 了解人工智能与量子计算的未来前景。
- 理解自动驾驶几大关键系统中人工智能的作用。
- 理解人工智能在智慧教育、智慧家居中的应用。
- 能够对常见的人工智能大模型进行分类。
- 能够对人工智能应用现状进行概括，对人工智能应用现状的优势、不足进行总结与归纳。

素质目标

- 培养和激发学生的爱国主义情怀。
- 培养学生精益求精的工匠精神。

概　述

　　随着新兴技术逐渐成熟并投入应用，各技术之间开始形成协同效应，更多的创新应用成为可能，我国人工智能产业迎来新一轮的增长。人工智能操作系统融合核心人工智能技术与计算数据能力，为人工智能产业提供智力、计算和数据资源支撑，在产业中实现终端设备、数据与应用的全面连接，这是人工智能的生态大脑和能力输出的基础，是人工智能生态体系构建中占据入口的核心价值。人工智能操作系统通过开放 AI 大规模输出，大幅提升专家、普通从业者、行业管理者的生产效率与产品品质，具有巨大商业价值和市场空间。

　　同时，随着人工智能技术在各垂直领域的加速渗透，越来越多的行业将开启智慧化升级进程，其他垂直领域占比将以较快的速度增长。从 2016 年开始，人工智能与安防、交通、教育、家居生活以及民生服务等的结合不断增加。随着人工智能核心算法、算力等技术快速普及和不断成熟，人工智能技术在智慧治理领域的应用水平将越来越高。

⟳ 思维导图

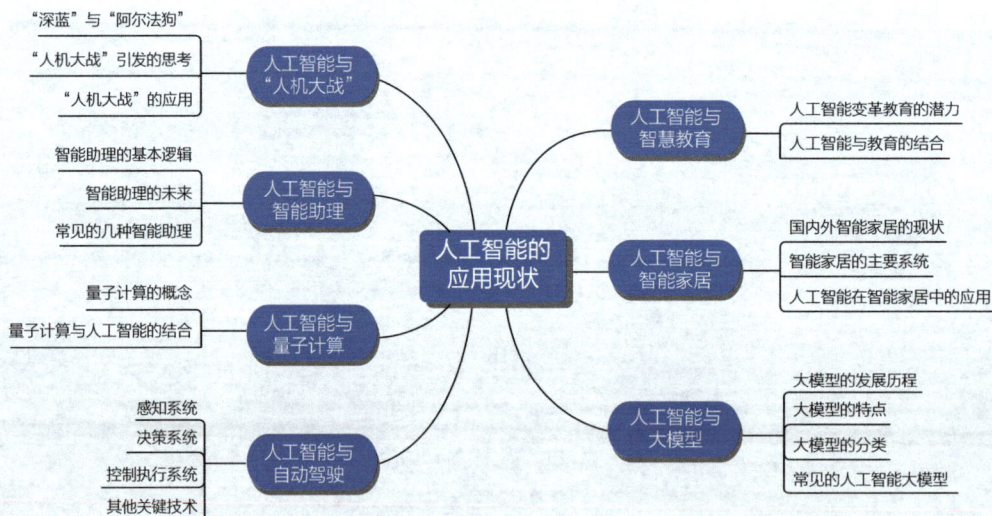

- "深蓝"与"阿尔法狗"
- "人机大战"引发的思考
- "人机大战"的应用
  - 人工智能与"人机大战"

- 智能助理的基本逻辑
- 智能助理的未来
- 常见的几种智能助理
  - 人工智能与智能助理

- 量子计算的概念
- 量子计算与人工智能的结合
  - 人工智能与量子计算

- 感知系统
- 决策系统
- 控制执行系统
- 其他关键技术
  - 人工智能与自动驾驶

- 人工智能的应用现状

- 人工智能与智慧教育
  - 人工智能变革教育的潜力
  - 人工智能与教育的结合

- 人工智能与智能家居
  - 国内外智能家居的现状
  - 智能家居的主要系统
  - 人工智能在智能家居中的应用

- 人工智能与大模型
  - 大模型的发展历程
  - 大模型的特点
  - 大模型的分类
  - 常见的人工智能大模型

3.1　人工智能与"人机大战"

人机大战指的是人工智能在特定领域内与人类进行的模拟竞赛，例如 1997 年的"深蓝"在国际象棋中的应用，2016 和 2017 年"阿尔法狗"在围棋中的应用。现在人工智能应用的范围越来越广泛，"人机大战"也逐渐扩展到了许多领域。

3.1.1　"深蓝"与"阿尔法狗"

自世界第一台计算机诞生以来，计算机的结构越来越复杂，功能越来越多样，其中最大的特征是人工智能化程度越来越高，诸如学习机器人，陪护机器人，绘画、舞蹈、作诗、下棋机器人等，不仅能模拟、替代和延伸人的常规动作和智力，而且还能与人进行对话和简单的情感交流。

1997 年 5 月 11 日，一台名为"深蓝"的超级计算机（见图 3-1）将棋盘上的一个兵走到 C4 位置时，人类有史以来最伟大的国际象棋名家卡斯帕罗夫不得不沮丧地承认自己输了。世纪末的一场人机大战终于以计算机的微弱优势取胜。比赛于 1997 年 5 月 3 日—11 日在纽约的公平大厦举行。整个比赛引起了全世界传媒的巨大关注。比赛吸引人们目光的原因之一是卡斯帕罗夫赛前充满信心，发誓要为捍卫人类优于机器的尊严而战。然而，最后的结果却是他所捍卫的人类尊严在一台冷漠的"蓝色巨人"面前被无情地击溃了。虽然人类的骄傲可以把这场比赛的结果仍然归咎于人类的胜利，毕竟"深蓝"也是人类所研制出来的一台计算机而已，但人类所创造的工具击败了人类，并且是在人类引以为骄傲的智慧领域，这在一定程度上给人类带来了恐惧，并由此引发了一场有关人类创造物与自身关系的深层讨论。

图 3-1　赛后被用于展出的"深蓝"

2016 年 3 月，"阿尔法狗"击败围棋世界冠军、韩国职业九段棋手李世石，它成为第一个击败人类职业围棋选手、第一个战胜围棋世界冠军的人工智能机器人；2016 年年末至 2017 年年初，阿尔法围棋程序在中国棋类网站上以"大师"（Master）为注册账号与中日韩数十位围棋高手进行快棋对决，连续 60 局无一败绩；2017 年 5 月，在中国乌镇围棋峰会上，它与当时世界排名第一的世界围棋冠军柯洁对战，以 3 比 0 的总比分获胜。围棋界公认阿尔法围棋的棋力已经超过人类顶尖职业围棋选手的水平，在 GoRatings 网站公布的世界职业围棋排名中，其等级分曾超过世界排名第一的棋手柯洁。不过，复旦大学计算机科学技术学院教授、博士生导师危辉认为："人机大战对于人工智能的发展意义很有限。解决了围棋问题，并不代表类似技术可以解决其他问题，自然语言理解、图像理解、推理、决策等问题依然存在。"

阿尔法围棋是一款围棋人工智能程序，其主要工作原理是"深度学习"。"深度学习"是指多层的人工神经网络和训练它的方法。一层神经网络会把大量矩阵数字作为输入，通过非线性激活方法取权重，再产生另一个数据集合作为输出。这就像生物神经大脑的工作机理一样，通过合适的矩阵数量，多层组织链接在一起，形成神经网络"大脑"，进行精准复杂的处理，就像人们识别物体、标注图片一样。

阿尔法围棋通过两个不同神经网络"大脑"合作来改进下棋。第一个神经网络大脑是"监督学习的策略网络（Policy Network）"，观察棋盘布局，从而找到最佳的下一步。事实上，它预测每一个合法下一步的最佳概率，那么最前面猜测的就是那个概率最高的。这可以理解成"落子选择器"。第二个神经网络大脑不是去猜测具体下一步，而是在给定棋子位置情况下，预测每一个棋手赢棋的概率。这个"局面评估器"就是"价值网络（Value Network）"，通过整体局面判断来辅助落子选择器。这个判断仅仅是大概的，但对于阅读速度提高很有帮助。通过分析归类潜在的未来局面的"好"与"坏"，阿尔法围棋能够决定是否通过特殊变种去深入阅读。如果局面评估器说这个特殊变种不行，那么就跳过阅读。这些网络通过反复训练来检查结果，再去校对调整参数，使下次执行更完善。这个处理器有大量的随机性元素，所以人们是不可能精确知道网络是如何"思考"的，但更多的训练后能让它进化到更好。

这两个网络自身都十分强大，而阿尔法围棋将这两种网络整合进基于概率的蒙特卡罗树搜索中，实现了它真正的优势。新版的阿尔法围棋产生大量自我对弈棋局，为下一代版本提供了训练数据，此过程循环往复。在获取棋局信息后，阿尔法围棋会根据策略网络探索哪个位置同时具备高潜在价值和高可能性，进而决定最佳落子位置。在分配的搜索时间结束时，模拟过程中被系统最频繁考察的位置将成为阿尔法围棋的最终选择。在经过先期的全盘探索和过程中对最佳落子的不断揣摩后，阿尔法围棋的搜索算法就能在其计算能力之上加入近似人类的直觉判断。

2017 年 1 月，谷歌 DeepMind 公司 CEO 戴密斯·哈萨比斯（Demis Hassabis）在德国慕尼黑 DLD（数字、生活、设计）创新大会上宣布推出真正 2.0 版本的阿尔法围棋，其特点是摈弃了人类棋谱，只靠深度学习的方式成长，来挑战围棋的极限。

阿尔法围棋能否代表智能计算发展方向还有争议，但比较一致的观点是，它象征着计算机技术已进入人工智能的新信息技术时代（新 IT 时代），其特征就是大数据、大计算、大决策的三位一体，它的智慧正在接近人类。

在柯洁与阿尔法围棋的围棋人机大战三番棋结束后，阿尔法围棋团队宣布阿尔法围棋将不再参加围棋比赛。阿尔法围棋将进一步探索医疗领域，利用人工智能技术攻克现代医学中存在的种种难题。人工智能的深度学习已经展现出了潜力，可以为医生提供辅助工具。实际上，对付人类棋手从来不是"阿尔法围棋"的目的，DeepMind 公司只是通过围棋来试探它的功力，而研发这一人工智能的最终目的是为了推动社会变革、改变人类命运。

3.1.2　"人机大战"引发的思考

"深蓝"和"阿尔法狗"两大事件不仅深深地影响着计算机领域，而且对人们的思想观念也产生了重要影响。不少人担忧，随着人工智能的不断发展，人类将向何处去，人工智能能不能全面超越人的智能？如果能超越，总有一天，人类将成为人工智能的仆人和奴隶。甚至有人悲观地认为，人类将会死于人工智能之手。其实，这种担忧和悲观论调在计算机刚诞生之时就已出现，认为计算机将代替人脑，并将人送进博物馆，只不过在当今人工智能的飞速发展下，这一论调更为激进，其影响也更为广泛。近年来，这一思潮在电影、电视剧或小说中得到了充分体现。例如 2023 年上映的电影《流浪地球 2》(见图 3-2)，描绘了人工智能在超越人类理解层次后，如何设定目标、执行计划，并以牺牲人类自主选择权为代价所带来的复杂危机与伦理挑战。

图 3-2　《流浪地球 2》电影剧照

要回答人工智能能不能完全替代，甚至超越人的智能，人是否会成为人工智能的仆人和奴隶，并且会被人工智能消灭，这不仅要从人工智能技术本身来回答，更应从马克思主义哲学来回答这一问题。要回答这个问题，我们必须从人为什么要发明和使用工具说起。

"人是万物之灵"源于儒家经典《尚书·周书·泰誓》，"惟天地万物父母；惟人万物之灵。"意思是说人是有灵性的生物，是万物的优胜者。无独有偶，古希腊哲学家普罗泰戈拉（Protagoras）提出了"人是万物的尺度"的著名命题。德国生物学家、哲学人类学家格伦（Gehlen）认为，人是未特定化的存在，因此，人的未特定化蕴含着人的发展的多个向度和全面性，人能适应不断变化的环境，这是人优越于其他动物的地方。人是体能和智能的统一，人的体能是指人的身体的力量，主要是通过四肢的运动表现出来的，体能是人的生物和物理能量。"人是万物之灵""人是万物的尺度"，肯定不是从人的体形和体能上说的，相反，人的体形和体能不如许多动物，甚至可以说是动物界的弱者。正因为此，人要生存，要繁衍，要在万物中立于不败之地，就必须发明、制造和使用工具，延伸自身体能的不足，这就是"人是万物之灵"的重要标志。

在原始社会的石器时代，先民所使用的石刀、石斧等石器就是最简单、最简陋、最粗糙，也是最早的体能工具。先民制造和使用的石器工具在人类社会发展史上具有里程碑式的意义，它标志着人从动物界分离出来，同时标志着体能工具的正式诞生。

随着文明时代的到来，畜力和自然力的生产工具得到了广泛的应用，如果说人力生产工具是体能工具的直接表现，那么畜力和自然力的生产工具则是借助畜力和自然力来替代、延伸和扩展人的体能，是间接的或变相的体能工具。即便在当今的智能化时代，畜力和自然力工具也并没有完全消失。

进入工业化的近代，人们发明、制造了自动化工具，即机器。自动化机器在动力上主要是机械力，不再是人力、畜力和自然力，另外，自动化机器远比以往的工具复杂，一般是由动力机、传动机和工作机所组成。自动化的机械动力能源不管是最初的蒸汽，还是后来的燃油和电，都是对人的体力和体能的替代、延伸和扩展，这不仅减轻和减少了人的繁重体力劳动，使人有更多的自由支配时间，而且快速高效地提高了生产率，有力地推动了社会的进步和发展。可以说，自动化机器是有史以来典型的，也是最为完善的体能工具，它能大规模、快速、高效地替代人的体力劳动，但自动化机器不仅是人发明创造出来的，而且需要人的操作才能运转，这就是说，自动化机器虽然是人工体能，但并不能替代人的技能和经验，更不能替代人的智能。

人工智能是在计算机技术发展的基础上对人的智力的模拟、延伸和扩展，甚至可以说，计算机本身就是一种智能化机器，因为计算机同自动化机器不同，自动化机器是人的肢体和体能的替代和延伸，而计算机则是人的智力尤其是计算能力的替代和延伸，是人脑的延伸。当然，第一代电子管计算机速度慢、规模小，并且只能对人的初级的计算能力进行模拟、替代、延伸和扩展。从电子管计算机、晶体管计算机，再到集成电路计算机，直至大规模和超大规模集成电路计算机，计算机技术不断演进。在此基础上，微型计算机、巨型计算机相继诞生，量子计算机也崭露头角，这些都标志着计算机技术实现了飞跃式发展，迈入了全新的阶段。也标志着人工智能从数字计算、逻辑推理到语言处理、图像识别，从模拟到创造，从智力到情绪的不断替代、延伸和扩展着人的智能，人工智能越来越多、也越来越细和越来越精地模拟、延伸和扩展人的智能。

3.1.3 "人机大战"的应用

"人机大战"并非真的是指人类与人工智能发生实质性比赛或者冲突，更多的是指在某一特定领域对人工智能进行功能测试，以确定其是否能胜任人类的工作。相信随着技术的发展，这样的"人机大战"会在更多领域出现。

案　例

"种草莓"人机大战

AI和农人，谁种的草莓好？2020年12月16日，首届"多多农研科技大赛"结果揭晓：AI队多项指标领先顶尖农人队，人工智能更胜一筹。

"多多农研科技大赛"是在联合国粮农组织指导下，由中国农业大学和拼多多联合举办的国内首届"人工智能VS顶尖农人"数字农业种植竞赛。进入决赛的8支队伍，4支AI队由国内外跨学科青年科学家组成，4支顶尖农人队由国内草莓种植大户组成。8支队伍从2020年7月22日开始，在昆明市富民县国家高原云果产业园内，用"农人经验"和"人工智能"对高原草莓进行"人机"种植竞赛。

在为期120天的"人机大战"中，经由中国工程院院士赵春江领衔的大赛评委会评选，由中国农业科学院、中国农业大学、国家农业智能装备工程研究中心和比利时根特大学青年科学家组成的CyberFarmer·HortiGraph队获得AI组冠军；由云南农业科研、数据分析、人工智能等领域专家组成的"智多莓"队，荷兰瓦赫宁根大学、荷兰屯特大学、荷兰阿姆斯特丹大学的硕士、博士、博士后组成的AiCU队分别获得亚军和季军。

尽管AI队多项指标领先，但大赛并不是为了让AI打赢农人。这次比赛的主要目的是为了让先进的技术在农业中产生更多价值。

血液细胞形态检验人机大战

2024 年 9 月 28 日，第四届医学检验形态学人机对战大赛总决赛中，血液形态赛道的 8 名优秀决赛选手与爱威科技股份有限公司提供的人工智能仪器代表 AVE-261 全自动血细胞形态学分析仪进行对决，现场对 3 张血涂片进行识别并报告结果。AVE-261 全自动血细胞形态学分析仪仅用 3 分多钟就完成报告并交卷，平均每张血片阅片时间仅 1 分多钟，以满分成绩胜出。在长沙赛区，三名决赛选手与 AVE-321 生殖道分泌物分析仪进行对决，现场对 5 个标本进行识别并报告结果，最终 AVE-321 生殖道分泌物分析仪以第一名的成绩胜出。

3.2　人工智能与智能助理

通常来说，人工智能助理（Intelligent personal assistant/agent，IPA）指的是帮助个人完成多项任务或多项服务的虚拟助理。目前绝大多数的人工智能助理都是通过语音助手来实现的。

语音技术是语音助手的入口和出口，而语音助手只是语音技术的某一具体应用。对于语音技术，可能大部分人的理解还仅仅局限在语音识别上。事实上，典型语音技术（见图 3-3）还包括很多实用的方向，比如说话人识别、语种识别、语音识别、音色转换、语音合成、语音增强等。

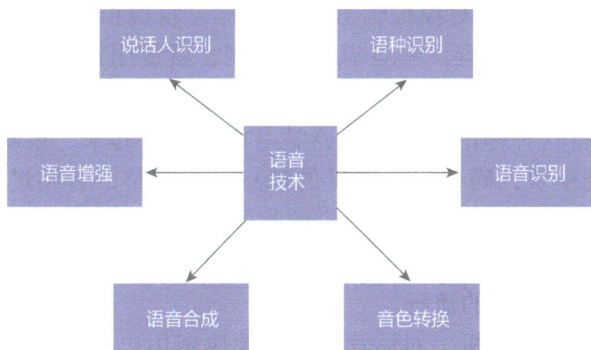

图 3-3　典型语音技术

目前苹果、谷歌、微软、亚马逊公司已投入大量资源，积极研发并推出了 Siri、Google Assistant、Alexa、Cortana 等具有代表性的智能助理。我国很多互联网公司也纷纷通过组建实验室、招募 AI 高端人才等方式紧锣密鼓地发布了阿里巴巴天猫精灵、百度小度、小米小爱语音、华为小艺、科大讯飞助手等，力图从智能助理的场景切入，完成在未来人工智能市场的布局。

3.2.1　智能助理的基本逻辑

智能助理也可以看作是任务导向的 chatbot（聊天机器人），实现逻辑与 chatbot 相似，但是多了业务处理的流程，智能助理会根据对话管理返回的结果进行相关业务的处理。一个包括语音交互的 chatbot 的架构如图 3-4 所示。

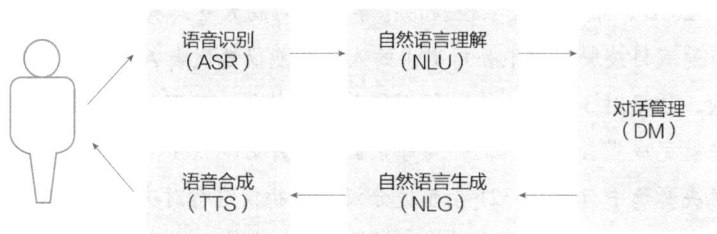

图 3-4　chatbot 架构图

一般 chatbot 由语音识别（ASR）、自然语言理解（NLU）、对话管理（DM）、自然语言生成（NLG）、语音合成（TTS）几个模块组成。

1）语音识别：完成语音到文本的转换，将用户说话的声音转化为语音。

2）自然语言理解：完成对文本的语义解析，提取关键信息，进行意图识别与实体识别。

3）对话管理：负责对话状态维护、数据库查询、上下文管理等。

4）自然语言生成：生成相应的自然语言文本。

5）语音合成：将生成的文本转换为语音。

通常智能助理的一个完整的交互流程是这样的。

1）音频被记录在设备上，经过压缩传输到云端。通常会采用降噪算法来记录音频，以便让云端"大脑"更容易理解用户的命令。然后使用"语音到文本"平台将音频转换成文本命令。通过指定的频率对模拟信号进行采样，将模拟声波转换为数字数据，分析数字数据以确定音素的出现位置。一旦识别出音素，就使用算法来确定对应的文本。

2）使用自然语言理解技术来处理文本，首先使用词性标注来确定哪些词是形容词、动词和名词等，然后将这种标记与统计机器学习模型结合起来，推断句子的含义。

3）进入对话管理模块，确认用户提供的信息是否完整，否则进行多轮对话，直至得到所需全部信息。根据得到的信息进行相应的业务处理，执行命令。同时将结果生成自然语言文本，并由语音合成模块将生成的文本转换为语音。在这些模块中，对话管理模块的首要任务是负责管理整个对话的流程。

通过对上下文的维护和解析，对话管理模块要决定用户提供的意图是否明确，以及实体槽的信息是否足够进行数据库查询或开始履行相应的任务。当对话管理模块认为用户提供的信息不全或者模棱两可时，就要维护一个多轮对话的语境，不断引导式地去询问用户以得到更多的信息，或者提供不同的可能选项让用户选择。对话管理模块要存储和维护当前对话的状态、用户的历史行为、系统的历史行为、知识库中的可能结果等。当认为已经清楚得到了全部需要的信息后，对话管理模块就要将用户的查询变成相应的数据库查询语句去知识库（如语音知识图谱，见图 3-5）中查询相应资料，实现和完成相应的任务。

在实际实现过程中，对话管理模块因为肩负着大量杂活的任务，是跟使用需求强绑定的，大部分使用规则系统的实现和维护都比较烦琐。使用规则的好处是准确率高，但是缺点也很明显：用户的句式千变万化，规则只能覆盖比较少的部分。而越写越多的规则也极其难维护，经常会出现互相矛盾的规则，而一个业务逻辑的改动往往会牵一发而动全身。另一个方法是维护一个庞大的问答数据库，对用户的问题，通过计算句子之间的相似度来寻找数据库中已有的最相近的问题来给出相应答案。目前任务导向 chatbot 也在逐渐使用基于深度学习的端到端来实现架构。简要来说，就是将用户输入的内容直接映射到系统的回答上，但是这种方式也存在需要大量的训练数据的问题，还不能完全取代传统规则系统。

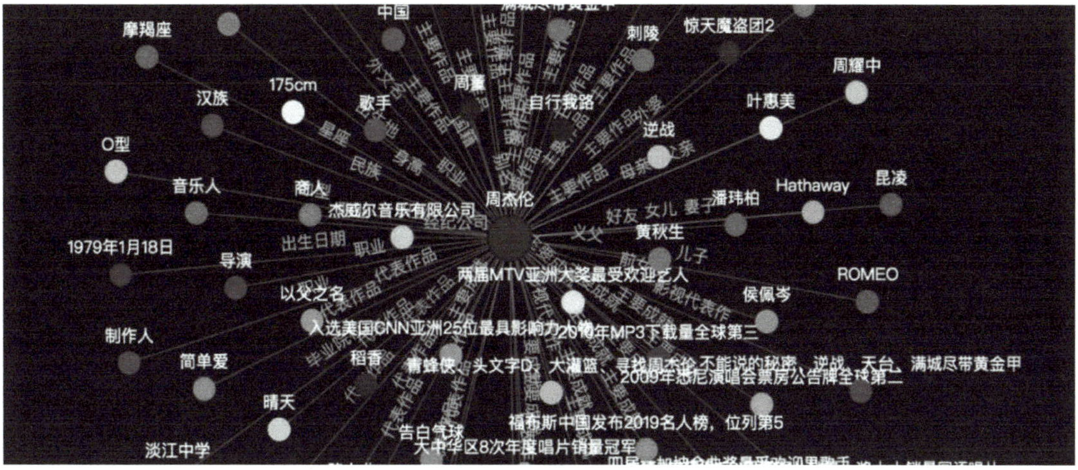

图 3-5　语音知识图谱

　　智能助理发展至今也遇到了一些瓶颈问题，人脑毕竟十分复杂，用户提出的问题有时即使是人类也需要结合多年生活经验和知识才能理解，所以这些问题对智能助理来说意图理解难度很高，知识复杂度也比较高。因此不少公司的思路是做垂直领域的智能助理，场景比较小，语料库、语义相对有限，对话容易收敛。

3.2.2　智能助理的未来

　　很多迹象都指向同一个结论：移动互联的高速增长已经趋于平缓，行业亟须探索新的增长点。根据全国 APP 技术检测平台统计，截至 2023 年 6 月，我国国内市场上监测到活跃的 APP 数量为 260 万款（包括安卓和苹果商店）。2015 年至今，在国内 2C 市场，几乎找不到一款真正能爆发并留存的移动产品。对于移动开发者而言，能放首屏的高频应用早就挤不进去了。但创业者的热情和投资人基金里的钱都不能等，于是大家四处寻找可以再次颠覆商业形态的新产品形态，好比 APP 颠覆了网页甚至开拓出以前没有被耕耘过的维度。

　　对话式服务具备新的增长点的潜质，回顾人机交互方式的变迁（见图 3-6），基本都伴随着一个规律：核心技术的出现和整合，会带来全新的人机交互方式，在此基础上大量的商业应用应运而生。

　　可以看到，随着技术的平民化（Democratization），人机交互正不可逆转地向人的方向靠近——不需要学习的人机交互。将来越来越多的人都能更自然地通过计算设备来获得价值。下一个超级增长点的交互方式一定是更接近人的自然行为、更多人可以使用的方式。因此人工智能助理大有可为。

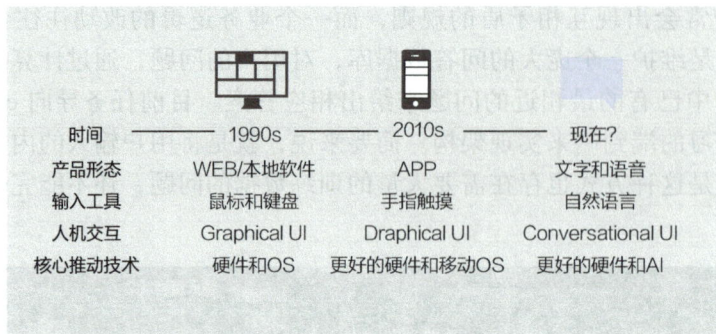

图3-6 人机交互方式的变迁

而未来的人工智能助理发展方向就是如何解决语音识别、语义理解、操作执行等存在的问题。从技术细节角度看，希望有更好的语音识别性能，特别是在噪声环境下具有鲁棒（Robust）的语音识别性能，能从人类随意的口语中分析出其真正的需求。从实际工程应用角度看，有两个急切的需求，一个是提高智能化水平，另一个是安全性与隐私保护。

3.2.3 常见的几种智能助理

1.Siri

苹果公司的 Siri 是 Speech Interpretation & Recognition Interface 的首字母缩写，如图3-7所示，原义为语音识别接口，是苹果公司在 iPhone、iPad、Apple Watch、Apple TV、Apple CarPlay 等产品上应用的一个语音助手。利用 Siri，用户可以读短信、查询餐厅介绍、询问天气、语音设置闹钟等。

Siri 可以支持自然语言输入，并且可以调用系统自带的天气预报、日程安排、搜索资料等应用，还能够不断学习新的声音和语调，提供对话式的应答。Siri 可以令 iPhone 4S 及以上手机、iPad 3 以上平板电脑变身为一台智能化机器人。

2024年6月，苹果在年度全球开发者大会上宣布对包括 Siri 在内的软件产品进行一系列生成式人工智能升级。

2. Alexa

亚马逊公司于2014年推出智能音箱 Echo，主要功能集中在语音购物和对智能家居的控制上。随着 Echo 成为家庭的交互入口，其搭载的"大脑"Alexa 智能语音助手（见图3-8）也开始普及。通过亚马逊 Alexa 与智能家居设备的连接，用户可以轻松控制智能家居设备，如开关灯、开关窗帘、开关电视等。Alexa 还可以通过多个信息源播放流媒体音乐和阅读新闻，提供天气、交通等信息，甚至还可以预订比萨。

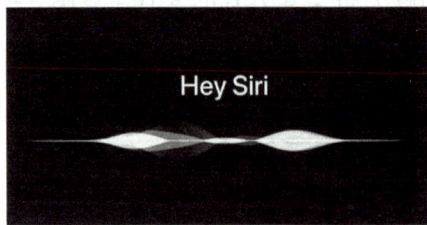

图3-7 Siri 概念图

图3-8 Alexa 音箱

2023 年 9 月，亚马逊预告了整合生成式 AI 的全新 Alexa，可以在不再次使用唤醒词 "Alexa" 的情况下继续对话。Alexa 在大语言模型的加持下，和用户的交流体验更加自然，对话感觉更像与人类交谈。此外，亚马逊还推出了全新的 "speech-to-speech" 引擎，能够感知用户的情绪和语调，并允许 Alexa 根据用户情绪做出不同的回应。

3. Cortana

2014 年 2 月，微软公司推出了语音助手 Cortana，如图 3-9 所示，并嵌入安装于 Windows 操作系统的计算机和手机中。它是一款基于语音和文本的虚拟助手，可以支持 Windows、iOS 以及 Android 系统。借助微软自身深厚的技术功底，Cortana 实现了对语音的较高识别率和与系统功能的深度集成，给用户带来了不少便利，可对用户的习惯和喜好进行学习，帮助用户进行一些信息的搜索和日程安排等。这个机器人信息获取的来源包括用户的使用习惯、用户行为、数据分析等。该机器人的数据来源包括图片、电子邮件、文本、视频等。

4. 天猫精灵

天猫精灵（见图 3-10）是阿里巴巴 AI labs 于 2017 年 7 月 5 日发布的 AI 智能产品品牌，当天同步发布了天猫精灵首款硬件产品—— AI 智能语音终端设备天猫精灵 X1。天猫精灵 X1 内置 AliGenie 操作系统，AliGenie 依赖云端，能够听懂中文普通话语音指令，可实现智能家居控制、语音购物、手机充值、叫外卖、音频音乐播放等功能。天猫精灵整合了市场上的内容资源、音频资源、技术资源以及自身的平台资源。接入的互联网服务内容多为阿里生态自身内容，但依靠阿里自身的布局，服务数量很可观。在家居控制方面，支持阿里小智以及 Bordlink 等品牌商的接入。

2023 年 7 月 5 日，天猫精灵启动内测大模型终端操作系统，内测对话场景包括知识探索、共情互动、生活妙招、灵感启发等。

图 3-9　微软 Cortana

图 3-10　阿里天猫精灵

3.3 人工智能与量子计算

3.3.1　量子计算的概念

量子计算是一种遵循量子力学规律调控量子信息单元进行计算的新型计算模式，如图 3-11 所示。与传统的通用计算机对照，其理论模型是用量子力学规律重新诠释的通用图灵机。从可计算的问题来看，量子计算机只能解决传统计算机所能解决的问题，但是从计算的效率上看，由于量子力学叠加性的存在，某些已知的量子算法在处理问题时速度要快于传统的通用计算机。

量子力学态叠加原理使得量子信息单元的状态可以处于多种可能性的叠加状态，从而导致量子信息处理从效率上相比于经典信息处理具有更大潜力。普通计算机中的 2 位寄存器在某一时间仅能存储 4 个二进制数（00、01、10、11）中的一个，而量子计算机中的 2 位量子位（Qubit）寄存器可同时存储这四种状态的叠加状态。随着量子比特数目的增加，对于 n 个量子比特而言，量子信息可以处于两种可能状态的

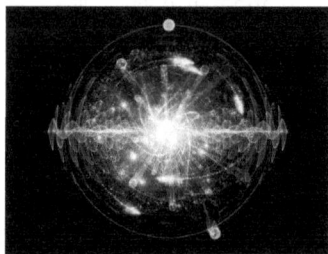

图 3-11　量子计算概念图

叠加，配合量子力学演化的并行性，可以展现比传统计算机更快的处理速度。

量子计算（Quantum Computation）的概念最早由阿岗国家实验室的贝尼奥夫（P. Benioff）于 20 世纪 80 年代初期提出，他提出二能阶的量子系统可以用来仿真数字计算；稍后诺贝尔物理学奖得主费曼（Feynman）也对这个问题产生兴趣并着手研究，并在 1981 年勾勒出以量子现象实现计算的愿景。1985 年，牛津大学的德意奇（D. Deutsch）提出量子图灵机（Quantum Turing Machine）的概念，量子计算才开始具备了数学的基本形式。然而上述的量子计算研究多半局限于探讨计算的物理本质，还停留在相当抽象的层次，尚未进一步跨入发展算法的阶段。

2016 年欧盟宣布启动 11 亿美元的"量子旗舰"计划；德国于 2019 年 8 月宣布了 6.5 亿欧元的国家量子计划；中、美也在量子科学和技术上投入数十亿美元。这场竞赛旨在制造出在某些任务上的表现优于传统计算机的量子计算机。2019 年 10 月，谷歌公司宣布一款执行特定计算任务的量子处理器已实现这种量子"霸权"。2019 年 12 月 6 日，俄罗斯提出国家量子行动计划，拟 5 年内投资约 7.9 亿美元，打造一台实用的量子计算机，并希望在实用量子技术领域赶上其他国家。截至 2024 年 5 月，已有 30 余个国家开展了以量子计算为重点的量子信息领域规划布局。2019 年 8 月，我国量子计算研究获重要进展：实现了高性能单光子源。中国科学院院士、中国科学技术大学教授潘建伟与陆朝阳、霍永恒等人领衔，和多位国内及德国、丹麦学者合作，在国际上首次提出一种新型理论方案，在窄带和宽带两种微腔上成功实现了确定性偏振、高纯度、高全同性和高效率的单光子源，为光学量子计算机超越经典计算机奠定了重要的科学基础。国际权威学术期刊《自然·光子学》发表了该成果，评价其"解决了一个长期存在的挑战"。

不过，对于量子计算机的控制，仍然需要通过普通计算机进行信息的输入和输出。如图 3-12 所示，工作人员在普通计算机上输入初始数据，数据在量子计算机控制系统中进行复杂的转换和运算，最后得到的结果则会传输回工作人员的普通计算机上。

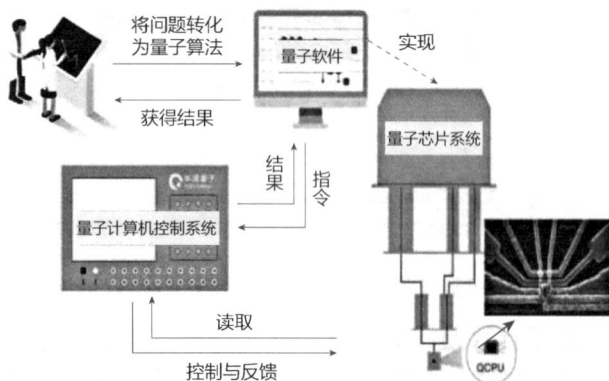

图 3-12　量子计算机的实际操作过程

3.3.2 量子计算与人工智能的结合

就在量子、人工智能这些名词开始被大众所熟悉的同时，"量子人工智能"这个新的方向也开始快速发展起来。图灵奖得主姚期智院士曾指出："量子计算和人工智能两个领域的结合，将会是未来的重大时刻。"

一方面，人工智能机器学习技术可以用于解决量子信息难题，可以帮助量子物理学家处理很多复杂的量子物理数据分析，比如机器学习识别相变、神经网络实现量子态的分类（见图 3-13）、凸优化用于海水量子信道重建等。

另一方面，目前同样广受关注的方向就是如何运用量子计算技术去推动人工智能的发展。量子计算科学家研究了很多可以基于量子计算机的算法，往往可以把原本计算复杂度为 NP（非确定的多项式）或更高的问题转化为多项式复杂度，实现平方甚至指数级的加速。目前不少经典的机器学习问题，如主元素分析（PCA）、支持向量机（SVM）、生成对抗网络（GAN）等都有了量子算法的理论加速版本，

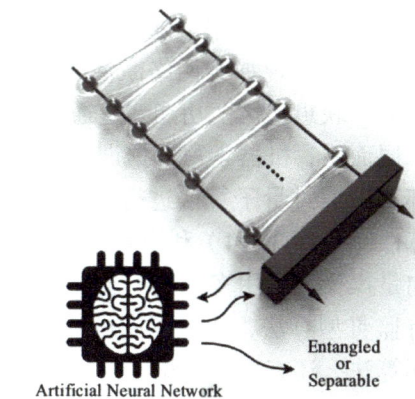

图 3-13　人工神经网络用于量子态分类
示意图

并且有的还在专用或通用的量子计算机中进行了原理性实验演示。

量子计算和人工智能交叉学科的发展，并不是随性偶遇，或是强行的撮合，而是颇有些注定有缘的意味。在两者相遇之前，都各自经历了起起落落、螺旋上升的发展历程。

人工智能在几十年的发展过程中经历了两次衰落期，直至近年才开始在许多细分领域得到快速发展。相比之下，量子计算相对更加年轻。虽说量子力学作为整个 20 世纪的主角，直接促成了半导体晶体管、激光器等信息技术的发展，但量子计算的概念直到 20 世纪 80 年代才被提出。这时候经典计算机的理论发展已经相对成熟，费曼指出："自然中有很多量子力学现象，量子计算机会比经典计算机更擅长模拟这些量子力学现象。"此后陆续有一些关于量子计算抽象模型、量子计算可能用处的探讨。

直到 2000 年左右，人工智能和量子计算似乎还只是两条并行的轨道，没有交点。但是，人工智能若想要保持旺盛冲劲，必须克服摩尔定律限制，结合最前沿的计算机计算途径和硬件性能实现突破。量子计算的很多算法可以把 AI 程序涉及的计算复杂度变为多项式级，从根本上提升运算效率，这无疑是非常有吸引力的。目前从各国推出的量子计算白皮书以及各商业公司的量子计算研究组网站上看，都表示希望量子计算能够应用在优化问题、生物医学、化学材料、金融分析、图像处理等领域。人工智能的应用场景不外乎也是这些领域。量子计算和人工智能都希望能够助力各民生行业，因此两者的结合是必然的。

量子计算目前涉足弱人工智能的各种具体任务。量子计算主要包括基于量子逻辑门线路的通用量子计算，以及直接进行哈密顿量构建及量子演化的专用量子计算。通用量子计算需要解决如何优化量子线路、减少线路长度，以及如何实施量子纠错等问题；专用量子计算是费曼提出量子计算想法时就提出的途径，需要能够灵活构建符合算法需求的多维度

演化空间。不管哪种途径，都需要构思怎样把人工智能算法中复杂度较高的部分转化到量子态空间和量子演化问题中，发挥量子算法优势。

　　神经网络是实现人工智能的一类重要技术方法，但是神经网络在量子体系中的实现却并不容易。神经网络模型中的激活函数是一个跃迁式的非线性函数，而直接构建量子演化空间是线性的，这是矛盾的。因此，有人提出量子逻辑门线路，使用量子旋转门和受控非门来构建神经网络。随着神经元的增多，要求量子门的数量也大幅增长。另外一种思路是，不去实现神经网络激活函数及完整的神经网络，而是实现如 Hopfield 神经网络中重要的"联想记忆"功能，这通过专用量子计算容易实现，而且便于带来实际的应用。从技术层面看，机器学习根据训练样本是否有标注，分为无监督型和有监督型机器学习，两者都可以通过量子算法进行改进。如 K-means 是一个常用的无监督型机器学习方法，量子算法（见图 3-14）利用希尔伯完备线性空间，对量子态的操作即相当于线性空间中的向量操作，利用多个量子态叠加原理的天然并行操作优势提高效率。对于最近邻算法这种有监督型算法，用量子态的概率幅表示经典向量，并通过比较量子态间距实现量子最近邻算法。还有用于数据降维的主成分分析 PCA（无监督型）、用于数据分类的支持向量机 SVM（有监督型）等常见的技术，都有了量子算法版本。

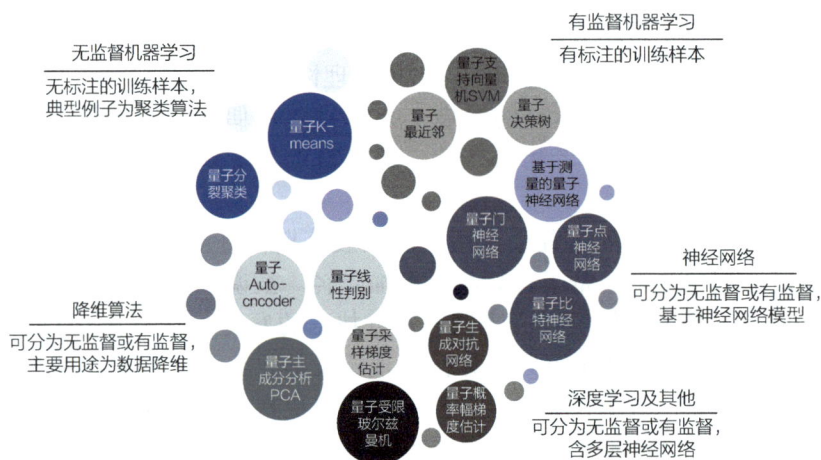

图 3-14　量子机器学习算法概览

　　欧盟的《量子宣言》和我国的《2024 量子人工智能技术发展白皮书》都强调了量子信息在人工智能中的应用。量子人工智能相关学术研究主要是由量子信息科学家主导开展的，他们基于量子物理，进一步学习人工智能机器学习技术，针对某项现有机器学习方法寻找量子优化算法。

　　另外，量子人工智能在各具体民生领域的应用落地，也需要各行业研究人员的广泛参与。比如气象预测、医药分析等都有各自特定的计算模型，需要的优化算法也各不相同。人工智能在各应用领域的探究相对量子计算更加广泛和成熟，因此量子人工智能交叉研究可以借鉴一些相关知识的积累。确信的一点是，这是一个比以往任何时候都更适合量子人工智能研究的好时代，因为量子计算和人工智能两个领域都在蓬勃发展，互相交叉研究已有一定的基础，应用前景又非常广泛并且实在。

案 例

本源悟空（中国第三代自主超导量子计算机）

2024 年 1 月 6 日 9 时，"本源悟空"在本源量子计算科技（合肥）股份有限公司上线运行。4 月，"本源悟空"又正式入驻国家超算互联网平台。5 月 5 日，中国第三代自主超导量子计算机"本源悟空"受邀接入长三角枢纽芜湖集群算力公共服务平台，实现通算、智算、超算、量算的"四算合一"。6 月，数据显示，"本源悟空"已吸引全球范围内 124 个国家和地区超 1053 万人次访问，共完成 23.6 万个量子运算任务。

本源悟空是中国第三代自主超导量子计算机，该量子计算机搭载 72 位自主超导量子芯片"悟空芯"，是目前先进的可编程、可交付超导量子计算机。这台计算机取名"悟空"，寓意如中国传统神话人物孙悟空那样神通广大，会七十二变。

3.4 人工智能与自动驾驶

为深入贯彻落实党中央、国务院的重要部署，顺应新一轮科技革命和产业变革趋势，抓住产业智能化发展的战略机遇，加快推进智能汽车创新发展，国家发改委等 11 个部门在 2020 年印发了《智能汽车创新发展战略》，指出当今世界正经历百年未有之大变局，新一轮科技革命和产业变革方兴未艾，智能汽车已成为全球汽车产业发展的战略方向。智能汽车又称为智能网联汽车、自动驾驶汽车等，是指通过搭载先进传感器等装置，运用人工智能等新技术，使其具有自动驾驶功能，逐步成为智能移动空间和应用终端的新一代汽车。图 3-15 展示的是百度自动驾驶汽车。

图 3-15　百度自动驾驶汽车

关于自动驾驶以及规范智能汽车路测方面的探索，德、美、日起步较早。1939 年美国通用汽车公司在纽约世界博览会上首次展出了 Futurama 无人驾驶概念设计，提出了一种朴素的自动化高速公路设想。直至 1984 年，卡耐基梅隆大学研制了全球首辆真正意义上的无人驾驶车辆。进入 21 世纪后，美国国防部先进研究计划局举办的城市挑战赛（Urban Challenge）是无人驾驶发展史上的里程碑事件，掀起了无人驾驶技术研发的热潮。当今，无论是车企、系统解决方案公司、互联网科技公司，还是高校、科研机构，均纷纷加入到自动驾驶这波浪潮之中，资本与人才亦迅速涌入。在国外，2009 年谷歌正式启动无人驾驶汽车项目，是世界上第一家推行无人车上路测试的公司。2011 年，由德国柏林自由大学研制的无人驾驶汽车 MIG 在柏林完成了综合城市道路的自主行驶测试。2012 年 5 月，谷歌无人车首获由美国内华达州颁发的第一张红色牌照。2016 年，Uber 公司正式于美国匹兹堡市面向公众开放无人驾驶汽车出行服务。2016 年 12 月，谷歌拆分无人驾驶业务，成立 Waymo 实体公司，加速了无人驾驶车辆商业化进程。2016 年初，特斯拉启动全新计算平台 FSD（Full Self-Driving Computer）的研发，同年 10 月推出硬件 2.0，传感器配置进一步完善。2023 年 3 月，特斯拉 Hardware 4.0 低调上车，FSD 芯片升级至 2.0，进一步提升了自动驾驶系统的性能和可靠性。

2017 年 7 月，百度 CEO 李彦宏亲自试乘基于 Apollo 技术的自动驾驶汽车。2018 年 3 月，我国首批 3 张智能网联汽车开放道路测试号牌在上海发放。2018 年 8 月，百度和金龙客车联合研制的无人驾驶小巴实现小规模量产，该款无人小巴革新了传统驾驶舱设计，没有方向盘、制动等操控装置，主要适用于园区、景区、码头等相对封闭的道路通勤。2019 年 9 月，基于 Apollo 开放平台的自动驾驶出租车队 Robotaxi 在湖南长沙开启试运营。2021 年 6 月，百度发布第五代汽车智能化系统解决方案 Apollo Moon。2022 年 7 月，百度发布第六代汽车智能化系统解决方案 Apollo RT6。2023 年 9 月 19 日，萝卜快跑首批获准在北京开展智能网联乘用车"车内无人"商业化试点。2024 年 3 月 7 日，萝卜快跑宣布武汉部分区域自动驾驶出行服务时间拓展至 7×24 小时。图 3-16 展示了 2009—2024 年的部分自动驾驶发展历程。

图 3-16　部分自动驾驶发展历程（2009—2024 年）

自动驾驶需要多种技术的支撑，其中复杂系统体系架构、复杂环境感知、智能决策控制、人机交互及人机共驾、车路交互、网络安全等基础前瞻技术，以及新型电子电气架构、多源传感信息融合感知、新型智能终端、智能计算平台、车用无线通信网络、高精度时空基准服务和智能汽车基础地图、云控基础平台等共性交叉技术都是亟待突破的关键技术领域。实现自动驾驶技术一般需要感知系统、决策系统和控制执行系统，根据信息的流向，相应地也划分为感知层、决策层和控制执行层。三个系统都离不开人工智能技术的基础，具体技术架构如图 3-17 所示。

3.4.1　感知系统

汽车行业是一个特殊的行业，因为涉及乘客的安全，任何事故都是不可接受的，所以对于安全性、可靠性有着近乎苛刻的要求。因此在研究无人驾驶的过程中，对于传感器、算法的准确性和鲁棒性有着极高的要求。另一方面，无人驾驶车辆是面向普通消费者的产品，所以需要控制成本。高精度的传感器有利于算法结果准确，但又非常昂贵，这种矛盾在过去一直很难解决。如今深度学习技术带来的高准确性促进了无人驾驶车辆系统在目标检测、决策、传感器应用等多个核心领域的发展。深度学习技术，如卷积神经网络

（CNN），目前广泛应用于各类图像处理中，非常适用于无人驾驶领域。其训练测试样本是从廉价的摄像机中获取的，这种使用摄像机取代雷达从而压缩成本的方法广受关注。

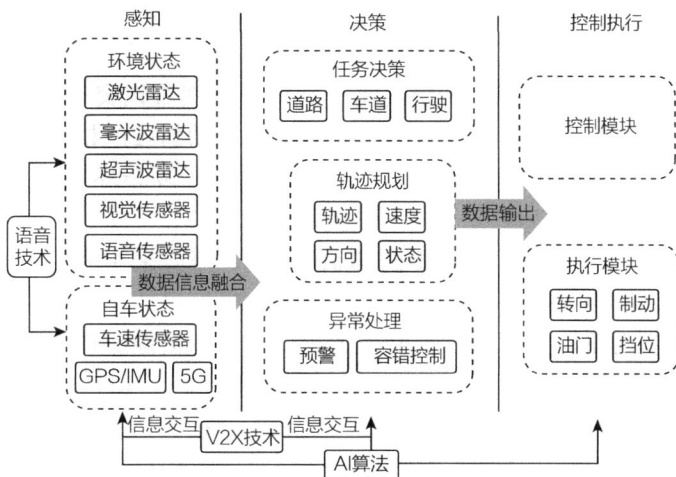

图 3-17　自动驾驶技术架构图

1. 行人及车辆检测

汽车行业对于行人的安全保障有着极高的要求。在自动驾驶领域，无人驾驶车辆必须具备通过车载传感器检测行人是否存在及其位置的能力，以实现进一步的决策。一旦检测错误则会造成伤亡，后果严重，所以对于行人检测的准确性要求极高。而行人检测这一核心技术充满挑战性，如行人姿态变化、衣着打扮各异、遮挡问题、运动随机、室外天气光线因素变化等。这些问题都会影响行人检测技术的准确性乃至可行性。

目前基于统计学的行人检测方法主要分为两类：①提取有效特征并进行分类；②建立深度学习模型进行识别分类。基于特征分类的行人检测受运动、环境影响较大，因此不再常用于自动驾驶领域。深度学习在行人检测领域的表现和潜力，显然要远远好于传统方法，因为其能对原始图像数据进行学习，通过算法提取出更好的特征。基于深度学习的行人检测方法具备极高的准确率和鲁棒性。这对于无人驾驶领域的发展有着重要意义。区域卷积神经网络（R-CNN）模型曾达到最高准确率，引领了后期分类网络与卷积神经网络框架的发展，其实现步骤如图 3-18 所示。

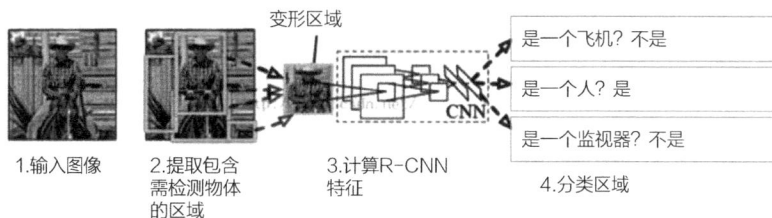

图 3-18　R-CNN 实现步骤

R-CNN 的主要贡献是将卷积神经网络应用于分类中。R-CNN 的核心思想是使用分类网络得到有可能是目标的若干图像局部区域，然后把这些区域分别输入到 CNN 中，得到区域的特征，再在特征上加上分类器，判断特征对应的区域是属于具体某类目标还是背景。这一结构存在重复计算的问题，针对这一问题，后续又提出了快速区域卷积神经网络（Fast-RCNN）、高速区域卷积神经网络（Faster-RCNN）等结构加以解决。

2. 多传感器融合

常用的车载环境感知传感器包括视觉类传感器、车载雷达传感器等。对于交叉路口、坡道等存在视觉盲区的道路环境，传统的雷达、视觉方案难以突破传感器自身的局限性。而当前感知技术的检测能力、识别精度尚不足以支撑自动驾驶的快速发展，一些新兴技术也因此在不断突破，如考虑多源异构信息融合技术、用于复杂环境感知的深度学习技术，以及车路协同感知技术等。

深度学习的实现对传感器技术提出了更高的要求，需要采用多传感器融合技术。在无人驾驶车辆软件与硬件架构的设计中，传感器作为数据信息的来源，重要性不言而喻。目前主流的无人驾驶车辆硬件架构中，主要采用激光雷达和摄像头作为视觉传感器。但是结合深度学习的应用与实现，无论是激光雷达还是摄像头都有其自身的优点和缺点。例如，激光雷达获取距离信息十分精准，但是存在缺乏纹理、特征信息少、噪点多等问题，这非常不利于深度学习的应用；而摄像头的特点恰恰与雷达的相反。将激光雷达与摄像头等传感器融合对于无人驾驶车辆做出准确的感知和认知具有重要的意义。

针对基于深度学习的图像数据和雷达数据融合，研究者尝试使用多种不同的组合方式融合雷达数据和图像数据来进行行人检测。其中通过采样雷达的点云信息获得密度深度图，并从中提取水平视差、距地高度、角度三种特征来从不同的角度表征 3-D 场景，也称为 HHA（Horizontal Height Angle）特征，如图 3-19 所示。然后在 R-CNN 模型作为基础的网络结构上，将图像 RGB 信息作为输入网络的输入层，并尝试在网络中的不同层（如不同卷积层、全连接层）中加入雷达的 HHA 特征图，以寻求最佳的融合网络位置。经过一系列大量的实验，得出结论：① RGB 和 HHA 特征融合进行学习，其准确率要高于单独的 RGB 输入，多传感器融合具备优越性。②就区域卷积神经网络结构而言，不同层次融合雷达特征图对于识别结果有着较大的影响。

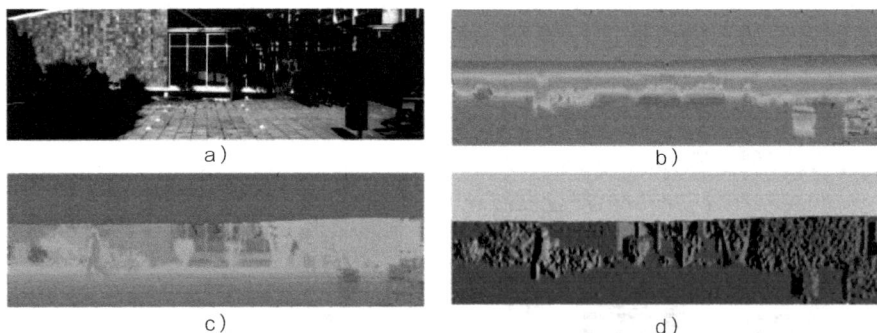

图 3-19　雷达 HHA 特征图
a）雷达的密度深度图　b）高度　c）水平视差　d）角度

3. 车路协同感知技术

车路协同感知技术将实现车辆与路侧设备之间实时信息共享，协同感知车辆行驶周边环境，从而有效扩展车辆的超视距感知视野。该技术突破了单车感知的局限性，同时降低了数据采集、数据融合过程中的计算负荷，也降低了车载计算单元的成本与应用门槛，未来将具备大规模商业化潜质。

在智能交通系统中，运用车路协同提升交通安全水平是其研究的热点。车路协同系统为了实现车辆和公路等基础设施之间的智能协同，达到提升交通安全，提高运输效率的目标，采用现代无线通信技术、传感探测技术等方式，通过车与路、车与车之间的信息交互与共享获取车路信息。车路协同作为智能交通系统发展中的关键技术环节，受到了国内外的普遍关注，各个国家都成立了车路协同项目，并进行了各有侧重点的研究。

美国在 2003 年提出了车路协同系统（VII）。VII 系统采用的是高度分布式的体系结构，其中包括车辆上的 OBU（车载单元）、路端的 RSE（路边设备）和 VII 信息交换处。在数据连接方面，VII 项目通过美国通信委员会（FCC）为车路通信分配了频率在 5.9GHz 附近，带宽为 75MHz 的专用短程通信（DSRC）频段，为 OBE 和 RSE 提供专用信道。车辆上的 OBU 采集车辆数据，通过 DSRC 与 RSE 通信，RSE 将采集到的数据转发至 VII 信息交换处，VII 信息交换处在对数据进行少量处理后，再将数据转发到需要该数据的网络用户处。由此 VII 系统形成了一个网络中心，为数据源和用户提供了一个干预最小的连接。

2009 年，美国交通部对执行了 5 年的 VII 进行调整，将其更名为 Intelli Drive，针对 VII 项目中遇到的路侧成本过高、热点布设方式难以为车辆提供连续的通信服务等问题，Intelli Drive 项目将通信方式从单一的 DSRC 技术转向了 3G、4G 和 WiFi 等公共通信技术。

2007 年，日本政府和民间 23 家知名企业共同发起 Smartway 计划，其发展的重点在于将各项 ITS 功能整合至车载单元 OBU 上，使得道路和车辆实现双向连接。Smartway 的一个特点为车路通信平台和车载终端的一体化，Smartway 系统中安装在车辆上的 OBU 具有实时定位、数据处理和通信功能，是车辆与车辆、车辆与其他设备进行通信的接口；路边单元 RSU 布置在公路沿线和交叉点等位置，主要功能是与 OBU 和其他网络实体进行通信。日本车路协同系统中车与车、车与路之间的通信方式仍为基于 RSU 的红外和微波通信方式，通信容量难以满足日益增长的车辆需求，日本针对此问题开发的基于 802.11p 的通信系统使用基于 DSRC 的通信方式。日本 ETC2.0 是世界上第一个通过 DSRC 实现高容量双向通信的车路协同系统，由车辆导航系统、VICS 及 ETC 整合而成，通过车辆与道路协作提供更舒适的驾驶体验。

我国正在加快 5G、数据中心等七大领域新型基础设施建设的进度。2020 年，工信部发布《关于推动 5G 加快发展的通知》，国家发改委等 11 部委联合发布《智能汽车创新发展战略》，促进"5G+ 车联网"协同发展，将车联网纳入国家新型信息基础设施建设工程，促进 LTE-V2X 规模部署。到 2025 年将实现"人 - 车 - 路 - 云"高度协同，支持车与车、车与行人、车与路、车与云端的全方位连接。车联网对于促进我国汽车、交通、通信产业的转型升级，实现科技革命，具有极大的战略意义。

2024 年 8 月，上海 RDI 生态创新中心发布全球首个"RISC-V 车路云协同 1.0 验证示范系统"。在车端，开发了符合 3GPP R14/R15 标准的车载 OBU 产品原型，完成了 C-V2X 协议栈的移植和验证，实现了原型机与现有商用 OBU 和 RSU 的互联互通；在路侧，基于奕斯伟计算 RISC-V 边缘计算芯片，开发了 MEC 硬件产品原型，完成了多模交通数据融合感知算法的移植和优化工作，并采用临港路口交通数据进行了测试验证，已完成的测试满足 SL2 等级要求，其中多数结果已达到 SL3 等级要求；在云端，开发了

RISC-V 服务器原型硬件，在此基础上完成了操作系统、数据库、web 服务等一系列基础软件的移植适配，完成了交通数字孪生平台和应用软件的开发和移植。"RISC-V 车路云协同 1.0 验证示范系统"是 RISC-V 技术在车路云一体化垂直行业应用从理论探索到实践验证的关键一步。

3.4.2 决策系统

1. 协同决策

协同决策是指决策层综合场景认知、先验知识、全局规划、车路协同、人机交互等信息，在保证行车安全的前提下，尽可能地适应实时工况，进行舒适友好、节能高效的决策。常用的决策手段有：有限状态机（FSM）、决策树、深度学习、强化学习等。图 3-20 展示了协同决策技术。

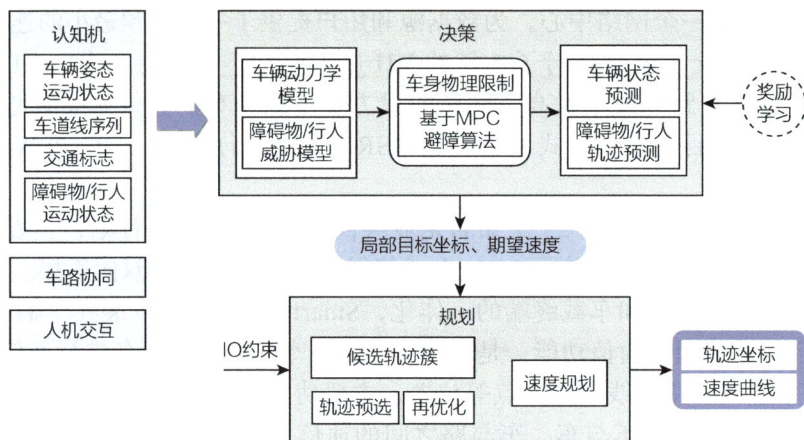

图 3-20 协同决策技术框图

2. 人机协同控制

人机协同控制是指驾驶员和智能控制系统同时在环，协同完成驾驶任务。自动驾驶汽车是否允许人工干预，也是一个比较有争议的话题。开放的同时，意味着暗门的暴露，而完全封闭，又存在着不可控的隐患。人机共驾的核心是协同与互补，而人机并行控制时，将会带来由于冗余输入所造成的人机冲突、控制权分配问题。智能汽车人机协同控制是一种典型的人在回路中的人机协同混合增强智能系统，如图 3-21 所示。

人类驾驶员与智能控制系统之间存在很强的互补性，一方面，与智能控制系统的精细化感知、规范化决策、精准化控制相比，驾驶员的感知、决策与操控行为易受心理和生理状态等因素的影响，呈现随机、多样、模糊、个性化和非职业性等态势，在复杂工况下极易产生误操作行为；另一方面，智能控制系统对比人而言，学习和自适应能力相对较弱，环境理解的综合处理能力不够完善，对于未知复杂工况的决策能力较差。因此，借助人的智能和机器智能各自的优势，通过人机协同控制，实现人机智能的混合增强，形成双向的信息交流与控制，构建"1+1>2"的人机合作混合智能系统，可极大促进汽车智能化的发展。

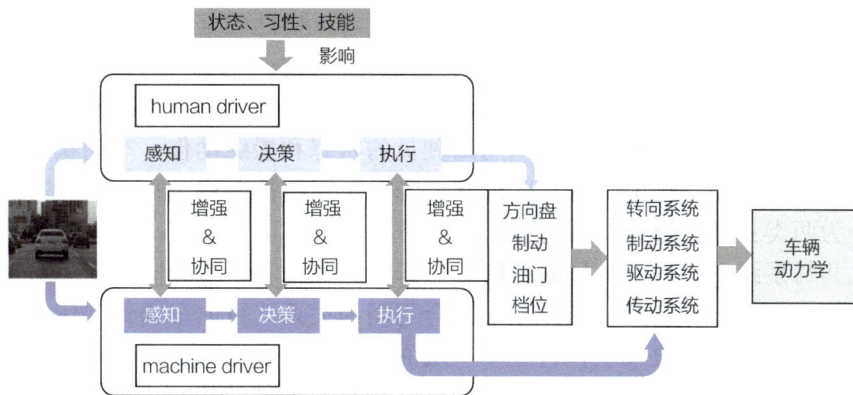

图 3-21　人机协同控制流程图

　　人机协同控制大致分为三类，即增强驾驶员感知能力的智能驾驶辅助、基于特定场景的人机驾驶权切换和人机共驾车辆的驾驶权动态分配。同时，因为驾驶员的状态、意图和行为对于驾驶过程有着至关重要的影响，所以在研究人机协同控制的过程中，驾驶员的状态监测、意图识别和驾驶行为建模也必不可少。

　　（1）增强驾驶员感知能力的智能驾驶辅助　　这主要是指车载智能系统经由雷达、摄像头等探测范围更广和获取信息更丰富的感知设备，获得驾驶员不能了解或了解不全面的交通信息，通过智能系统分析并对驾驶员进行视听触多方位的预警，达到机器增强驾驶员感知的初级"人机协同"模式。目前，增强驾驶员感知能力的智能辅助主要分为车辆行驶外部环境的增强感知及车辆本身状态的增强感知两个方面。

　　（2）基于特定场景的人机驾驶权切换　　由于全工况自动驾驶在短期内很难实现，智能汽车技术的研究中引入了对于驾驶员和智能控制系统同时在环的人机驾驶权互相切换的控制方式，这方面研究主要集中在特定场景下实现人类驾驶权和机器驾驶权的切换。在某些场景下，车辆控制超出驾驶员能力之外时，智能系统获取车辆驾驶权；相反，当车辆控制超出智能系统能力范围的工况发生时，系统需对驾驶员进行唤醒并移交控制权，如自动紧急制动系统、自适应巡航系统和自动泊车系统（见图 3-22）等。

　　我们可以将控制权转移分为强制转移和自由转移。强制转移指驾驶员与智能系统一方不能胜任时被迫向另一方移交控制权；自由转移指双方均能胜任时控制权自行转移至能力更好的一方。图 3-23 展示了人机驾驶权的切换过程。

图 3-22　自动泊车功能

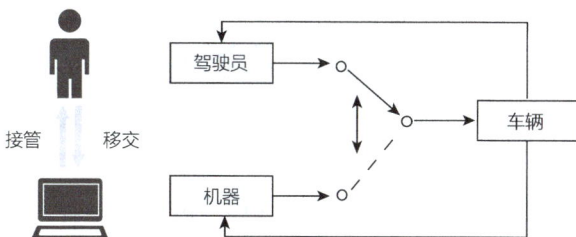

图 3-23　人机驾驶权切换示意图

　　（3）人机共驾车辆的驾驶权动态分配　　随着汽车智能化水平的不断提高，驾驶员和智能控制系统之间的关系不仅仅局限于提醒、警告或者人机之间互相切换，而会形成人机并行控制的复杂动态交互关系。在全工况自动驾驶实现之前，这种关系将会一直存在。为了实现高性能人机协同控制，需要对人机交互方式、驾驶权分配和人机协同关系等因素进行深入研究。现有的人机协同控制主要利用驾驶员的状态和操纵动作、车辆状态和交通环境等信息，以安全、舒适等性能指标实时协调人与机之间的控制权。目前的驾驶权分配协同方式可以分为两类：输入修正式协同控制和触觉交互式协同控制。

在人机共驾系统中，风格各异的驾驶员与车辆智能控制系统共同构成了对智能汽车的共驾控制，两者之间动态交互，形成相互耦合与制约关系。目前车辆驾驶任务中人机交互方式大多只停留在感知、决策或执行等单一层面，交互方式相对简单，难以应对未来人机共驾系统多层次多维度交互与协同的需求，且缺乏对驾驶员的状态、意图和行为，以及驾驶员对智能控制系统在感知层、决策层和执行层等驾驶过程中的影响的深入研究。因此，深入剖析和理解复杂车辆智能控制系统和驾驶员的驾驶机理，探索两者之间的冲突与交互机制，建立人机共驾理论体系，构建人性化、个性化的人机合作混合智能系统，搭建人机共驾系统测试验证平台，可极大促进汽车智能化的发展进程。

3.4.3　控制执行系统

车辆运动控制是实现汽车智能化的首要前提，控制系统的任务是控制车辆油门、制动、转向机构，在满足一定设计需求（如追踪性、舒适性、经济性、安全性等）的基础上，使实际轨迹收敛于决策层规划的期望轨迹。

常见的应用场景包括：多目标自适应巡航控制（ACC）（见图3-24）、走停巡航控制、车道保持控制、车队协同控制。

典型车辆控制算法包括：PID控制、最优控制、自适应控制、滑模变结构控制、模型预测控制、模糊逻辑控制、神经网络控制。

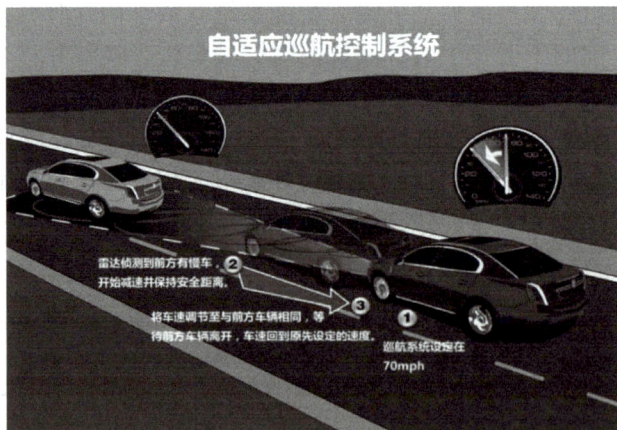

图3-24　多目标自适应巡航控制（ACC）

典型车辆控制算法的控制特点以及优缺点总结见表3-1。

目前，面向复杂道路工况、非常态环境以及考虑驾驶行为习惯等的控制器设计依然面临着巨大挑战。此外，线控执行机构是实现自动驾驶的必备基础，如线控油门、线控制动、线控转向等。

表 3-1　典型车辆控制算法的控制特点以及优缺点

车辆控制算法	控制特点	控制效果	优缺点
PID 控制	简单易实施	一般	简易，但鲁棒性较差
最优控制	寻求最优反馈控制律，使得性能指标或代价函数在某种意义下最优	一般	在强非线性系统的处理以及数值计算方面仍面临着较大挑战
自适应控制	参数自适应调节	较好	对于低扰动控制问题而言，算法鲁棒性较好
滑模变结构控制	非线性控制，无须建模与参数辨识，物理实现简单	较好	对参变与扰动不灵敏、响应快速等优点，但存在一定的抖振现象
模型预测控制	预测模型，反馈校正，有限时域滚动优化	较好	具有较好的动态控制性能，不过存在对模型失配的低鲁棒性以及在线优化的高负荷问题
模糊逻辑控制	非线性智能控制	一般	无须建模，常用于处理界限模糊但有一定先验知识的问题
神经网络控制	非线性、自适应性	一般	依赖于数据集的丰富程度，对动态工况的适应能力有限

3.4.4　其他关键技术

1. 高精地图

智能高精地图是汽车自动驾驶的关键基础设施，因此也被称之为自动驾驶地图。不同级别的自动驾驶对高精地图的需求见表 3-2，L3 级实时环境感知的主体由人类驾驶员变为自动驾驶系统，高精地图已成为必选项，且需要车辆实时位置与高精地图能匹配一致。L3级系统作用域为场景相对简单的限定环境（如高速公路、封闭园区等），地图精度要求相对较低，且复杂度高的动态目标（如行人等）数量相对较少，实时传感器数据足够支撑有效的动态目标识别，地图只需提供静态环境与动态交通（即实时路况）信息；L4 级自动驾驶能够完成限定条件下的全部任务，无须人工干预，安全性要求高，地图精度要求高，且需地图提供动态交通和事件信息（包括实时路况与高度动态信息），以辅助周边环境模型构建；L5 级能够在任意环境条件下完全自动驾驶，作用域的显著扩大需要海量众包源为地图提供数据支撑，且需要地图具备高度智能性，能结合分析数据实现对环境的高度自适应。因此未来的高精地图将会具备高精度、高维度和高实时性的特点。

表 3-2　不同级别的自动驾驶对高精地图的需求

环境监控主体	分级	名称	定义	系统作用域	数据内容	地图精度 /m	采集方式	地图形态	地图目的
人类	L0	无自动化	完全人类驾驶	无	传统地图	10	—	—	道路导航
	L1	驾驶辅助	单一功能辅助，如 ACC（Adaptive Craix Control）	限定	传统地图	10	GPS 轨迹 +IMU	静态地图	
	L2	部分自动化	组合功能辅助，如 LKA（Lane Keeping Arsist）	限定	传统地图 +ADAS 数据	1~3	摄像头 + 毫米波雷达	SD Pro 地图或众源地图	主动安全

（续）

环境监控主体	分级	名称	定义	系统作用域	数据内容	地图精度/m	采集方式	地图形态	地图目的
人类	L3	有条件自动化	特定环境实现自动驾驶，需驾驶员介入	限定	静态高精地图	0.2~0.5	高精度POS+图像提取	静态地图+动态交通信息	有条件自动驾驶
系统	L4	高度自动化	特定环境实现自动驾驶，无须驾驶员介入	限定	动态高精地图	0.05~0.2	高精度POS+激光点阵	静态地图+动态交通和事件信息	自动驾驶
	L5	完全自动化	完全自动控制车辆	任意	智能高精地图		多源数据融合（专业采集+众包）	静态地图+动态交通和事件信息+分析数据	

　　测绘精度是智能高精地图（见图3-25）的核心指标。目前虽无强制性标准规定，但普遍认为智能高精地图的绝对坐标精度应在5~20cm之间，并包含道路静态与动态环境信息，能够以云端协同、车路协同等方式实现信息加载，辅助车辆感知、定位、规划与控制且具备自学习、自适应、自评估能力。

图3-25　智能高精地图

　　有效且合理的数据逻辑结构是智能高精地图领域的研究重点。在静态数据逻辑结构方面，高精地图可以分为4层：道路层、车道网络层、车道线层与交通标志层。基于现实环境的动态性与复杂性，仅依靠静态地图数据不足以刻画真实的周边环境，为了保证出行安全，还需引入动态地图数据。因此高精地图数据包括静态地图层（见图3-26）、实时数据层、动态数据层和用户模型层。静态地图层、实时数据层和动态数据层详细描述了道路网、交通设施、车道网、交通限制信息等内容，旨在精准刻画驾驶环境，提供道路语义信息，用于自动驾驶和交通管理。用户模型层的数据包括驾驶记录和经验数据，以支持智能驾驶需求。

　　静态地图层是当前制图的重点，主要目的在于精准刻画静态驾驶环境，提供丰富的道路语义信息约束与控制车辆行为。静态地图层主要包含道路网、车道网、交通设施与定位图层，其元素特点见表3-3。

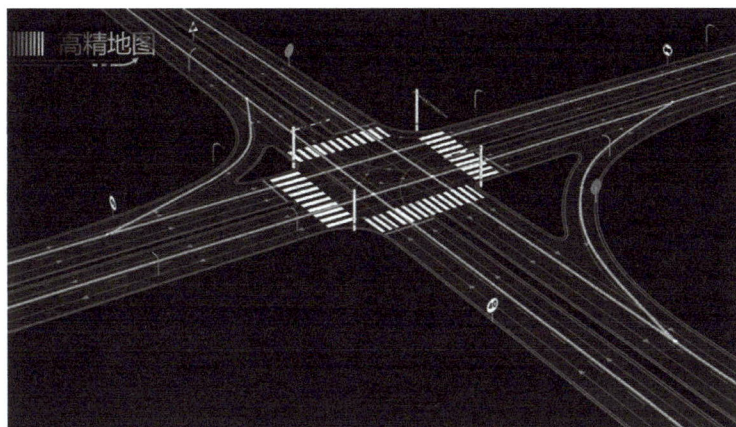

图 3-26 静态地图层

表 3-3 静态地图层元素特点

数据类型	内容	属性	几何表达	服务功能
道路网	道路拓扑、道路几何	道路方向、曲率、高程、道路类型、车道数量、匝道类型、功能等级等	道路基准线网络（线、点）	全局规划
车道网	车道拓扑、车道几何	车道线、车道高度、车道曲率半径、车道宽度、车道通行方向、车道限制等	车道级道路网络（线、点）	感知、定位、局部规划、车辆控制
交通设施	交通标识、路侧设施、固定地物	类型、高度、宽度、颜色、形状、形状使用规则、形状分类、ID 等	平面表示（点、线、面）、实体表示	感知、局部规划、车辆控制
定位图层	多类型定位数据（如反射率图）	类型、面积、半径、颜色、反射率、地物高度等	平面表示、实体表示	定位

　　实时数据层包含更新频率较高的实时路况信息，根据数据类型的差异可大致分为交通限制信息、交通流量信息及服务区信息。这些信息有许多来源：道路传感器网络、交通管理部门、道路管理部门、气象局、车载传感器等，最重要的是来自海量行驶车辆的传感器数据。当路况发生改变时，车载传感器检测路况变化，并与路上其他车辆或道路传感器网络的输入数据在云端进行交叉检查与数据融合，实时更新路况信息。实时数据层元素特点见表 3-4。

表 3-4 实时数据层元素特点

数据类型	内容	属性	表现方法（示例）	服务功能
交通限制信息	道路工程、交通管制、交通事件、天气条件等	路面状况、可见度、限制起点、限制终点、限制长度、影响范围、车道 ID 等	限制起点/m: a　限制终点/m: b 车道ID: 1 影响范围: lane-1　限制长度/m: b-a	动态路径规划、车辆控制
交通流量信息	实时交通拥堵程度、预测交通拥堵程度等	通行时间、拥堵起点、拥堵终点、拥堵长度、路段行驶时间、拥堵程度（颜色）、车道 ID 等	拥堵起点/m: 　重度　拥堵终点/m: b 车道ID: 1 通行时间: 目前　拥堵长度/m: b-a　行驶时间: 10min 拥堵起点/m: 　轻度　拥堵终点/m: b 车道ID: 1 通行时间: 20min后　拥堵长度/m: b-a　行驶时间: 5min	
服务区信息	停车空位、服务区负载程度等	车位宽度、车位起点、车位终点、车位长度、服务区拥堵程度（颜色）、车道 ID 等	车道ID: 1　车位长度/m: b-a 车位宽度/m: c 车位起点/m: a　车位终点/m: b	

动态数据层包含车辆、行人、交通信号灯等高度动态的信息，更新频率快。通常有两种不同类型的信息来源：①车载传感器如摄像头、雷达等直接采集获取的环境信息，即主动感知动态信息；②由智能交通系统或类似的外部系统提供的信息，即被动感知动态信息，主要是道路用户的 V2X 信息，包括 GNSS 数据、航向、速度等车辆通过动态信息，预测附近运动物体（包括潜在运动物体）的轨迹路径，获取实时交通信号，弥补在能见度低的交叉盲点上车载传感器的视野盲区，保证行驶安全。动态数据层元素特点见表 3-5。

表 3-5　动态数据层元素特点

数据类型	内容	属性	表现方法（示例）	服务功能
主动感知动态信息	车辆传感器主动感知的附近车辆、行人、交通信号灯等	种类、方位、GNSS 定位数据、距离、速度、航向等		动态路径规划、车辆控制
被动感知动态信息	从车辆传感器之外的各种来源获取的附近车辆、行人、交通信号灯等	种类、方位、GNSS 定位数据、距离、速度、航向等		

智能高精地图的基本出发点就是以用户为中心，监测、识别并自适应用户需求与场景变化，通过自我调整与自我组织提供与当前情况最为匹配的信息服务与驾驶服务。同时对自适应结果进行评估，通过对用户满意度评估标准的制定、满意度获取及结果反馈，使得整个系统不断优化，实现自学习、自适应、自评估的自主智能控制功能。为此需要增加用户模型层，记录、分析与应用用户个性化信息。用户模型层（见表 3-6）由驾驶记录数据集与驾驶经验数据集两个方面的内容构成：驾驶记录数据集是特定条件下用户对数据、界面、控制、感知、预测的所有操作记录；驾驶经验数据集则是对海量记录数据进行多维时空大数据挖掘、分析与处理后为用户提供的经验信息，用以辅助车辆实现特定约束条件下的最优行驶策略。

表 3-6　用户模型层

数据类型	内容	示意图	服务功能
驾驶记录数据集	车辆配置（传感器配置、处理芯片、通信设备、车辆性能等）；场景信息（自然环境、应用场合、出行任务、道路状况等）；认知特征（人物年龄、文化背景、专业背景、个性化需求等）；驾驶行为（横向与纵向控制、跟随距离等）		个性化路径规划
驾驶经验数据集	危险区域、特定路况的速度配置、用户需求等		

2. SLAM 技术

21 世纪以来，无人系统呈现出自主化、小型化和智能化的发展趋势；应用场景也逐渐由物资投放、战场侦察、协同作战等军事领域向自动驾驶、仓库管理、灾害救援、城市安保、资源勘探、电力巡线等民用领域扩展。这些新的场景普遍具有较高的动态性、未知性和封闭性，要求无人系统在缺乏环境先验信息和可靠的外界辅助信息源（例如 GPS、遥测系统等）的前提下，具有仅依靠自身传感器实现全自主导航定位和环境感知的能力，为后续工作提供必要的信息支撑。同步定位与建图技术（SLAM）正是解决上述问题的首选方案。SLAM 技术发展至今，历经了经典阶段（1986—2004 年）、算法分析阶段（2004—2015 年）和鲁棒感知阶段（2015 年至今）三个重要阶段。图 3-27 为 SLAM 机器人巡检变电站。

图 3-27　SLAM 机器人巡检变电站

案　例

无人驾驶出租车

目前，我国北京、上海、深圳、广州等城市已出台相关利好政策，在逐步推进无人驾驶出租车服务的开放和试点。例如，2023 年 7 月 7 日，北京市高级别自动驾驶示范区工作办公室宣布，正式开放智能网联乘用车"车内无人"商业化试点。2024 年，北京市围绕高级别自动驾驶示范区建设，进一步拓展示范区覆盖范围，年内完成 3.0 阶段建设，实现 600 平方公里自动驾驶示范区覆盖，同步推动 4.0 阶段前期工作，推动车路云一体化技术迭代升级。

2020 年 12 月，亚马逊旗下初创公司 Zoox 推出了首款纯电动自动驾驶出租车（见图 3-28）。新车没有方向盘和踏板，真正意义上实现了无人驾驶，同时最高时速达到了 121km/h。2023 年，美国加利福尼亚州和内华达州机动车管理局分别向 Zoox 颁发了无人驾驶测试许可证，允许其在该州的公共道路上进行自动驾驶测试。

无人驾驶物流车

2019 年，国内无人驾驶创业公司飞步科技（Fabu）宣布，公司已与中国邮政 EMS、德邦快递达成战略合作，共同建立的多条 L4 级别无人驾驶物流线路，在上线 3 个月后，已进入常态化联合运营的新阶段，这也成为我国首批进行日常运营的 L4 级无人驾驶货运车（见图 3-29）。

图 3-28　Zoox 无人驾驶出租车

图 3-29　无人驾驶货运车

2018 年 11 月 14 日无人驾驶货车"德邦快递麒麟号"在杭州街头亮相。由德邦快递与飞步科技共同研发的"麒麟号"是快递业首辆常态化运营的无人载重货车。该无人货车对大件快递的派送游刃有余，现场示范成功派送一箱重约 16.4kg 的服装。自此，无人驾驶货车进入真实环境下的日常运营，包括城市、省道、县道、乡道、高速公路、隧道等复杂场景，以及暴雨、暴雪、大雾等极端天气。以其中的一条邮政运输线路为例，从起点到终点全长 23.6km，途经菜场、商业中心、火车站、居民小区和广场等多种复杂路段，全程路口超过 50 个，红绿灯达 26 个。目前，无人驾驶货运车在浙江建立了 3 条物流线路，每条线路有 1 台货车。截至 2019 年 2 月，运营里程累计 3600km，运送快递超 6 万件，货车最高时速达 90km。德邦快递大数据研发中心高级总监刘伟在接受媒体采访时透露："德邦的短、长途驾驶员大约有 1 万人，年人均成本可达 10 万元，而应用无人驾驶技术后，原本需要配 3 位驾驶员的长途干线无人货车只需配两位，照此测算，保守估计可以节省 10% 的驾驶员，一年下来相当于省下了 1 亿元的开支。"

3.5　人工智能与智慧教育

人工智能为智慧教育的实现提供了现实可能性或保障条件。同时，人工智能还催生了一些更加艰深、复杂、富有创造性和想象力的新型工作，这对从业人员提出了更高的职业要求，比如需要人类具有更强的批判意识、更敏锐的思维品质、更强的实践应用能力、更良好的组织协调能力、更高的道德修养、更稳定的情绪心态、更高雅的艺术品位等。这已经不是仅仅靠知识、技能可以解决的问题，因为它涉及人的更加全面与丰盈的智慧层次，人只有拥有更多的智慧才能应对这样的要求、变化与挑战。

在这个意义上，教育必须适应人工智能的发展，需要做出相应变革，于是智慧教育呼之欲出。但反过来讲，人工智能的高速发展也会加剧人的异化和片面发展，使人更加趋向机器般机械地学习、思考与行动，导致人类世界充满技术与机器的狂欢。只有人的智慧才能破此危局。于是，旨在启迪人类智慧、培养智慧人进而成就智慧人生的智慧教育应运而生。总之，人工智能时代呼唤智慧教育，智慧教育是人工智能时代教育变革的最佳选择。

3.5.1　人工智能变革教育的潜力

人工智能在未来或许会重新定义教育。人工智能改变了教育的目标，它将取代简单的重复性脑力劳动。当人工智能成为人的思维助手时，学生获取赚钱谋生知识的目标也不再重要。未来的教育会更侧重于学生的批判性思维、创造力等的培养，帮助他们在新的就业体系中准确定位自我。此外，人工智能会改变校园环境和教师的角色。今后，校园环境信息化会向更高层次迈进，各种智能设备和技术无处不在。老师、学生和校长不知不觉已经"镶嵌"到校园物理空间和虚拟数据空间中。这时将实现从环境的数据化到数据的环境化、从教学的数据化到数据的教学化的转变。校园看上去没有任何改变，却充满了人类的智慧和温度。

1. 人工智能助力学习方式变革

人工智能技术和传统教学结合后最直接的体现就是改变学生的学习方式。以前是学生都围绕着老师，这种方式难免效率低下。而当人工智能技术应用到教学中后，将推动学习去中心化，转变成分布式学习的方式。当智能设备运用到教学环境中后，它们拥有海量数据，有什么疑问时，这些设备就可以是"老师"。学生随时随地想学就学，不会再担忧没有老师讲解了，这就形成了更加自由和自觉的智能学习环境。在这样一个充满激情的智能学习环境中，学生的学习模式和心态都会发生变化。他们学习的积极性和学习欲望也会被充分调动起来。通过人工智能技术算法实时调整学习环境，并计算学生个体特点和学习方式，从而制定不同的学习计划，就会提升学生的学习体验，体验好了，学习兴趣自然就来了。而各种智能设备的出现会加速他们掌握知识、消化知识的效率。学生与智能主体的交互，也就成为一种新的学习方式。图 3-30 展示了智能学习平板电脑。

图 3-30　智能学习平板电脑

2. 人工智能赋能教学方式变革

在我国传统的教育模式中，老师不停讲，学生一直听。学生缺乏实践，课本上的知识不能很好地运用到生活中，学生缺乏学习积极性，处于被动接受知识的状态。在高校，几十甚至上百名学生同时上一节课是常见的，老师很难顾及所有人。老师除了给学生上课的时间，课后还有很多科研任务，更加没有精力和时间去与学生们进行学术讨论。这些都导致教学效率偏低。

如果把人工智能技术运用到传统的课堂中，那么传统教育行业定将得到空前的进步。人工智能可以让每个学生拥有自己的智慧学习伙伴，只要学生对着手机拍一下、说一下，问题的解决思路和答案解析就会呈现出来。而人工智能会学习学生解答问题的常规思路，通过海量数据分析出学生的水平，进而有针对性地给学生推送知识点、考点、难点。人工智能还会根据每个人的思考方式、性格特点等方面，为学生提供个性化的学习方式方法，激发学生的学习欲望。学生的学习欲望提上来了，更喜欢学习了，老师上课也就更有激情了。有了这个良性循环，师生间交流多了，学习就不再是痛苦和被动地接受知识。

3. 人工智能推动教育供给和服务改革

我国城市教育资源和农村教育资源无论是师资力量，还是硬件设施都是不平衡的。人工智能技术可以让这种差距得到最大程度的缩小。伴随着更多力量整合到人工智能技术的教育供给行列大家庭中，教育供给方式会更灵活、更多元化，功能更强大。完善人工智能与教育系统的整合程度，对我国的教育，尤其是偏远山区农村的教育有历史性的影响。

3.5.2　人工智能与教育的结合

"人工智能＋教育"融合的结合现状具体指人工智能赋能教育的应用场景，主要包括智能教学协助、智能教学环境构建、智能教学过程设计、智能教学评价、智能教学服务五个主要部分。

1. 智能教学协助

在传统教学模式中，教师批改作业、试卷等单调与重复的劳动占据了较多的时间，这些重复而繁重的工作严重困扰着教师的自我提升与备课时间。智能教学平台可以实现填空、选择、判断等客观题的自动阅卷，部分智能教学辅助工具甚至能够根据学生答题的关键词与核心句子，通过自然语言处理中的相似性技术实现主观题阅卷给分。这项工作能够在一定程度上将教师从繁重的重复工作中解脱出来，进而将更多的精力用于提升自身知识水平、完善教学活动设计、组织个性化教学实施。

2. 智能教学环境构建

智能教学环境构建关注教育人工智能赋能教学中的学习空间构建。光线、温度、课堂氛围、湿度等要素都会影响课堂效果。目前智能教学环境构建（见图3-31）关注学习空间规划、学习空间环境服务两个方面。现阶段教学的组织形式多样、交互性更强，因此学习空间规划应该具有开放性、灵活性与层次性，学生、教师和教学资源成为三个最主要的维度，图3-31展示了三个维度及其影响因素之间的关系，这项工作有助于构建和谐、平等的智能教学环境。此外，学习空间环境服务关注教学活动中用户体验及感受，为此，个性化照明、智能座椅调节、智能温度控制等智能家居提供了更多个性化服务。可以预见，智能家居将逐渐普及，并广泛应用于智能教学环境中。

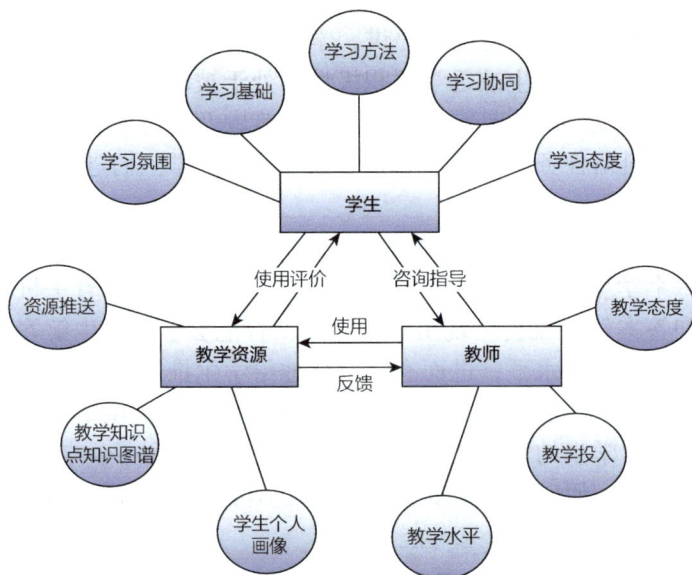

图3-31 多维智能教学环境

3. 智能教学过程设计

智能教学的出现使得教师角色的定位发生了改变，由传统的"知识的传播者"转向为"教学的管理者"。教师角色的转变使得教师能够有针对性地对各阶段教学活动进行精心设计，鼓励学生融入参与式教学，促进教师主体、学生主体与人工智能技术的交互，有助于提升教学质量。在智能教学模式中，教学过程设计采用以问题为导向的原则，首先对待解决的知识问题进行构想；之后，对可以解决问题的多种方案进行优劣分析，选取最佳方案；再者，通过多元化应用场景实施决策方案，并对处理结果进行评价；最后，归纳分析实施效果，对问题进行适应性反馈。

4. 智能教学评价

传统教学以升学率、竞赛、分数为评价指标，而智能教学时代构建的教学质量综合评价体系中更加关注学生兴趣爱好、品德、学习的交叉融合等方面的指标，学生参与课堂学习的积极性、参与度、思维引导等得到了重视。评价机制由以往"以结果为导向"转向为"以过程为导向"。此外，智能手表、智能头环等智能辅助终端设备将记录个人相关的学习数据，而这些数据被及时反馈到智能模型后，将针对个人提供定制化的建议服务，从而使得教学相长、因材施教等理念真正得以有效实施。

5. 智能教学服务

人工智能技术赋能教育，需要以各个教学平台获取的教育大数据为输入，通过大数据采集、预处理等阶段处理后才能有效服务于人工智能算法。而文本、视频、音频、图片、心跳、脑电波等异构型多模态数据的有效转换能有助于人工智能与教学工作的融合，实现教学资源的配置优化，使得 AI 学习者画像、智能知识资源推送、智能学习诊断、面向教学知识点的知识图谱等服务得以有效开展。智能教学服务使得教育资源匮乏的边远山区学生和教育资源丰富的城市学生拥有同样的学习平台，有助于促进教学公平，并提升教学质量。

3.6　人工智能与智能家居

近年来人工智能在各个领域取得了广泛应用，智能家居就是其中一个大获收益的领域。随着人工智能技术的深入，语音识别、自然语音处理、图像识别都在准确率和实用性上有了进一步提升，智能语音助手、智能家居摄像头等都逐渐进入我们的生活。

智能家居是以居住空间为载体，通过物联网、云计算等技术将家中的各种设备连接到一起，实现智能化控制的一个系统。它具有智能照明控制、智能电器控制、安防监控系统、智能背景音乐、智能音视频共享、可视对讲系统和家庭影院系统等功能。智能家居利用综合布线技术、网络通信技术、安全防范技术、自动控制技术、音视频技术，将家居生活有关的设施集成，构建高效的住宅设施与家庭日常事务的管理系统，提升家居安全性、便利性、舒适性、艺术性，并实现居住环境的环保节能。

预测到 2050 年将有 20% 的世界人口超过 60 岁，而且全世界有 6.5 亿人患有残疾，而解决这一难题最有效的方法是在这些人家中安装自动医疗报警以及辅助设备，实现家居智能化。

3.6.1　国内外智能家居的现状

1. 美国

在美国，比尔·盖茨的家位于美国西雅图的华盛顿湖畔，耗资约 1 亿美元，耗时 7 年，被称作"未来之屋"（见图 3-32），堪称智能家居的经典之作。整个建筑分为 12 个不同的功能区，盖茨通过移动设备可以远程查看和遥控家中的系统、设备和人员，如安排厨师准备晚餐、智能控制浴池水温等；豪宅的入口采用了掌纹识别技术的钥匙，自动采集的访客指纹等信息被作为来访资料储存到计算机；大门处的气象感知器与室内计算机相连，将室外的温度、湿度、风力等指标输入计算机，计算机根据气象数据控制室内的温度和通风，来宾须佩戴一只有即时定位功能的特制电子胸针。这幢科技豪宅拥有神奇的"读心术"：当你踏入一个房间，喜爱的旋律随即响起，墙壁上会投射出你熟悉的画作；当你游泳时，水下音乐系统智能开启，智能照明能在 6 英寸范围内感应和追踪足迹，实现"人来灯亮，人走灯灭";智能灌溉系统可以监测百年老树土壤中的水环境,变身智慧园丁,实现自动浇水。

图3-32 比尔·盖茨展示"未来之屋"

除了这样的超级豪宅代表,Amazon Echo、Google Home、Apple Home Kit 也为普通家庭推出了许多智能家居软硬件服务。

美国是全球最大的智能家居市场,2023年市场规模为346.7亿美元,预计到2028年将增长至550.3亿美元。目前,65%的美国居民至少拥有一款智能家居设备,最受欢迎的设备包括智能家居摄像头、智能语音控制音箱、智能温控器和智能照明系统等。

2. 英国

在英国,Laing Homt 公司2000年就在伦敦郊区建成了"智能家居"示范街区,每栋房子都装备了智能管理系统:主人可以通过手机或网络远程控制照明、空调、通风等系统;独特设计的智能冰箱可以检查家中食物的剩余情况,及时通知主人采购以保证充足的食物储备。

2016年4月,伦敦牛津街 John Lewis 百货公司的五楼开了一间智能家居的集成体验式展厅,面积约1000平方英尺(大约93平方米),从进门开始的 Nest 安全系统监控、智能温控系统,到飞利浦智能灯具系列,从装有内置摄像头的三星智能电冰箱、洗衣机、Nespresso Prodigio 智能遥控咖啡机,到 Sonos 扬声器等,智能家居设施一应俱全。

根据 NIQ-GfK 2024年智能家居调查数据显示,英国市场对节能环保和有助于节省成本的智能家居产品的需求正日益增长。80%的英国受访者至少拥有一件智能家居产品,近40%的受访者拥有三件以上此类产品,此占比与2019年相比翻了一番。

3. 日本

在日本,科技公司生产了老年护理机器人、劳动助力机器人等设备来缓解"超老龄社会"和"人口持续减少"的问题。2015年2月,日本软银公司的人形情感机器人 Pepper(见图3-33)在1分钟之内被抢光,它通过深度摄像头和语音识别系统,能读懂人类情感并做出智能反应。

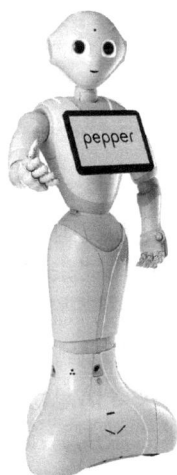

图3-33 软银人形情感机器人 Pepper

还有很多其他智能家居产品，比如，门外的自动门禁系统采用高清红外摄像头侦测，1 秒即可刷脸开门，解放双手。外墙上的智能储物柜可以全天候无人式接收快递，并智能选择不同的商品储存模式。智能冰箱既能冰藏食物，又有温室可用来种植蔬菜。智能橱柜会展示丰富的菜单，厨房能根据主人选定的菜单从冰箱里选取所需食材烧菜。智能客厅装有如同百科全书的计算机墙壁，能掌握主人日常所需的资料。智能马桶关注健康，同时拥有了座圈加热、臀部清洗、暖风烘干、自动更换薄膜、自行测血糖值和测血压等功能。

2017 年松下发布"PanasonicHome+ 全屋智能"战略。松下未来馆"Wonder Life-BOX"（见图 3-34）的智能助理管家能提醒诸如"外出防雨、防晒、地震警告、食材快过期"等众多信息。智能客厅中的茶几能变身智能触控电视。智能厨房的每个小橱柜都可以充当"小冰箱"，通过自行差异化温度设置存放不同食材，无厨具也能烹饪。智能助理通过语音交互，能将水龙头出水量精准控制到毫升。卧室天花板上的实时星空投影，让你躺在床上便可仰望星空，看繁星点点，明月高悬。智能床能侦测睡眠，在墙壁上即可看到自己的健康状态。智能卧室完成女人的魔镜梦想，穿衣镜可随意变化服饰色彩，智能镜子能虚拟化妆。

日本是全球第四大智能家居市场，2023 年其市场规模为 79.34 亿美元，预计到 2028 年将增长至 158.4 亿美元。日本消费者对智能家电有较高的信任度和需求，尤其是智能家电产品，如智能冰箱、智能洗衣机等，在市场上表现良好。此外，随着老龄化问题的加剧，智能家居设备在提高老年人生活质量方面也表现出色，与健康相关的智能设备，如智能床垫、健康监测器等，增长迅猛。

4. 德国

在德国，Apartimentum 未来型公寓（见图 3-35）坐落于德国汉堡，在生活智能和网络方面远超欧洲的众多住宅。公寓中众多的物联网应用和先进技术为住户日常生活带来简洁舒适的个性化居住体验。当业主驶入住宅车库时，公寓的电梯会自动下行。智能手机通过查看业主的日程，不仅能够实现自动叫醒、控制浴室的空调和热水，还能检查交通状况并随时根据拥堵情况提供替代路线。住户可以通过 APP 控制百叶窗、灯具、空调等。每间公寓均配有专属 Lightify 入口，住户可单独编程和调用照明场景。

图 3-34　Wonder Life-BOX

图 3-35　Apartimentum 未来型公寓

根据 Statista 数据显示，德国智能家居市场规模在 2022 年达到 104 亿欧元，预计到 2026 年将增长至 165 亿欧元，年复合增长率为 10.4%。2021 年德国家庭中智能家居设备的普及率为 44%，低于欧洲其他国家，显示出德国智能家居市场仍有较大的增长潜力。照明和供暖是德国智能家居最重要的应用领域，灯具和照明设备占比最高，达到 36%，其次

是制暖/恒温器、智能安防摄像头等

5.中国

在我国，2016年美的正式发布M-Smart智慧生态计划，宣布智慧生活运营服务平台开放落地，提供智慧生活整体解决方案。比如，应用图像识别和智能标签技术，智能冰箱可自动识别食物保存位置、新鲜程度。

2017年8月阿里人工智能实验室发布智能音箱"天猫精灵"，集智能语音、智能搜索、智能购物、智能缴费、智能家居入口等多项功能于一身，已经成功应用于全国首家人工智能酒店——杭州西轩酒店，用户通过语音就可以控制酒店客房的灯光、空调、窗帘、电视、马桶等。

2018年4月由科大讯飞和美的联合生产的Talking M智能语音无叶风扇问世，基于科大讯飞AIUI人工智能交互系统，Talking M具有全双工持续交互、连续识别、语义理解、多场景对话及云端连续识别等智能交互功能。

我国智能家居市场规模逐年扩大，2023年市场规模达到7157.1亿元。智能家居产品的普及率和使用黏性也在稳步提升，智能家居APP行业活跃用户规模已达3.27亿，平均每人手机上有1.56个智能家居APP。未来几年，我国智能家居行业将继续快速发展，技术将不断突破，个性化定制将成为主流，安全与隐私保护将不断加强。全屋智能生态链的闭环形成将是行业发展的重要方向。

3.6.2 智能家居的主要系统

1.智能家居照明系统

智能家居照明系统是指利用通信传感技术、云计算和物联网技术等对室内照明设施进行综合控制，不仅可以达到舒适、节能、高效的特点，还具有灯光亮度的强弱调节、灯光软启动和定时启动或关闭控制、场景设置等功能，如图3-36所示。

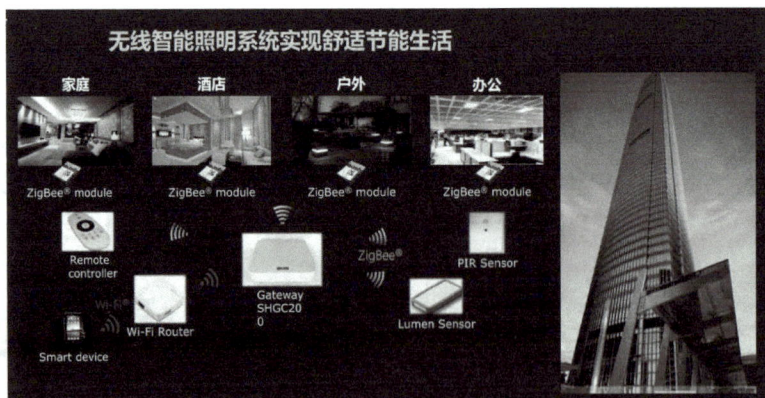

图3-36 楼宇智能照明

2.智能家居安防报警系统

智能家居安防报警系统是集信息技术、网络技术、传感技术、无线电技术、模糊控制技术等多种技术为一体的综合应用，利用现代的宽带信息网络和无线电网络平台，将家电控制、家庭环境控制、家庭监视监测、家庭安全防范、家庭信息交流服务融为一体。智能报警系统采用物理方法或电子技术，自动检测部署在监控区域内发生的入侵行为，产生报警信号，并提示相关人员对报警发生的区域进行处理。智能门禁系统如图 3-37 所示。

3. 智能环境控制系统

智能环境控制系统是指通过智能设备对室内的温湿度环境和自然光环境进行控制，通常包括智能空调、智能加湿器、智能窗帘和各种温湿度传感器，可以根据使用者需求保证室内温湿度环境符合人的要求，同时满足节能环保的需求。自然光环境系统可以和智能家居照明系统联动，更好地为用户提供舒适自然的灯光环境。智能环境控制系统如图 3-38 所示。

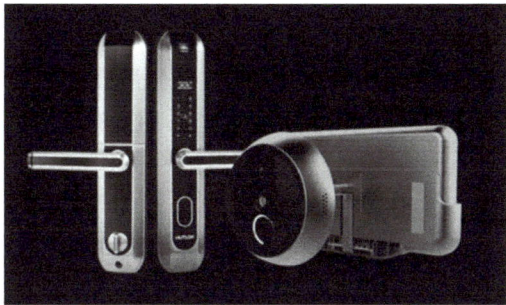

图 3-37　智能门禁系统　　　　　　图 3-38　智能环境控制系统

4. 智能家庭影音系统

智能家庭影音系统通常由家庭影院系统、音响、AV 功放、投影仪或智能电视以及中控系统等组成。智能家庭影音系统（见图 3-39）旨在为使用者提供更高质量的影音享受。

5. 智能家居网络系统

智能家居网络系统是智能家居的重要组成部分，主要通过 WiFi、蓝牙、Z-Wave、ZigBee 等技术组成，以达到万物互联的根本目的，在智能家居的联动控制和远程控制等标志性技术中发挥着决定性作用，如图 3-40 所示。

图 3-39　智能家庭影音系统　　　　　图 3-40　智能家居网络系统

3.6.3　人工智能在智能家居中的应用

1. 智能语音识别

智能家居虽然能够解放人们的双手，给家人带来更加舒适智能的家居环境，但家人间的日常交流会给基于语音识别的智能家居带来挑战：第一，若智能家居一直在监听家人的对话，并上传至云端识别，就会造成家人隐私的泄露，而且由于其一直在录制对话并上传云服务器接收识别结果，这无疑会增大功耗，造成能源浪费；第二，家居系统不能真正识别用户的意图，在需要家居系统工作时，系统不能及时做出反应，从而会与"智能"二字相悖，不但不能给用户带来方便，反而会造成麻烦。因此在基于语音识别的智能家居系统中，关键词的识别显得尤其重要。关键词的识别可以让语音系统真正明白用户的意图，在需要时及时做出反应，在不需要时默默等待。因此，多数智能家居系统均设置了唤醒关键词。

1）离线语音指令识别指的是系统无须借助互联网，即无需将采集到的语音指令上传至云端进行识别。离线语音指令识别的基本原理是：首先将大量的语音指令经特征提取后训练成一个指令模型，将不同的指令模型构建成一个关键词列表，然后对采集到的语音进行特征提取，匹配关键词列表中的指令模型，最后将关键词列表中得分最高的指令作为识别的结果输出。目前市面上较常用的离线语音识别方案有：硬件方案 LD3320 芯片和软件方案 snowboy，如图 3-41 所示。

图 3-41   硬件方案 LD3320 芯片和软件方案 snowboy

2）语音的离线识别虽然不使用互联网，在网络中断时，可以使系统仍然工作，但其对语音指令的数目以及语音指令的长短有所限制，只能识别有限的语音指令。因此语音的离线识别并不能真正代替云端识别，只能作为网络状态不佳时的备用方案。而在线（云端）识别可以识别任意长度的指令，而且用户不需自己训练模板，只需上传规定格式的语音至云端，在云服务器中自动进行预加重、分帧加窗、端点检测、特征向量提取、模式匹配，最后将识别的结果（即文字）以一定的格式下传给用户。由于语音的在线（云端）识别准确率高，对语音的长短和数目无任何限制，而且不会消耗硬件的内存，因此是所有语音产品的首选方案。

2. 智能语音交互

一款智能家居产品的"智能"不仅体现在其能够识别出用户的语音指令并正确控制相应的电器设备，还体现在其能根据环境参数自动调节电器，为用户提供一个舒适的环境。随着城镇化的推进，人口老龄化的加剧，人们的生活压力越来越大，空巢老人的数量越来越多；这些社会因素赋予了智能家居"智能"的另一层含义——成为家人的另一个伴侣。而实现这一目标最有效的途径是使智能家居能够与用户进行类似人与人之间的语言交流，以及情感上的互动。

目前市面上各大语音技术提供商的语音互动功能的原理大致相同：以查询天气为例，当用户发出语音指令后，智能设备会把语音流传到云服务器平台，在云端上进行语音识别、语义理解，然后发送结构化数据给技能服务器，技能服务器处理请求后，向智能设备返回文本或可视化的结果，智能设备收到后，其语音合成（TTS）服务器会处理返回的文本，将播报流发送给音箱，如果是有屏音箱的话，也可将可视化结果在设备上进行显示。

因此各大厂家产品的优劣主要取决于两个方面：第一，云端处理音频流采用算法的好坏将直接影响到技术服务器是否能返回一个正确合理的结果给用户，而不是答非所问；第二，技能服务器的好坏将直接决定产品的服务范围。由于各厂家使用的人工智能深度学习、神经网络等算法大都来自学术界公开的研究成果，在识别的准确率上各提供商都可达到 90% 以上。因此当一个厂家的识别精度比另一个厂家高 1% 或 5% 时，在用户的使用效果上，是很难体现出他们之间的优劣的。因此目前各大厂家的主要竞争体现在技能服务及其不同的应用场景上。

按照应用场景来分类，市面上的语音技术提供商大致可分为以下四类。

1）搜索查询消息的个人助理，如：腾讯小鲸、出门问问。

2）连续对话的"聊天机器人"，如：图灵机器人、百度度秘。

3）即时聊天机器人，也是个人助理，如：华为语音助手（见图 3-42）、苹果 Siri。

智慧助手

小艺小艺，大有智慧

图 3-42　华为语音助手

4）提供智能语音交互解决方案，如：科大讯飞、云知声、思必驰。

3. 智能门锁

人工智能运用到智能门锁（见图 3-43）领域，主要是实现了人、机、系统之间的无缝连接与通信，让门锁具有基本判断力和学习能力，从而实现智能化运用。同时，通过大数据的支撑，智能门锁可以对用户的开锁习惯、使用习惯进行分析和学习，然后再将用户习惯的分析转化为机器思维，从而为用户提供更好的使用体验。比如，具有自我学习的智能锁，可以在用户开锁过程中对操作进行不断的学习和更新，然后在学习的过程中进一步提升开锁的准确性和速度，大幅提高指纹识别率，换句话说，智能锁

图 3-43　智能门锁

会越用越快，越用越顺手；再如，智能锁可以根据家里老人和孩子平常的出门和回家时间点，每天都会做出判断和分析，除了每天向用户告知他们的进出门情况、开锁记录之外，

如果他们在平时经常开关门的时间段内未按时出门或未及时回家，智能锁将通知用户，并提醒用户确认一下他们是否安全。

4. 智能猫眼

近年来，互联网、智能电子产品得到迅猛发展，而光学猫眼的各种弊端日益显现，用户的安全需求已经从基本的"需要"转向更高层次的"想要"，智能猫眼（见图3-44）就此诞生。智能猫眼在原有电子猫眼无线联网、远程通话、实时录像的基础上还加入了行人识别、危险模式识别、人脸识别、自动报警等功能。

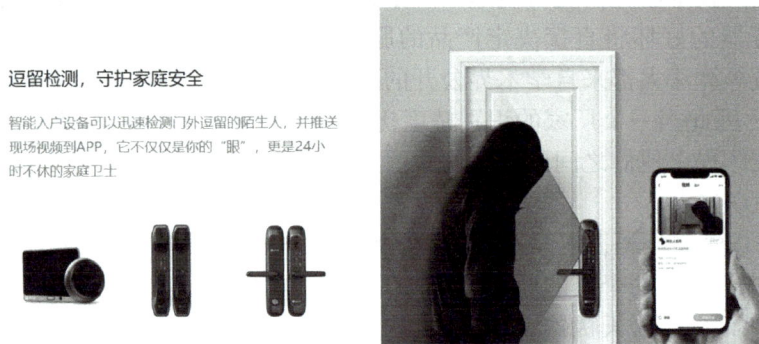

逗留检测，守护家庭安全

智能入户设备可以迅速检测门外逗留的陌生人，并推送现场视频到APP，它不仅仅是你的"眼"，更是24小时不休的家庭卫士

图3-44　智能猫眼

5. 模式识别摄像头

模式识别摄像头（见图3-45）能全天候自动识别家中异常情况，并做出相应的反应和提示。模式识别摄像头可以识别家中老人、小孩活动，识别摔倒、昏迷等异常行为，可以识别到警戒区域的任何移动，以实现站岗功能；还可以配合多种传感器一起使用，识别火灾、煤气泄漏和漏水等情况，并及时发出警告或自动报警。

眼观六路 智能看护

智能家居摄像机可覆盖老人孩子活动区域，让你第一时间掌握家中亲人动态，离开家也能安心守护家

图3-45　模式识别摄像头

3.7 人工智能与大模型

计算机硬件性能不断提升，深度学习算法快速优化，大模型的发展日新月异。一系列基于大模型的人工智能应用相继问世，其中ChatGPT、文心一言等已经在社会生产、生活方面产生了广泛影响。

大模型是指具有大规模参数和复杂计算结构的机器学习模型。这些模型通常由深度神经网络构建而成，拥有数十亿甚至数千亿个参数。大模型的设计目的是提高模型的表达能力和预测性能，能够处理更加复杂的任务和数据。大模型在各种领域都有广泛的应用，包括自然语言处理、计算机视觉、语音识别和推荐系统等。大模型通过训练海量数据来学习复杂的模式和特征，具有更强大的泛化能力，可以对未见过的数据做出准确的预测。

3.7.1　大模型的发展历程

虽然大模型是 2020 年后才逐渐兴起并被大众所熟知，但是大模型的发展可以追溯到1956 年。大模型经历了萌芽期、探索沉淀期和迅猛发展期三个阶段。

1. 萌芽期（1950—2005 年）：以 CNN 为代表的传统神经网络模型阶段

1956 年，从计算机专家麦卡锡提出"人工智能"概念开始，AI 发展由最开始基于小规模专家知识逐步发展为基于机器学习。

1980 年，卷积神经网络的雏形 CNN 诞生。

1998 年，现代卷积神经网络的基本结构 LeNet-5 诞生，机器学习方法由早期基于浅层机器学习的模型，变为基于深度学习的模型，为自然语言生成、计算机视觉等领域的深入研究奠定了基础，对后续深度学习框架的迭代及大模型发展具有开创性的意义。

2. 探索沉淀期（2006—2019 年）：以 Transformer 为代表的全新神经网络模型阶段

2013 年，自然语言处理模型 Word2vec 诞生，首次提出将单词转换为向量的"词向量模型"，以便计算机更好地理解和处理文本数据。

2014 年，被誉为 21 世纪最强大算法模型之一的 GAN（对抗式生成网络）诞生，标志着深度学习进入了生成模型研究的新阶段。

2017 年，Google 颠覆性地提出了基于自注意力机制的神经网络结构——Transformer架构，奠定了大模型预训练算法架构的基础。

2018 年，OpenAI 和 Google 分别发布了 GPT-1 与 BERT 大模型，意味着预训练大模型成为自然语言处理领域的主流。在探索期，以 Transformer 为代表的全新神经网络架构，奠定了大模型的算法架构基础，使大模型技术的性能得到了显著提升。

3. 迅猛发展期（2020 年—至今）：以 GPT 为代表的预训练大模型阶段

2020 年，OpenAI 推出了 GPT-3，模型参数规模达到了 1750 亿，成为当时最大的语言模型，并且在零样本学习任务上实现了巨大性能提升。随后，更多策略如基于人类反馈的强化学习（RHLF）、代码预训练、指令微调等开始出现，被用于进一步提高推理能力和任务泛化。

2022 年 11 月，搭载了 GPT-3.5 的 ChatGPT 横空出世，凭借逼真的自然语言交互与多场景内容生成能力，迅速引爆互联网。

2023 年 3 月，超大规模多模态预训练大模型 GPT-4 发布，其具备了多模态理解与多类型内容生成能力。在迅猛发展期，大数据、大算力和大算法完美结合，大幅提升了大模型的预训练和生成能力以及多模态多场景应用能力。如 ChatGPT 的巨大成功，就是在微软Azure 强大的算力以及 Wiki 等海量数据支持下，在 Transformer 架构基础上，坚持 GPT 模型及人类反馈的强化学习（RLHF）进行精调的策略下取得的。

3.7.2　大模型的特点

大模型是具有极其庞大参数规模、先进架构和广泛适用性的机器学习模型。这类模型因其前所未有的规模和强大的通用性而备受关注，大模型的特点如下所示。

1. 大规模参数量

大模型的核心特征之一就是其庞大的参数规模，动辄几十亿、上百亿甚至上千亿个参数。这种规模上的突破有助于模型捕捉更复杂的模式和深层次的规律，从而提升模型的表达能力和泛化能力。

2. 多层神经网络架构

大模型一般基于深度神经网络构建，其层数多、结构复杂，包括但不限于Transformer、卷积神经网络（CNN）等，能够对输入数据进行多层次的抽象和变换。

3. 涌现能力与泛化性能

大模型在经过大规模数据训练后，能在未见过的场景下表现出良好的泛化能力，即在处理未在训练集中出现过的任务时仍能给出合理的答案或结果，体现出较强的"涌现"能力。

4. 多任务学习与迁移学习

大模型能够在同一模型框架下同时学习解决多种任务，具有很好的迁移学习能力，通过微调少量参数就能应用于新任务，节省了大量的训练成本。

5. 自然语言理解和生成

在自然语言处理（NLP）领域的大模型如GPT-3、BERT、Bard等，能够理解文本、生成文本、问答、翻译等多种任务，展现了极高的语言理解与生成水平。

6. 视觉模型与跨模态学习

视觉大模型如DALL-E、CLIP等能够处理图像、视频等多媒体数据，甚至实现跨模态的学习，即在同一模型中融合处理不同类型的输入数据。

7. 精确一次语义与状态管理

在流处理和有状态的计算场景中，一些大模型支持Exactly-once语义，确保在处理数据流时的准确性，即便在失败重试或系统故障时也能保持数据一致性。

8. 自我校正与自我迭代

部分大模型在训练过程中可以自我改进，通过不断迭代和自我反馈来优化自身性能，这种自我学习机制使模型能够不断提升精度和鲁棒性。

9. 资源与计算需求

大模型训练和推理所需的计算资源巨大，通常需要高性能GPU集群支持，但也促进了硬件加速技术与分布式计算框架的发展。

10. 伦理和社会影响

大模型的广泛应用带来了伦理和社会问题的讨论，例如隐私保护、数据偏见、模型可解释性等方面，这些都是大模型发展过程中不容忽视的重要方面。

3.7.3 大模型的分类

1. 按照输入数据类型分类

按照输入数据类型的不同，大模型主要可以分为以下三大类。

1）语言大模型（NLP）：是指在自然语言处理（Natural Language Processing，NLP）领域中的一类大模型，通常用于处理文本数据和理解自然语言。这类大模型的主要特点是它们在大规模语料库上进行了训练，以学习自然语言的各种语法、语义和语境规则。例如，GPT 系列（OpenAI）、Bard（Google）、文心一言（百度）等。

2）视觉大模型（CV）：是指在计算机视觉（Computer Vision，CV）领域中使用的大模型，通常用于图像处理和分析。这类模型通过在大规模图像数据上进行训练，可以实现各种视觉任务，如图像分类、目标检测、图像分割、姿态估计、人脸识别等。例如，VIT 系列（Google）、文心 UFO、华为盘古 CV、INTERN（商汤）等。

3）多模态大模型：是指能够处理多种不同类型数据的大模型，如文本、图像、音频等多模态数据。这类模型结合了 NLP 和 CV 的能力，以实现对多模态信息的综合理解和分析，从而能够更全面地理解和处理复杂的数据。例如，DingoDB 多模向量数据库（九章云极 DataCanvas）、DALL-E（OpenAI）、悟空画画（华为）、Midjourney 等。

2. 按照应用领域分类

按照应用领域的不同，大模型主要可以分为 L0、L1、L2 三个层级。

1）通用大模型 L0：是指可以在多个领域和任务上通用的大模型。它们利用大算力、使用海量的开放数据与具有巨量参数的深度学习算法，在大规模无标注数据上进行训练，以寻找特征并发现规律，进而形成可"举一反三"的强大泛化能力，可在不进行微调或少量微调的情况下完成多场景任务，相当于 AI 完成了"通识教育"。

2）行业大模型 L1：是指针对特定行业或领域的大模型。它们通常使用行业相关的数据进行预训练或微调，以提高在该领域的性能和准确度，相当于 AI 成为"行业专家"。

3）垂直大模型 L2：是指针对特定任务或场景的大模型。它们通常使用任务相关的数据进行预训练或微调，以提高在该任务上的性能和效果。

3.7.4 常见的人工智能大模型

1. ChatGPT

ChatGPT（Chat Generative Pre-trained Transformer），是 OpenAI 研发的一款聊天机器人程序，于 2022 年 11 月 30 日发布（见图 3-46）。ChatGPT 是人工智能技术驱动的自然语言处理工具，它能够基于在预训练阶段所见的模式和统计规律生成回答，还能根据聊天的上下文进行互动，真正像人类一样聊天交流，甚至能完成撰写论文、邮件、脚本、文案、翻译、代码等任务。

ChatGPT 是一种基于深度学习技术的自然语言处理模型，通过对海量文本数据集的训练，它可以模拟人类的对话行为，实现自然语言交互。ChatGPT 通过学习大量语料

图 3-46　ChatGPT 图标

库中的语言规律和上下文信息，可以针对不同的对话场景生成符合语义的回复，为用户提供智能化的服务和体验。ChatGPT 的核心技术包括序列到序列学习、注意力机制、神经网络等。其中，序列到序列学习是一种将输入序列映射到输出序列的神经网络结构，它通过编码器和解码器两个神经网络模块的实现，可以有效地完成自然语言生成和自然语言理解的任务。注意力机制则让 ChatGPT 在处理长文本时能够聚焦于关键信息，提高模型的准确性和效率。神经网络是一种模拟人脑神经元连接方式的计算系统，通过大量节点（神经元）相互连接，能够学习、识别、记忆复杂数据模式并进行预测和决策。

2. 文心一言

文心一言（ERNIE Bot），是百度全新一代知识增强大语言模型，文心大模型家族的新成员，能够与人对话互动、回答问题、协助创作，高效便捷地帮助人们获取信息、知识和灵感（见图 3-47）。文心一言从数万亿数据和数千亿知识中融合学习，得到预训练大模型，在此基础上采用有监督精调、人类反馈强化学习、提示等技术，具备知识增强、检索增强和对话增强的技术优势。其主要应用场景包括文学创作、商业文案创作、数理推算、中文理解、多模态生成。截至 2024 年 6 月，文心一言累计用户规模已达 3 亿，日调用次数达到了 5 亿。

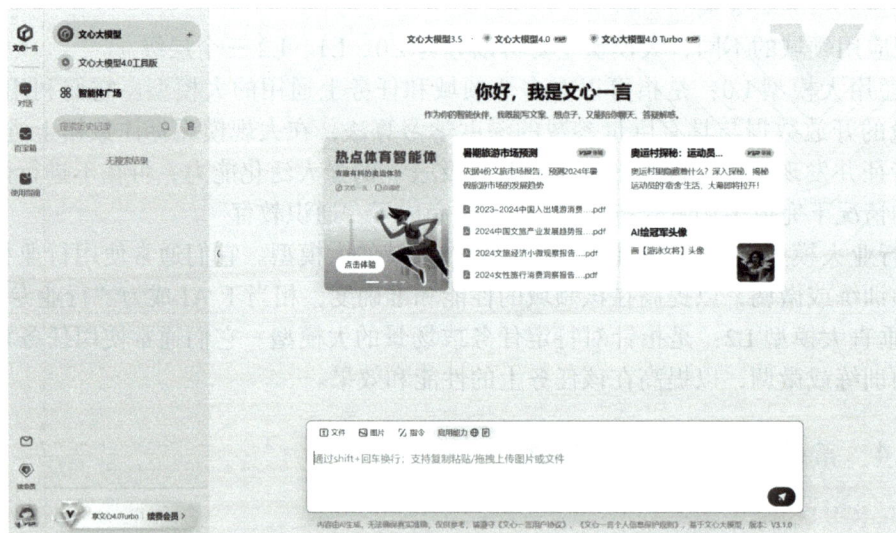

图 3-47　文心一言首页

3. 讯飞星火

讯飞星火是科大讯飞发布的认知大模型。该模型具有文本生成、语言理解、知识问答、逻辑推理、数学能力、代码能力、多模交互 7 大核心能力。

2023 年 5 月 6 日，科大讯飞正式发布讯飞星火认知大模型并开始不断迭代；2024 年 5 月 22 日，讯飞星火 Lite 版永久免费；6 月 27 日，讯飞星火 V4.0 正式发布；8 月 30 日，星火语音大模型更新，带来"星火极速超拟人交互"。讯飞星火认知大模型已位列我国头部水平，通过中国信通院组织的 AIGC 大模型基础能力（功能）评测及可信 AI 大模型标准符合性验证，并获得 4+ 级评分。

案 例

盘古大模型

盘古大模型，是华为旗下的盘古系列 AI 大模型，包括 NLP 大模型、CV 大模型、科学计算大模型。

2020 年 11 月，盘古大模型在华为云内部立项开始，不断迭代。2024 年 6 月 21 日，华为云盘古大模型 5.0 发布，包括十亿级、百亿级、千亿级、万亿级等不同参数规模，提供盘古自然语言大模型、多模态大模型、视觉大模型、预测大模型、科学计算大模型等。

盘古 NLP 大模型

盘古 NLP 大模型可用于内容生成、内容理解等方面，并首次使用 Encoder-Decoder 架构，兼顾 NLP 大模型的理解能力和生成能力，保证了模型在不同系统中嵌入的灵活性。在下游应用中，仅需少量样本和可学习参数即可完成千亿规模大模型的快速微调和下游适配。

盘古 CV 大模型

盘古 CV 大模型可用于分类、分割、检测方面，也是首次实现模型按需抽取的业界最大 CV 大模型，首次实现兼顾判别与生成能力。基于模型大小和运行速度需求，自适应抽取不同规模模型，AI 应用开发快速落地。使用层次化语义对齐和语义调整算法，在浅层特征上获得了更好的可分离性，使小样本学习的能力获得了显著提升，达到业界第一。

盘古气象大模型

盘古气象大模型实现气象预报精度首次超过传统数值方法，速度提升 1000 倍，提供秒级天气预报，例如重力势、湿度、风速、温度，气压等变量的 1 小时 ~7 天预测。借助创新的 3DEST 网络结构以及分层时间聚合算法，盘古气象大模型在气象预报的关键要素（例如重力势、湿度、风速、温度等）和常用时间范围上（从一个小时到一周），精度均超过当前最先进的预报方法，同时速度相比传统方法提升 1000 倍以上。

习 题 测 试

一、单选题

1. 以下不属于"人机大战"经典案例的是（　　　）。
  A. 机器人角斗士　　　　　　　　　B."深蓝"国际象棋
  C."阿尔法狗"围棋大战　　　　　　D. 多多农研科技大赛

2. 下列不属于常见的人工智能助理的是（　　　）。
  A. Siri　　　　　　B. Alexa　　　　　C. 天猫精灵　　　D. 步步高点读机

3. 量子计算对人工智能最有可能的帮助是（　　　）。
  A. 应用场景　　　　B. 训练算力　　　C. 训练算法　　　D. 硬件辅助

4. 人工智能在无人驾驶中应用错误的是（　　　）。
  A. 人机共驾　　　　B. 安全员　　　　C. 高精地图采编　　D. 自动驾驶跟车

5. 人工智能变革教育的潜力主要体现在（　　　）。

　　A. 教学方式　　　　　　B. 学习方式　　　　　C. 教学服务　　　　D. 以上全是

6. 以下哪项不属于人工智能在智能家居中的典型应用？（　　　）

　　A. 语音交互管家　　　　　　　　　B. 老年人心理健康监测

　　C. 智能猫眼　　　　　　　　　　　D. 模式识别摄像头

7. 以下哪项不属于人工智能大模型的特点？（　　　）

　　A. 大规模参数量　　　　　　　　　B. 多层神经网络架构

　　C. 涌现能力与泛化性能　　　　　　D. 数据量大

二、多选题

1. 下列关于人工智能助理说法正确的是（　　　）。

　　A. 智能助理应用了部分 Chatbot 的原理　　B. Siri 是最早的智能助理

　　C. 智能助理应用了知识图谱的原理　　　　D. 微软暂未推出智能助理

2. 以下哪些属于自动驾驶相关的关键技术？（　　　）

　　A. 车路协同　　　　　B. 高精地图　　　　C. 人机共驾　　　　D. 安全员机制

3. 以下哪些是常见的人工智能大模型？（　　　）

　　A. 文心一言　　　　　B. 讯飞星火　　　　C. ChatGPT　　　　D. 盘古大模型

三、判断题

1. 深蓝的主要事迹是打败了世界围棋冠军柯洁。　　　　　　　　　　　　（　　　）

2. 从功能上来说阿尔法狗属于强人工智能。　　　　　　　　　　　　　　（　　　）

3. 阿尔法狗在训练过程中使用到了强化学习功能。　　　　　　　　　　　（　　　）

4. 智能助理的主要功能是帮助使用者设定闹钟和提醒事项。　　　　　　　（　　　）

5. 目前还没有功能比较完善的国产智能助理。　　　　　　　　　　　　　（　　　）

6. 利用人工智能进行语言处理是智能助理的主要特点。　　　　　　　　　（　　　）

7. 量子计算是一种遵循量子力学规律调控量子信息单元并进行计算的新型计算模式。

　　　　　　　　　　　　　　　　　　　　　　　　　　　　　　　　　　（　　　）

8. 未来，量子计算将帮助解决人工智能训练过程中的算力需求。　　　　　（　　　）

9. 高精地图作用于无人驾驶时精度应该在 1m 以内。　　　　　　　　　　（　　　）

10. 无人驾驶的人机共驾过程中，人与计算机应该是协同互补的。　　　　（　　　）

11. 目前利用人工智能处理视觉感知已经十分成熟，因此仅用视觉感知即可实现 L5 级
别的自动驾驶。　　　　　　　　　　　　　　　　　　　　　　　　　（　　　）

12. 人工智能主要改变的是学生学习的方式，对老师的教学方式几乎没有影响。（　　　）

13. 人工智能应用于教学评价时，可以更加关注学生的学习兴趣和差异化需求。（　　　）

14. 人工智能在智能家居中的主要应用其实就是安防系统。　　　　　　　（　　　）

四、简答题

1. 智能家居包含哪些系统？

2. 请列举人工智能在教育中的具体应用。

3. 量子计算的定义是什么？量子计算与人工智能最主要的结合领域是什么？

4. 人工智能应用在无人驾驶的哪些关键系统？

5. 请列举本章提到的人工智能的关键应用领域。

6. 我国在人工智能应用上的典型案例有哪些？

7. 人工智能的应用如何改变了我们的学习生活？

五、案例思考题

人工智能与医疗

人工智能是引领新一轮科技革命和产业变革的战略性技术，具有溢出带动性很强的"头雁"效应，目前人工智能在医疗领域发挥积极作用。

1. 智能辅助诊疗（见图 3-48）

人工智能利用机器学习和自然语言处理技术自动抓取病历中的临床变量，智能化融汇多元异构的医疗数据，将积压的病历自动批量转化为结构化数据库。基于医院电子病历等系统，对患者信息进行推理，自动生成针对患者的精细化诊治建议，供医生决策参考。

应用场景：病历结构化处理、多源异构数据挖掘、临床决策支持。

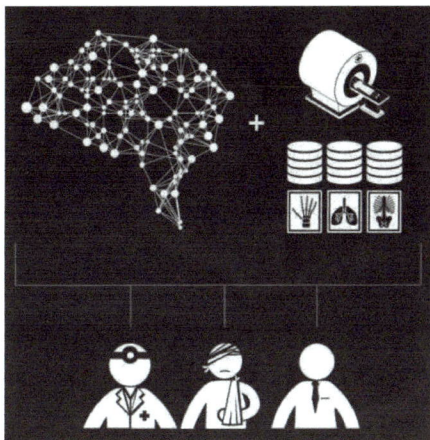

图 3-48　智能辅助诊疗

2. 智能医学影像识别（见图 3-49）

利用人工智能技术可以帮助医生对医学影像完成各种定量分析、历史图像的比较或者可疑病灶的发现等，从而高效、准确地完成诊断。

应用场景：CT、视网膜眼底图、X 射线、病理、超声波、内窥镜、皮肤影像等，基于钼靶影像的乳腺病变检测，基于皮肤照片的皮肤癌分类诊断，基于数字病理切片的乳腺癌淋巴结转移检测，基于眼底照片的糖尿病视网膜病变检测，基于胸部 X 线片的肺部炎性疾病检测等。

3. 智能药物研发（见图 3-50）

新药的开发流程可以分为药物发现、临床前开发和临床开发三个部分。现代药物发现在技术上可以分为三个阶段：靶点的发现和确证、先导物的发现、先导物的优化。

应用场景：人工智能主要应用于新药发现和临床试验阶段。例如：在疫苗的研发前期阶段需要进行大量的数据筛选和分析，这恰恰是人工智能的强项。

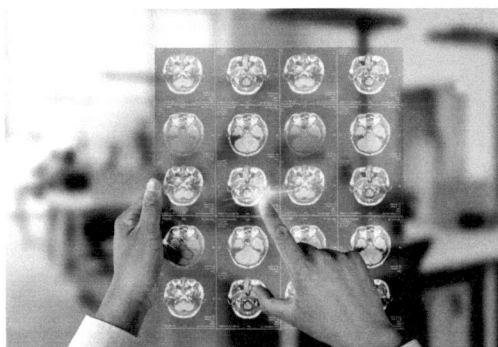

图3-49　智能医学影像识别

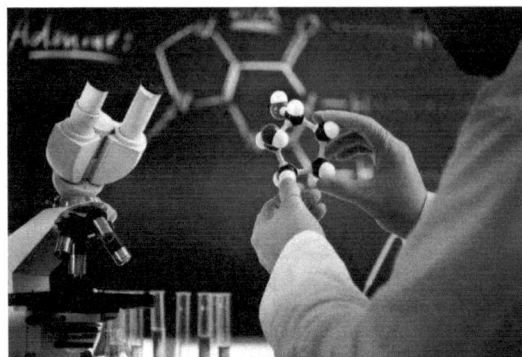

图3-50　智能药物研发

思考题

1. 人工智能在医疗领域还可以有哪些应用？
2. 在医疗领域，哪些是人工智能还无法替代的？

第4章
人工智能的关键技术

教学目标

- 理解计算机视觉的原理及应用。
- 理解机器学习的原理及应用。
- 理解生物特征识别的原理及应用。
- 理解自然语言处理的原理及应用。
- 理解人机交互技术的原理及应用。
- 理解知识工程的原理及应用。

素质目标

- 培养学生探索未知、寻求真理的责任感和使命感。
- 培养学生的信息安全意识，树立科技强国建设的使命感。

概　述

当前，人工智能可谓是科技领域热门的话题。很多公司完善人工智能技术，研发人工智能产品，从 Siri 语音到智能家居，从无人驾驶到人工智能机器人，人工智能正在一步步改变我们的生活方式。我们还在憧憬着，人工智能还能带给我们什么。人工智能已经逐渐发展成一个庞大的技术体系，人工智能普遍包含了计算机视觉、机器学习、人机交互、自然语言等多个领域的技术。

计算机视觉是使用计算机模仿人类视觉系统的科学，让计算机拥有类似人类提取、处理、理解和分析图像以及图像序列的能力。自动驾驶、机器人、智能医疗等领域均需要通过计算机视觉技术从视觉信号中提取并处理信息。随着深度学习的发展，预处理、特征提取与算法处理渐渐融合，形成端到端的人工智能算法技术。根据解决的问题，计算机视觉可分为计算成像学、图像理解、三维视觉、动态视觉和视频编解码五大类。

机器学习是一门多领域交叉学科，涉及统计学、系统辨识、逼近理论、神经网络、优化理论、计算机科学、脑科学等诸多领域。通过研究计算机怎样模拟或实现人类的学习行为，以获取新的知识或技能。通过知识结构的不断完善与更新来提升机器自身的性能，这属于人工智能的核心领域。基于数据的机器学习是现代智能技术中的重要方法之一，研究从观测数据（样本）出发寻找规律，利用这些规律对未来数据或无法观测的数据进行预测。"阿尔法狗"就是这项技术一个很成功的体现。

关于人机交互，它最重要的方面是研究人和计算机之间的信息交换，主要包括人到计算机和计算机到人两部分的信息交换，是人工智能领域重要的外围技术。人机交互是与认知心理学、人机工程学、多媒体技术、虚拟现实技术等密切相关的综合学科。传统的人与计算机之间的信息交换主要依靠交互设备进行，主要包括键盘、鼠标、操纵杆、数据服装、眼动跟踪器、位置跟踪器、数据手套、压力笔等输入设备，以及打印机、绘图仪、显示器、头盔式显示器、音箱等输出设备。人机交互技术除了传统的基本交互和图形交互外，还包括语音交互、情感交互、体感交互及脑机交互等技术。

🔄 思维导图

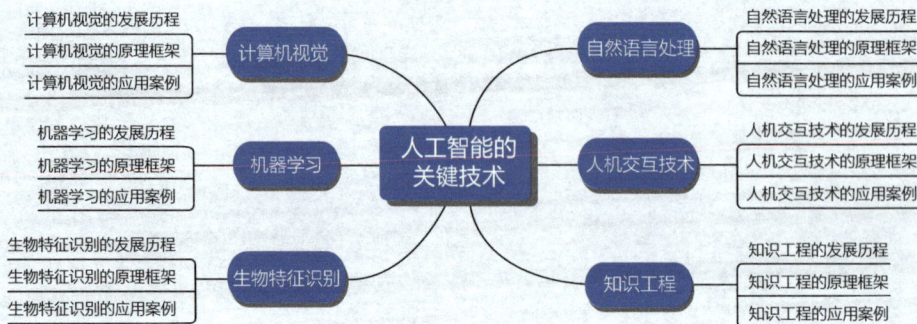

4.1　计算机视觉

计算机视觉（Computer Vision）是一门研究如何使机器"看"的科学，更进一步地说，是指用摄影机和计算机代替人眼对目标进行识别、跟踪和测量的科学。人们认识世界，91% 是通过视觉来实现的。同样，计算机视觉的最终目标就是让计算机能够像人一样通过视觉来认识和了解世界，它主要是通过算法对图像进行识别分析。计算机视觉技术实现了快速发展，其主要学术原因是 2015 年基于深度学习的计算机视觉算法在 ImageNet 数据库上的识别准确率首次超过人类。

4.1.1　计算机视觉的发展历程

计算机视觉始于 20 世纪 50 年代的统计模式识别，当时主要集中于分析与识别二维图像，如光学字符识别、工件表面、显微图片和航空图片的分析和解释等。

20 世纪 60 年代，人工智能学者明斯基令学生写出程序，让计算机自动"了解"所连接摄像头的内容，计算机视觉拉开帷幕。1965 年，劳伦斯·罗伯茨（Lawrence Roberts）通过计算机程序从数字图像中提取出诸如立方体、楔形体、棱柱体等多面体的三维结构，并对物体形状及物体的空间关系进行描述，开创了以理解三维场景为目的的三维计算机视觉的研究。罗伯茨对积木世界的创造性研究给人们以极大的启发，于是人们对积木世界进行了深入的研究，研究的范围从边缘的检测、角点特征的提取，到线条、平面、曲线等几何要素分析，一直到图像明暗、纹理、运动以及成像几何等，并建立了各种数据结构和推理规则。

20 世纪 70 年代中期，世界著名的计算科学和人工智能实验室、麻省理工学院人工智能实验室 CSAIL 正式开设"计算机视觉"课程，同时麻省理工学院的实验室也吸引了国际上许多知名学者参与计算机视觉的理论、算法、系统设计的研究。1973 年，大卫·马尔（David Marr）教授在 MIT AI 实验室领导一个以博士生为主体的研究小组，1977 年他提出了不同于"积木世界"分析方法的视觉计算理论，该理论在 20 世纪 80 年代成为计算机视觉研究领域中的一个十分重要的理论框架。

20 世纪 80 年代中期，计算机视觉获得了迅速发展，主动视觉理论框架、基于感知特征群的物体识别理论框架等新概念、新方法、新理论不断涌现。1999 年，Nvidia 公司在推销自己的 Geforce 256 芯片时，率先提出了 GPU 概念。GPU 是专门为了执行复杂的数学和集合计算而设计的数据处理芯片。它的出现为并列计算奠定了基础，同时也提升了数据运算处理速度、扩大了数据处理规模。

进入 21 世纪，计算机视觉与计算机图形学的相互影响日益加深，基于图像的绘制成为研究热点，高效求解复杂全局优化问题的算法得到发展。

4.1.2　计算机视觉的原理框架

自 20 世纪 70 年代以来，随着认知心理学自身的发展，认知心理学关于模式识别的研究在取向上出现了某些重要的变化。一些认知心理学家继续在物理符号系统假设的基础上进行研究，探讨计算机和人的识别模式的特点；而另一些认知心理学家则转向用神经网络的思想来研究识别模式的问题。

1. 视觉计算理论框架

马尔提出视觉计算理论，认为视觉就是要对外部世界的图像构成有效的符号描述，它的核心问题是要从图像的结构推导出外部世界的结构。视觉从图像开始，经过一系列的处理和转换，最后达到对外部现实世界的认识。在马尔的视觉理论框架中有以下三个重要的概念。

1）表征（Representation）指能把某些客体或几类信息表达清楚的一种形式化系统，以及说明该系统如何行使其职能的若干规则。使用某一表征描述某一实体所得的结果，就是该实体在这种表征下的一个描述。

2）处理（Process）是指某种操作，它促使事物的转换。视觉从接收图像到认识一个在空间内排列的、完整的物体，需要经过一系列的表征阶段，从一种表征转换为另一种表征，必须借助于某些处理过程。

3）零交叉（Zero crossing）代表明暗度的不连续变化或突然变化，是形成物体轮廓的基础。对零交叉的检测就是视觉系统对二维表面轮廓或边界的检测。

2. 视觉图像的形成阶段

马尔的视觉计算理论将视觉过程看成一个信息加工的过程，将视觉图像的形成划分为三个阶段。各阶段如下。

1）二维基素图（2-D sketch），这是视觉过程的第一阶段，由输入图像获得基素图。视觉的这一阶段也称为早期视觉。所谓基素图主要指图像中强度变化剧烈处的位置及其几何分布和组织结构，其中用到的基元包括斑点、端点、边缘片断、有效线段、线段组、曲线组织、边界等。这些基元都是在检测零交叉的基础上产生的。这一阶段的目的在于把原始二维图像中的重要信息更清楚地表示出来。

2）2.5维要素图，这是视觉过程的第二阶段，通过符号处理，将线条、点和斑点以不同的方式组织起来而获得2.5维图。视觉过程的这一阶段也称为中期视觉。所谓2.5维图指的是在以观察者为中心的坐标系中，可见表面的法线方向、大致的深度以及它们的不连续轮廓等，其中用到的基元包括可见表面上各点的法线方向、各点离观察者的距离（深度）、深度上的不连续点、表面法线方向上的不连续点等。由于2.5维图中包含了深度的信息，因而比二维图要多，但还不是真正的三维表示，所以得名2.5维图。视觉的这一阶段，按马尔的理论，是由一系列相对独立的处理模块组成的。这些处理模块包括体现、运动、由表面明暗恢复形状、由表面轮廓线恢复形状、由表面纹理恢复形状等。它的作用是揭示一个图像的表面特征。马尔声称，早期视觉加工的目标就是要建立一个2.5维要素图，这是把一个表面解释为一个特定的物体或一组物体之前的最后一步。

3）三维模型表征（3-D model representation），这是视觉过程的第三阶段，由输入图像、基素图、2.5维图而获得物体的三维表示。视觉过程的这一阶段也称为后期视觉。所谓物体的三维表示指的是在以物体为中心的坐标系中，用含有体积基元（即表示形状所占体积的基元）和面积基元的模块化分层次表象，描述形状和形状的空间组织形式，其表征包括容积、大小和形状。当三维模型表征建立起来时，其最终结果是对我们能够区别物体的一种独特的描述。

4.1.3　计算机视觉的应用案例

计算机视觉作为人工智能的基础技术，未来的发展趋势是与其他技术融合推动创新型行业发展，其主要应用领域包括自动驾驶、医疗保健、工业制造、识图翻译、安检安防、精确制导、地图绘制、物体三维形状分析与识别及智能人机接口等，以下对其进行简单举例介绍。

1. 自动驾驶

自动驾驶，也常被人称作无人驾驶、无人车等。自动驾驶是一个完整的软硬件交互系统，自动驾驶核心技术包括硬件（汽车制造技术、自动驾驶芯片、激光雷达、图像识别等）、软件（环境感知模块、行为决策模块、运动控制模块等）、高精度地图、传感器通信网络等。自 2014 年谷歌宣布完成第一辆全功能无人驾驶汽车原型之后，各大汽车企业与互联网公司都相继投入到了无人驾驶汽车技术的研发之中。

关于自动驾驶，在概念上业界有着明确的等级划分，主要有两套标准：一套是 NHSTAB（美国高速公路安全管理局）制定的，一套是 SAE International（国际汽车工程师协会）制定的。现在主要统一采用 SAE 分类标准。总的来说，分级的核心区别在于自动化程度，重点体现在转向与加减速控制、对环境的观察、激烈驾驶的应对、适用环境范围上的自动化程度。基于计算机视觉的自动驾驶系统如图 4-1 所示。

图 4-1　基于计算机视觉的自动驾驶系统

2. 医疗保健

近年来，随着医学技术的跨越式发展，人们对于健康的重视程度逐渐提高。现代医疗体系中，医生执行复杂治疗过程中的每个行为步骤，都依赖于大量的快速思考和决策，而计算机视觉技术的最新发展使医生能够通过将图像转换为三维交互式模型来更好地理解这些图像，并使其更易于解释，这已成为现代医疗辅助技术的重要信息来源。

医学图像处理的对象是各种不同成像机理的医学影像，临床广泛使用的医学成像种类主要有 X- 射线成像（X-CT）、核磁共振成像（MRI）、核医学成像（NMI）和超声波成像（UI）四类。在影像医疗诊断中，主要是通过观察一组二维切片图像去发现病变体，这往往需要借助医生的经验来判定。利用计算机视觉技术对二维切片图像进行分析和处理，实现对人体器官、软组织和病变体的分割提取、三维重建和三维显示，应用专业医师的医学知识，提取医学领域的特征工程，可以辅助医生对病变体及其他感兴趣的区域进行定性甚至定量的分析，从而大大提高医疗诊断的准确性和可靠性。同时，计算机视觉技术在医疗教学、手术规划、手术仿真及各种医学研究中也能起到重要的辅助作用。

4.2 机器学习

机器学习是通过计算模型和算法从数据中学习规律的一门学问，在各种需要从复杂数据中挖掘规律的领域中有很多应用，已成为当今广义的人工智能领域最核心的技术之一。

4.2.1 机器学习的发展历程

虽然机器学习这一名词以及其中某些零碎的方法可以追溯到 1958 年甚至更早，但真正作为一门独立的学科要从 1980 年算起，在这一年诞生了第一届机器学习的学术会议和期刊。到目前为止，机器学习的发展经历了 3 个阶段。

20 世纪 80 年代是机器学习的萌芽时期，尚不具备影响力。人们从学习单个概念扩展到学习多个概念，探索不同的学习策略和各种学习方法。机器的学习过程一般都建立在大规模的知识库上，实现知识强化学习。尤其令人鼓舞的是，本阶段已开始把学习系统与各种应用结合起来，并取得很大的成功，促进了机器学习的发展。

1990—2010 年是机器学习的蓬勃发展期，学术界诞生了众多的理论和算法，机器学习真正走向了实用。比如，基于统计学习理论的支持向量机、随机森林和 Boosting 等集成分类方法，概率图模型，基于再生核理论的非线性数据分析与处理方法，非参数贝叶斯方法，基于正则化理论的稀疏学习模型及应用等，这些成果奠定了统计学习的理论基础和框架。

2012 年之后是机器学习的深度学习时期，深度学习技术诞生并急速发展，较好地解决了现阶段 AI 的一些重点问题，人工智能技术和计算机技术快速发展，为机器学习提供了新的更强有力的研究手段和环境。

4.2.2 机器学习的原理框架

机器学习，即通过自主学习大量数据中存在的规律，获得新经验和知识，从而提高计算机智能，使得计算机拥有类似人类的决策能力。机器学习中需要解决的最重要的四类问题是预测、聚类、分类和降维。基于学习形式的不同，通常可将机器学习算法分为监督学习、无监督学习、半监督学习以及强化学习四类。

1）监督学习指用打好标签的数据训练预测新数据的类型或值，即给学习算法提供标记的数据和所需的输出，对于每一个输入，学习者都被提供了一个回应的目标。监督学习被用于解决分类和回归的问题。分类问题指预测一个离散值的输出。例如，根据一系列的特征判断当前照片是狗还是猫，输出值就是 1 或者 0。回归问题指预测一个连续值的输出。例如，可以通过房价数据的分析，根据样本的数据输入进行拟合，进而得到一条连续的曲线用来预测房价。常见的算法有决策树、人工神经网络算法、支持向量机、朴素贝叶斯、随机森林等。

2）无监督学习指在数据没有标签的情况下做数据挖掘，无监督学习主要体现在聚类，即给学习算法提供的数据是未标记的，并且要求算法识别输入数据中的模式，主要是建立一个模型，对输入的数据进行解释，并用于下次输入。无监督学习的典型方法有 K - 聚类及主成分分析等。K- 聚类的一个重要前提是数据之间的区别可以用欧氏距离度量，如果不能度量的话，需要先转换为可用欧式距离度量。主成分分析是通过使用正交变换将存在相关性的变量变为不存在相关性的变量，转换之后的变量叫作主成分，其基本思想就是将最初具有一定相关性的指标替换为一组相互独立的综合指标。无监督学习主要用于解决聚类和降维问题，常见的算法有聚类算法、降维算法。

3）半监督学习根据字面意思可以理解为监督学习和无监督学习的混合使用，事实上是学习过程中有标签数据和无标签数据相互混合使用。一般情况下，无标签数据比有标签数据量要多得多。半监督学习的思想很理想化，但是在实际应用中不多。一般常见的半监督学习算法有自训练算法、基于图的半监督算法和半监督支持向量机。

4）强化学习指通过与环境的交互获得奖励，并通过奖励的高低来判断动作的好坏进而训练模型的方法。该算法与动态环境相互作用，把环境的反馈作为输入，通过学习选择能达到其目标的最优动作，换言之是强化得到奖励的行为，弱化受到惩罚的行为。通过试错的机制训练模型，找到最佳的动作和行为，获得最大的回报。它模仿了人或者动物学习的模式，并且不需要引导智能体向某个方向学习。常见的算法有马尔可夫决策过程等。

4.2.3　机器学习的应用案例

作为人工智能的核心，机器学习的主要功能是使得计算机模拟或实现人类的学习行为，通过获取新的信息，不断对模型进行训练，以提高模型的泛化能力。专家表示，机器学习可以帮助组织通过非同以往的规模和范围执行任务。由于机器学习具有强大的数据处理能力，该方法广泛应用于游戏开发、医疗保健、金融交易、营销推广、工业故障诊断等领域，以下以游戏开发和精准营销进行举例介绍。

1. 游戏开发

随着新的机器学习算法的提出及算力的提高，机器学习技术正在影响着游戏开发行业，提高了这些产业的生产效率。其中，深度强化学习是让智能体在环境中进行探索来学习策略，不需要经过标记的样本，在近年来受到广泛关注。传统的游戏研发方法是开发者基于一定的规则来写行为树，即人为规定好在某些情况下做出某些动作。由于游戏世界内的情况非常复杂，这种方法开发成本高，且很难达到较高的水平，也造成了玩家体验的下降。而深度强化学习技术则是通过让智能体在游戏世界内探索的方式来训练模型提升水平，在合适的设计基础上，往往能得到比较高水平的模型。

案例

《火影忍者手游》是全球首个使用强化学习技术的格斗游戏产品。这款游戏的设计机制是让 AI 在与环境的交互中不断学习，将最大化某种累积奖励作为目标。这意味着 AI 角色需要学会如何根据玩家的动作和策略来做出最佳的反应。《火影忍者手游》的 AI 团队采用了自博弈（Self-Play）的训练方式，即 AI 角色之间不断进行自我对战，以学习和改进策略。这种训练方式可以模拟大量的对战场景，帮助 AI 角色快速学习和适应不同的战斗情况。

角色动画是游戏研发过程中很重要的一项工作，在复杂的场景中，角色可能会出现非常多的行为，为每一种动作去设计和实现相应动作序列是非常繁复的动作，因此有一些工作在探索利用机器学习让智能体探索环境，在给出少量参考动画下训练出各种动作对应的动画序列。除此之外，机器学习也可用于游戏的精细化运营、游戏测试以及游戏内对话机器人等情景中，具有广阔的发展前景。

2. 精准营销

精准营销的定义是指在充分了解顾客信息的基础上，针对客户喜好，有针对性地进行产品营销，在掌握一定的顾客信息和市场信息后，将直复营销与数据库营销结合起来的营销新趋势。例如，电商利用用户历史数据和机器学习等大数据技术，精准预测哪些人会成为某商品潜在用户的可能性高并对其进行商品的个性化推荐，以此来提高营销转化率。所以，不管是拉新还是留存，精准营销都是十分重要的用户维系方式。

在线展示广告越来越流行。在线展示广告的目的是获取更多的潜在客户，吸引客户购买商品。在线展示广告的一个基本要求就是通过广告获取用户所需费用要小于用户购买商品所耗费用，进而使得通过广告吸引来的客户为企业带来利润。在线展示广告中，比较流行的方式是通过手工精心设计更吸引人的广告来招揽客户。然而，这种方法具有其局限性，并不是所有用户的兴趣点都一致，由于这种方式没有个性化特征，所带来的效果并没有特别显著。而利用机器学习可自动挖掘其中的潜在特性，有效减少营销费用，并带来更好的营销效果。

机器学习应用于精准营销中，首先需要找出相关的特征。在机器学习中，一般用一行表示一个样本，每个列是一个相关的特征。针对不同的应用场景，需要找出不同的特征。通过比较购买产品的消费者和没有购买产品的消费者的点击路径，机器学习算法可以识别促成转化的点击模式，并确定消费者购物之旅中最有价值的接触点。事实上，机器学习已经帮助更多企业更高效地运转并获取更多的利润。

4.3　生物特征识别

生物特征识别技术是指通过使用人体与生俱来的生理特性和长年累月形成的行为特征进行身份鉴定的一种识别技术，常用的有指纹、人脸、虹膜、声纹等，该技术的安全性和便捷性远高于口令、密码或者 ID 卡等传统方式。尤其是在互联网环境下，生物特征识别技术相比于传统的身份验证技术具有更大的优势。例如，生物特征识别技术对公安部门的刑侦、破案起到了巨大的辅助作用。通过案发现场的指纹，搜集嫌疑人的身份信息；通过对监控视频的人脸进行识别，找到丢失儿童、通缉的在逃犯等。在移动支付领域，生物特征识别技术也有较广泛的应用。例如，阿里巴巴已经将人脸识别技术融入其产品中，不需要输入密码，只需要通过刷人脸就可以完成金融交易，使得支付操作更加便捷。

4.3.1　生物特征识别的发展历程

生物测定技术的历史可追溯到古代埃及人通过测量人的尺寸来鉴别他们，这种基于测量人身体某一部分或者举止的某一方面识别技术一直延续了几个世纪。

指纹是最古老的生物特征识别技术，1892 年，阿根廷警官利用犯罪现场的一枚血指印破获了弗朗西斯卡杀害亲子案，这是世界首例利用指纹侦破的案件。我国最早发展的指纹识别技术基本与国外同步，早在 20 世纪 80 年代初就开始了研究，并掌握了相关核心技术，产业发展相对较为成熟。而我国对于人脸识别、虹膜识别、掌形识别等生物认证技术研究的开展则在 1996 年之后。1996 年，现任中国科学院院士、模式识别与计算机视觉专家谭铁牛开辟了基于人的生物特征的身份鉴别等国际前沿领域新的学科研究方向，开始了我国对人脸、虹膜等生物特征识别领域的研究。

自 2003 年后，生物特征识别行业步入成长期，主要特征有：产品体系已建立，技术标准逐渐完善，行业内企业数量激增，产品成本已大幅度下降，各领域应用渐趋普及，行业体系也基本成型。

国家标准《信息安全技术—虹膜识别系统技术要求》(GB/T 20979—2007)，于 2007 年 11 月 1 日正式实施。这是我国生物特征识别领域的第一个国家标准，这一标准的制定对我国生物特征识别产业的发展有深远的意义。2020 年 3 月 1 日正式实施《信息安全技术—虹膜识别系统技术要求》(GB/T 20979—2019)。国家标准《信息安全技术 指纹识别系统技术要求》(GB/T 37076—2018)，于 2019 年 7 月 1 日正式实施。国家标准《信息安全技术 步态识别数据安全要求》(GB/T 41773—2022)，于 2023 年 5 月 1 日正式实施。

4.3.2　生物特征识别的原理框架

1. 生物特征识别技术的基本流程

生物特征识别技术主要分为三个步骤：预处理、特征提取、匹配特征。

（1）预处理　在生物特征识别技术框架中，预处理主要包括图像增强和感兴趣区域的分割。

在图像增强的过程中，采集生物特征图像的同时，外部环境容易造成采集的图像质量较低，从而影响最后的识别效果。例如，采集指纹图像时，如果手指磨损或者有污渍，会造成指纹图像质量较低，从而影响指纹识别的效果。在采集人脸图像时，如果外部光照环境较强，可能会引起图像较高的曝光度，从而降低人脸识别系统的性能。因此，需要对图像进行增强，来提高图像的质量，从而提升识别性能。

在感兴趣区域分割的过程中，先采集生物特征识别图像，其中包含大量的背景信息，为了进一步提高识别率，有必要将背景区域去掉。例如，对于指纹识别，需要将指纹从背景区域中提取出来，即对指纹进行分割。而对于某些生物特征来说，分割并不是必需的。例如，对于手指静脉，大部分特征是直接在图像上提取，而不是先分割静脉血管再提取的。

（2）特征提取　在进行生物特征识别时，用户的信息都是以数字化的特征在计算机中存储并用于匹配的。特征提取是通过对相关图像提取量化信息来表征目标的某些特性。例如，利用灰度直方图表示相关的颜色特征。特征提取是生物特征识别的关键。

（3）匹配特征　提取完成后，通过计算两幅图像的相似度进行匹配，相似的图像说明是同一个用户，不相似的两幅图像说明是不同的用户。

单一的生物特征识别由于其自身的缺陷，在识别性能上具有一定的瓶颈。例如，指纹易磨损，人脸受遮挡、光照等影响较大，步态受采集者身形的影响较大，手指静脉受光照、采集姿势等条件的影响较大。因此，利用多生物特征融合是突破单一生物特征局限性，进一步提升识别性能的主要思路。

2. 生物特征识别技术的主要分类

生物特征是人体所固有的各种生理特征或者行为特征的总称。生理特征多为先天性的，不随外在条件和主观意愿发生改变，如面部、指纹、虹膜、声纹等；行为特征则是人们长期生活养成的行为习惯，很难改变，如笔迹、声音、步态等。下面从面部识别、指纹识别、虹膜识别、步态识别等方面进行分析。

（1）面部识别　面部识别的研究始于20世纪60年代中后期，经历了人工识别、人工交互识别以及自动识别三个阶段，日趋成熟，并获得了广泛的应用，初步实现了"刷脸"考勤、"刷脸"通关、"刷脸"支付等功能。面部识别是将待识别的人脸图像与模板库中的标准图像进行比较，通过面部特征和它们之间的关系（眼睛、鼻子和嘴的位置以及它们之间的相对位置）进行识别，从模板库中找出最相似的人脸图像，以其标签作为待识别的人脸图像的标签。面部识别技术示意图如图4-2所示。

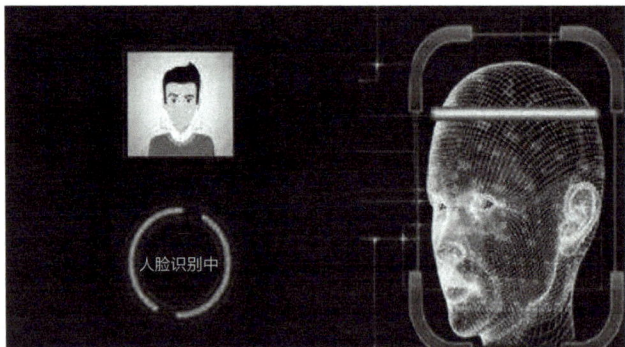

图4-2　面部识别技术示意图

人脸与人体的其他生物特征（指纹、虹膜等）一样与生俱来，它的唯一性和不易被复制的良好特性为身份鉴别提供了必要的前提，与其他生物识别技术相比，面部识别具有如下特点。

1）非强制性：用户不需要专门配合人脸采集设备，几乎可以在无意识的状态下就可获取面部图像，这样的取样方式没有"强制性"。

2）非接触性：用户不需要和设备直接接触就能获取面部图像。

3）并发性：在实际应用场景下可以进行多个面部的分拣、判断及识别。

4）符合视觉特性：具有"以貌识人"的特性，以及操作简单、结果直观、隐蔽性好等特点。

面部识别技术的优点在于使用过程中的非接触性。缺点在于它要比较高级的摄像头才可有效高速地捕捉面部图像；使用者面部的位置与周围的光环境都可能影响系统的精确性，而且面部识别也是最容易被欺骗的；另外，对于因人体面部的如头发、饰物、变老以及其他的变化可能需要通过人工智能技术进行补偿。

（2）指纹识别　　指纹识别技术通过分析指纹的全局特征和指纹的局部特征，从特征点如嵴、谷和终点、分叉点或分歧点中抽取特征值。平均每个指纹都有几个独一无二可测量的特征点，每个特征点都有大约 7 个特征，10 个手指头产生最少 4900 个独立可测量的特征，这说明指纹识别是一个足够可靠的鉴别方式。实现指纹识别有多种方法，其中有些是通过比较指纹的局部细节，有些直接通过全部特征进行识别，还有一些使用指纹的波纹边缘模式和超声波。在所有生物识别技术中，指纹识别是当前应用最广泛的一种。

随着计算机视觉技术蓬勃发展，图像处理算法的研究越来越多，指纹识别技术拥有了更广阔的应用范围。在现代社会，指纹识别通过门禁打卡、智能手机解锁、案件侦查、移动支付、指纹锁等应用场景走进每个人的生活。指纹识别技术示意图如图 4-3 所示。

虽然每个人的指纹识别都是独一无二的，但并不适用于每一个行业、每一个人。例如，长期徒手工作的人便会为指纹识别而烦恼，他们的手指若有破损或处于干湿环境里、沾有异物，将会导致指纹识别功能失效。另外在严寒区域或者严寒气候下，抑或者人们需要长时间戴手套的环境中，指纹识别也变得不那么便利。据不完全统计，大约 5% 左右的人，由于指纹磨损，或者指纹比较浅，是不能使用指纹识别的，因此，这就大大制约了指纹识别的应用领域。

（3）虹膜识别　　人的眼睛结构由巩膜、虹膜、瞳孔晶状体、视网膜等部分组成，虹膜在胎儿发育阶段形成后，在整个生命历程中将是保持不变的，这就决定了虹膜特征的唯一性，同时也决定了身份识别的唯一性。因此，可以将眼睛的虹膜特征作为每个人的身份识别对象。虹膜识别技术示意图如图 4-4 所示。

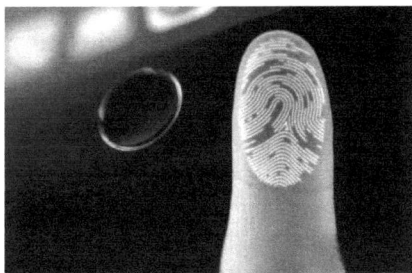

图 4-3　指纹识别技术示意图

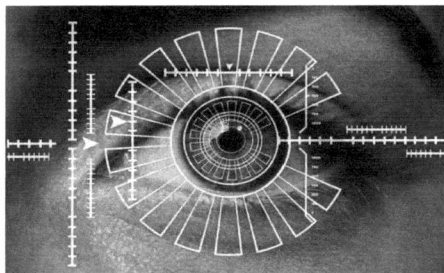

图 4-4　虹膜识别技术示意图

虹膜是一种在眼睛中瞳孔内的织物状的各色环状物，每一个虹膜都包含一个独一无二的基于像冠、水晶体、细丝、斑点、结构、凹点、射线、皱纹和条纹等特征的结构。科学研究表明，没有任何两个虹膜是一样的。虹膜扫描安全系统包括一个全自动照相机来寻找眼睛，并在发现虹膜时就开始聚焦，想通过眨眼睛来欺骗系统是不行的。

根据富士通的数据，其虹膜识别的错误识别率可能为 1/1500000，而苹果 TouchID 的错误识别率可能为 1/50000，虹膜识别的准确率是指纹识别的 30 倍，而虹膜识别又属于非接触式的识别，识别非常方便高效。此外，虹膜识别还具有唯一性、稳定性、不可复制性、活体检测等特点，在综合安全性能上占据较大优势，安全等级来说是非常高的。目前，虹膜识别凭借其超高的精确性和使用的便捷性，已经广泛应用于金融、医疗、安检、安防、特种行业考勤与门禁、工业控制等领域。

（4）步态识别　　步态识别是近年来越来越多的研究者所关注的一种较新的生物认证技术，它是指通过人走路的姿态或足迹，提取人体每个关节的运动特征，对身份进行认证或识别，被认为是远距离身份识别中最具潜力的方法之一。因此，步态识别在安全监控、人机交互、医疗诊断和门禁系统等领域具有广泛的应用前景和经济价值。步态识别原理如图 4-5 所示。

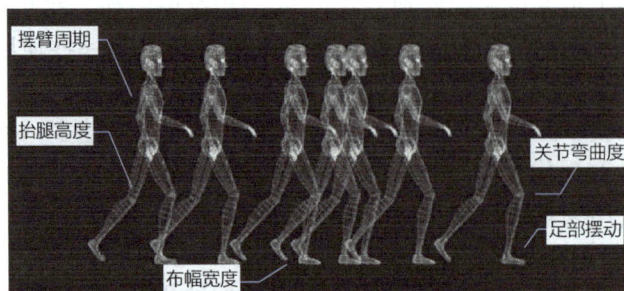

图 4-5　步态识别原理

与其他生物识别技术相比，步态识别具有以下优点。

1）步态识别适用距离更广。人脸、虹膜等生理特征都需要人近距离的配合进行图像采集，对使用距离有一定的限制，而步态图像能够在比较远的地方进行采集，扩大了可识别的距离。

2）采集方便。步态识别为非受控识别，无须识别对象主动配合与参与。指纹识别、虹膜识别、面部识别等都需要识别对象主动配合，而步态是远距离、非受控场景下唯一可清晰成像的生物特征，即便一个人在几十米外背对普通监控摄像头随意走动，步态识别算法也可对其进行身份判断。

3）步态难以伪装。不同的体型、头型、肌肉骨骼特点，运动神经灵敏度，走路姿态等特征共同决定了步态具有较好的区分能力，只要得到人的大致轮廓，通过精巧设计的算法和海量数据的训练，机器可以更好地识别这些细节特征。

目前，国内外基于人体步态的身份识别已经研究了数十年。但是，与基于指纹、人脸、虹膜等生物特征的识别技术相比，步态作为一种新兴的生物特征还存在许多未解决的问题，如复杂场景下的人体检测、人体分割、遮挡、视角等。因此，在实际应用场景中，还需要利用人体本身具有的身高、步长、关节角度这些特征去识别，将生理特征与行为特征结合，取长补短，提高识别度。

4.3.3　生物特征识别的应用案例

在物联网这个大趋势下，生物识别技术解决了身份识别这个日常但很重要的问题，精准、快捷的身份识别能力能够与越来越多的行业应用相结合，并通过网络共享，为人们带来更加安全、便利的生活。

1. 智能柜台

到银行办事，大多数客户都是先取号，然后坐等办理业务，即使银行网点整洁高效，对于上班族而言，排队办理业务依然是耗时过多。如今银行正在通过打造智能柜台加以解决。人脸识别、快速开户、投资理财、出国金融、变更信息、申请信用卡等多项银行功能，均可在银行的智能柜台上实现。智能柜台一般采取"客户自主、柜员协助"的服务模式，操作简便、界面流程清晰，可一站式办理跨境汇款、开户开卡、打印流水、购买理财等多种非现金业务。而且与传统柜面相比，办理速度得到了大幅提升，智能柜台大幅缩减了排队等候时间和业务办理时间，使得用户体验得到大幅提升。

2. 中国科学院银河水滴步态识别系统

在中央电视台的人工智能类节目《机智过人》中，银河水滴科技 CEO 黄永祯成功战胜《最强大脑》记忆大师，并从 10 个身高体型相似的人中识别出目标"嫌疑犯"，从 21 只体型、毛色相似的金毛犬及剪影中识别出目标金毛犬（见图 4-6），被图灵奖得主姚期智称赞"机智过人"。

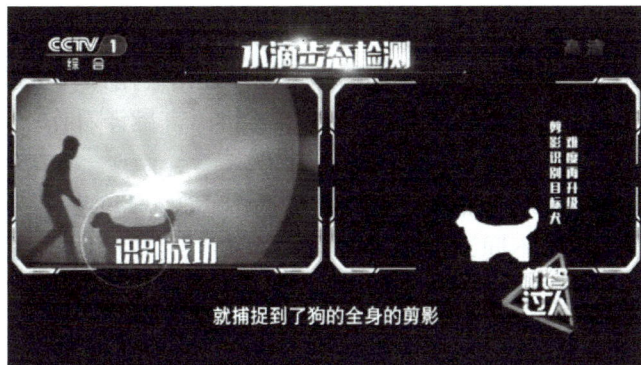

图 4-6　银河水滴科技成功靠步态识别狗的剪影

2018 年，银河水滴科技与公安机关合作，全球首次成功使用步态识别技术搜检嫌疑人，目前该技术已在公安系统得到广泛应用，多地警方已利用银河水滴步态识别技术侦破超千起嫌疑人面部被遮挡的疑难案件。银河水滴步态检索一体机"水滴神鉴"在 2019 年完成升级，识别精度和检索速度等指标都有大幅提升，可实现普通高清摄像机下 50m 的无感知、远距离、跨视角目标人物识别，抗伪装和光照变化，1 小时的视频最快可在 1 分钟内检索完毕。2023 年，银河水滴科技与北京算能科技联合发布了步态识别一体机，基于算能 SE8 系列高密度算力服务器，内置步态识别算法和应用，可满足全天候、复杂场景、大规模底库等实战环境下的步态身份识别需求，为客户提供开箱即用的步态识别解决方案。

4.4　自然语言处理

自然语言处理（Natural Language Processing，NLP），是指计算机拥有识别理解人类文本语言的能力，研究能实现人与计算机之间用自然语言进行有效通信的各种理论和方法，是计算机科学领域与人工智能领域中的一个重要方向。自然语言处理的任务大致分为两类——自然语言理解和自然语言生成。自然语言理解，即如何让机器理解人所说的话，此处的"话"是基于日常生活的语境，不需要发言者有知识储备；自然语言生成，即如何让机器像人一样说话。

早在计算机出现以前，图灵就预见到未来的计算机将会对自然语言处理的研究提出问题。微软创始人比尔·盖茨曾说道，"自然语言理解是人工智能领域皇冠上的明珠"。从业界战略决策者的言语中可知，自然语言处理是人工智能取得突破的决定要素和攻关主阵地之一。

4.4.1　自然语言处理的发展历程

自然语言处理技术的发展历程可分为三个阶段：20世纪五六十年代是萌芽时期，而后是发展时期，20世纪90年代到如今是繁荣时期。

1. 萌芽时期

计算机领域对自然语言处理的客观需求，最早产生于语言翻译领域。在计算机发明以前，翻译工作都是由相关的专业人员承担，随着社会的发展，人们对翻译速度的要求越来越高，而当时电子计算机的速度已经能够达到每秒5000次加法运算，这使不少从事语言学的专业人士提出用电子计算机进行语言翻译。最早提出利用计算机进行语言翻译工作的是美国工程师沃伦·韦弗（Warren Weaver）。韦弗将语言翻译看作一种解读密码的过程，试图通过中间语言进行词对词的转换。

20世纪五六十年代，对自然语言处理所进行的中心工作呈现出两种趋势，依据对自然语言处理的方法和侧重点的不同，大致可划分为两个派别：符号派和随机派。符号派大多坚持对自然语言处理进行完整且全面的剖析，其过程具有较高的准确性和完整性。随机派的参与者多是统计学的专业研究人员，他们坚持以概率统计的相关思想对自然语言处理的结果进行相关推测，并广泛应用计算假设概率的经典方法。

2. 发展时期

20世纪60年代，法国格勒诺布尔理科医科大学自动翻译中心的数学家沃古瓦（B. Vauquois）将计算机语言翻译分成对原语词法、句法的分析，原语与译语词汇、结构的转换，译语句法、词法的生成三大部分，构成一套完整的计算机翻译步骤，并将其应用到俄语与法语的计算机翻译工作中，取得了较好的效果。在计算机语言翻译的同一时期，许多计算机翻译领域的专家，在注重语法结构的同时，也将语义分析置于重要地位。此外，除当时较普遍使用的统计方法外，逻辑方法的应用在自然语言处理的工作中也取得了一定成绩。

上述工作的主要出发点是机器翻译，在同一时期，也有很多科学工作者将眼光投向自然语言。自然语言理解，又称作人机对话，是人工智能的一个重要分支，属于计算机科学的一部分。简单来说，自然语言理解就是使计算机通过语音识别系统理解人类的自然语言，从而实现计算机与人之间通过自然语言间的"对话"。特别地，自然语言计算机翻译的发展曾在20世纪七八十年代一度进入萎靡期。当时由于计算机语料库中的信息有限，自然语言处理的理论和技术均未成熟，美国、苏联等先后都有巨大的资金投入，然而却并未使自然语言处理得到实质性的创新与突破。与随之而来的自然语言处理的新革命相比，计算机自然语言翻译在此阶段的发展呈现出了"马鞍形"的低谷时期。

3. 繁荣时期

20世纪90年代，自然语言处理逐渐进入繁荣期。1993年在日本神户召开了第四届机器翻译高层会议，标志着自然语言处理进入一个崭新的纪元。

在这一时期，自然语言处理领域具有两个鲜明特征：一是大规模性，二是真实可用性，两者相辅相成。一方面，大规模性意味着对于计算机对自然语言的处理有了更深层次的要求，即对于文本信息的输入，计算机要能够处理相较于以前更大规模的文本量，而不再是单一或片段语句。另一方面，真实可用性强调计算机输出的文本处理内容在"丰富度"方面的要求，即尽量提高计算机在自然语言处理结果中所包含信息的可利用程度，最终达到能够对自然语言文本进行自动检索，自动提取重要信息，并且进行自动摘要的要求。

这两个特征在自然语言处理的诸多领域都有所体现，其发展直接促进了计算机自动检索技术的出现和兴起。实际上，随着计算机技术的不断发展，以海量计算为基础的机器学习、数据挖掘等技术的表现也愈发优异。自然语言处理之所以能够度过"寒冬"，再次发展，也是因为统计科学与计算机科学的不断结合，才让人类甚至机器能够不断从大量数据中发现"特征"并加以学习。

时至今日，自然语言处理在自动检索技术领域的应用随处可见，其广泛存在于人们的日常生活中，并将会伴随着国际互联网的日益发展逐渐走向成熟。

4.4.2　自然语言处理的原理框架

自然语言处理技术是通过电子计算机对自然语言各级语言单位（如字、词、句、段、篇章）进行分析处理等。自然语言处理过程就是将自然语言的某一特定问题，根据输入集、输出集进行抽象建立模型，并根据这一模型设计与这一问题相关的行之有效的算法的过程，如图 4-7 所示。

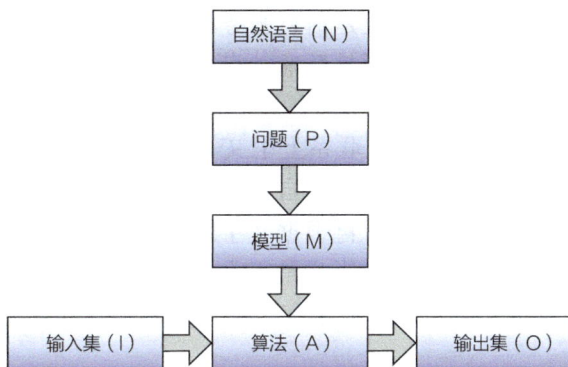

图 4-7　自然语言处理模型

普遍认为，自然语言处理分为语法语义分析、信息抽取、文本挖掘、机器翻译、信息检索、问答系统和对话系统 7 个方向。

（1）语法语义分析　这是指对于给定的语言提取词进行词性和词义分析，然后分析句子的句法、语义角色和多词义进行选取。因为词性标注技术一般只需对句子的局部范围进行分析处理，目前已经基本成熟，其标志就是它们已经被成功地用于文本检索、文本分类、信息抽取等应用中，但句法分析、语义分析技术需要对句子进行全局分析，现阶段的深层语言分析技术还没有达到完全实用的程度。

（2）信息抽取　这是指从非结构化/半结构化文本（如网页、新闻、论文文献、微博等）中提取指定类型的信息（如实体、属性、关系、事件、商品记录等），并通过信息归并、冗余消除和冲突消解等手段将非结构化文本转换为结构化信息的一项综合技术。目前信息抽取已被广泛应用于舆情监控、网络搜索、智能问答等多个重要领域。与此同时，信息抽取技术是中文信息处理和人工智能的核心技术，具有重要的科学意义。

（3）文本挖掘　这是指对大量的文档提供自动索引，通过关键词或其他有用信息的输入自动检索出需要的文档信息。互联网含有大量网页、论文、专利和电子图书等文本数据，对其中文本内容进行挖掘，是实现对这些内容快速浏览与检索的重要基础。此外，许多自然语言分析任务如观点挖掘、垃圾邮件检测等，也都可以看作文本挖掘技术的具体应用。

（4）机器翻译　这是指输入源文字并自动将源文字翻译为另一种语言，根据媒介的不同可以分为很多的细类，如文本翻译、图形翻译及手语翻译等。人们通常习惯于感知（听、看和读）自己母语的声音和文字，很多人甚至只能感知自己的母语，因此，机器翻译在现实生活和工作中具有重要的社会需求。

（5）信息检索　又称为情报检索，它是指利用一定的检索算法，借助特定的检索工具，并针对用户的检索需求，从结构化或非结构化数据的集合中获取有用信息的过程。在现实生活中，用户的信息需求千差万别，获取信息的方式与途径也各式各样，但基本原理却是相同的，即都是对信息资源集合与信息需求集合的匹配与选择。现代信息技术的发展，有力推动了信息检索手段日益现代化，大大加快加深了社会信息资源的开发速度和程度，对推动国家信息文明进步具有深远的影响。

（6）问答系统　这是指利用计算机自动回答用户所提出的问题以满足用户知识需求的任务。不同于现有搜索引擎，问答系统是信息服务的一种高级形式，系统返回用户的不再是基于关键词匹配排序的文档列表，而是精准的自然语言答案。近年来，随着人工智能的飞速发展，自动问答已经成为备受关注且发展前景广泛的研究方向。

（7）对话系统　这是指计算机可以联系上下文和用户进行聊天及交流等任务，针对不同的用户采用不同的回复方式等功能。人机自然语言对话系统一般把自然语言理解割裂为两个独立的部分，先把语音变为文字，再根据文字理解人类的意图。基于语音的自然语言对话，句子的读音和抑扬顿挫，对语义影响是很大的。同样的句子，读法不同，意思就不同。因此，对话系统通常需要经过语音识别和文本理解两个步骤来进行语义理解。

4.4.3　自然语言处理的应用案例

自然语言处理一方面可以用于文本处理，服务于大数据应用；另一方面自身也有信息抽取、问答、机器写作、对话、机器翻译、阅读理解等应用技术，可用于信息检索、科技服务、人工智能、在线教育、医疗专家系统、金融分析等方方面面。苹果公司的虚拟语音助手 Siri 和百度 AI 平台都是自然语言处理技术的典型案例。

自然语言处理技术早在百度诞生之时就成为其搜索技术的重要组成部分，一直伴随着百度的发展而进步。从中文分词、词性分析、改写，到机器翻译、篇章分析、语义理解、对话系统等，自然语言处理技术已成功应用在百度各类产品中。

百度 AI 平台的应用场景很多，包括语音识别、语音合成、文字识别的各种模板、端口、人脸识别等方面。例如，针对带有主观描述的中文文本，百度 AI 平台可自动判断该文本的情感极性类别并给出相应的置信度，能帮助企业理解用户消费习惯、分析热点话题和危机舆情监控，为企业提供有力的决策支持。此外，百度 AI 平台还能自动分析评论关注点和评论观点，并输出评论观点标签及评论观点极性，通过对美食、酒店、汽车、景点等方面的评论观点抽取，可帮助商家进行产品分析，辅助用户进行消费决策。百度 AI 平台技术框架如图 4-8 所示。

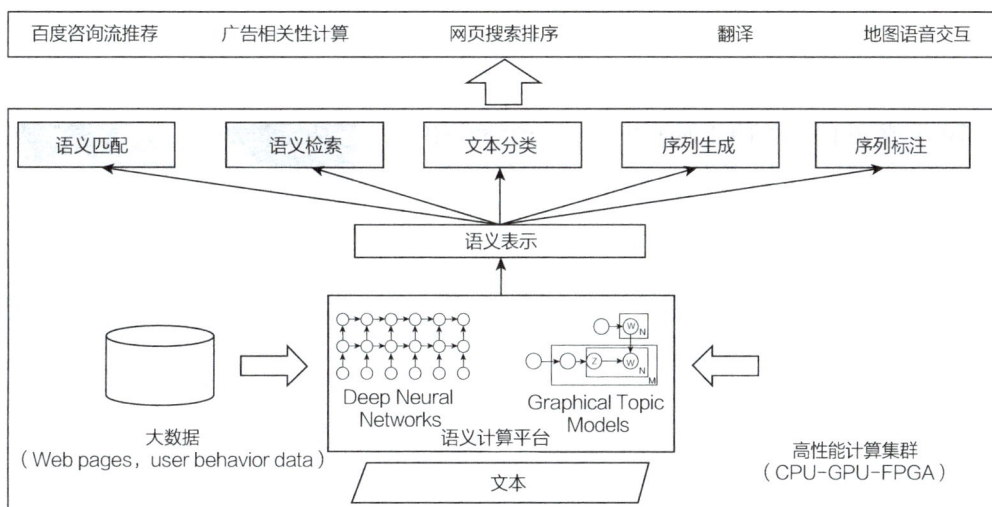

图 4-8　百度 AI 平台技术框架

4.5　人机交互技术

所谓人机交互（Human-Computer Interaction，HCI），是指关于设计、评价和实现供人们使用的交互式计算机系统，并围绕相关的主要现象进行研究的学科。HCI 的目的是使计算机辅助人类完成数据处理、信息存储、可视化服务等功能。人机交互界面通常是指用户可见的部分。用户通过人机交互界面与系统交流，并进行操作，小如收音机的播放按键，大至飞机上的仪表板或是发电厂的控制室。

21 世纪以来，多媒体技术与虚拟现实技术得到了迅速的发展，为人机交互方式的进步提供了新的契机。随着社会科学与人工智能相关技术的不断进步，基于多媒体的多通道人机交互技术得到了研究学者们的关注。其中比较有代表性的产品如微软公司推出的 Kinect 体感设备，该产品利用深度图像和人体姿态模型实现了 3D 动作识别。除了动作识别之外，多通道人机交互技术在语音识别、触觉、嗅觉等多个领域都获得了长足的发展。

4.5.1　人机交互技术的发展历程

自从计算机 ENIAC 在 1946 年被发明以来，人机交互就成为计算机科学非常重要的一个分支学科。二战期间的 ENIAC 被用于密码破译、火炮弹道计算等，此时的人机交互非常原始，通过打孔纸条来实现指令的输入和输出，一个功能简单的程序也需要几天时间来制作打孔纸条，并改变开关和电缆的设置。如此"原始"的人机交互方式极大地影响了计算机操作的便捷性，因此急需一种更为先进的人机交互方式。

1959 年美国学者从人在操纵计算机时如何才能减轻疲劳出发，提出了被认为是人机界面的第一篇关于计算机控制台设计的人机工程学的论文。1964 年，"鼠标之父"道格拉斯·恩格尔巴特（Douglas Engelbart）发明了世界上第一个鼠标（见图 4-9），申请专利时起名为"显示系统 X-Y 位置指示器"，这个新型装置是一个小木头盒子，里面有两个滚轮，但只有一个按钮。1969 年在英国剑桥大学召开了第一次人机系统国际大会，同年第一份专业杂志《国际人机研究》创刊。

1970 年成立了两个 HCI 研究中心：一个是英国的拉夫堡大学的 HUSAT 研究中心，另一个是美国 Xerox 公司的 Palo Alto 研究中心。1970—1973 年出版了多本与计算机相关的人机工程学专著，为人机交互界面的发展指明了方向。

20 世纪 80 年代初期，学术界相继出版了六本专著，对最新的人机交互研究成果进行了总结。人机交互学科逐渐形成了自己的理论体系和实践范畴的架构。1985 年，IBM 的 Model M 键盘成为现代计算机键盘

图 4-9　世界上第一个鼠标

布局的奠基石。1989 年 3 月，被称为"万维网之父"的蒂姆·伯纳斯·李（Tim Berners-Lee）提出了设计万维网的构想，并向公司提交了建议书，之后，万维网犹如雨后春笋，崭露出地面。

20 世纪 90 年代后期以来，随着高速处理芯片、多媒体技术和 Internet Web 技术的迅速发展和普及，人机交互的研究重点放在了智能化交互、多模态（多通道）- 多媒体交互、虚拟交互以及人机协同交互等方面，也就是放在以人为中心的人机交互技术方面。

由此可见，人机交互的发展是一段从人（用户）适应机器到机器适应人（用户）的过程。总结人机交互的发展历史，可以分为以下四个阶段：第一阶段，手工作业阶段，以打孔纸条为代表；第二阶段，交互命令语言阶段，用户通过编程语言操作计算机；第三阶段，图形用户界面阶段，Windows 操作系统是这一阶段的代表；第四阶段，语音交互、虚拟现实等智能人机交互的出现。

4.5.2　人机交互技术的原理框架

随着计算机制造工业的不断发展，计算机性能得到长足的提高，相关外围设备不断更新换代。在此基础上，人机交互技术也随着硬件的发展朝着更加完善、自然、方便的方向发展。现代人机交互技术是以人为中心，通过多种媒体、多种模式进行交互。人机交互技术涉及多种学科和专业领域，包括图形学、通信传递、光学技术、模式识别技术、计算机视觉技术、图像处理技术等。人机交互系统的实现一般要满足以下原则。

1）界面分析与规范原则。在人机交互设计中，首先应进行界面布局分析设计，即在收集到所需要的环境信息以后，按照系统工作情况以及需要了解的信息分布，分析在进行任务时操作人员对界面设计的需求，选择合适的界面设计类型，并最终确定设计的主要组成部分。同时进行界面设计时要了解到人对光线的敏感度，通过在不同操作环境下使用不同的颜色，使得信息获取更加容易方便。

2）数据信息提供原则。在人机交互系统中，很多信息都是通过数据的方式表现出来

的，因此在人机交互的过程中要充分考虑到操作人员对信息的吸收速度，显示最重要的信息，使得操作人员能够观察到最重要的信息，保证系统的运行。

3）错误警告处理原则。由于操作人员可能存在对需要操作的系统不够了解的情况，在进行操作中可能会产生误操作，因此一个好的人机交互系统，在设计中应给操作人员提供操作步骤提示，使操作人员可以按照提示正确操作，降低操作失误的概率。同时也要考虑到系统中可能出现的危险，将其提供给操作人员，方便操作人员在操作过程中进行分析。而且提示信息要做到简洁、明确，出现的位置也要考虑操作人员的观察习惯，以便信息尽快合理地被操作人员吸收采纳。

4）命令的输入原则。对于人机交互技术，不只是计算机需要给操作人员提供信息，操作人员也需要在不同阶段给计算机输入不同的命令。在一个好的人机交互系统中，操作人员的命令应该是尽量简单，能够很方便地输入，可以通过按动一个按键就能够实现一系列的运算，减少操作人员的工作量。

在人机交互技术中，实现执行现实与虚拟仿真环境的交互，主要通过合理的界面布局，通过计算机对系统进行处理。在不同的阶段对应显示合理的数据，同时根据需求相应地改变操作提示语言。这样现实中的操作人员在进行操作的过程中，就能准确地获得所需信息，并据此进行操作，从而实现虚拟和现实的交互。

4.5.3　人机交互技术的应用案例

1. 智能网联汽车的 HUD 系统

伴随汽车电动化、智能化、网联化变革，传统驾驶舱迅速同步演变，融合人工智能（AI）、自动驾驶、AR 等新技术后，"智能驾驶舱"兴起。智能驾驶舱能实现中控、液晶仪表、后座娱乐等多屏融合交互体验，以及语音识别、手势控制等更智能的交互方式，重新定义汽车人机交互。

抬头显示（Head Up Display，HUD）又叫作平行显示系统（见图 4-10），是指以驾驶员为中心、盲操作、多功能仪表盘。它的作用就是把当前车速、导航信息、红色故障标记、驾驶辅助信息等内容，投影到驾驶员前面的风挡玻璃上，让驾驶员尽量做到不低头、不转头就能看到核心的驾驶信息，避免分散对前方道路的注意力。驾驶员不必经常在观察

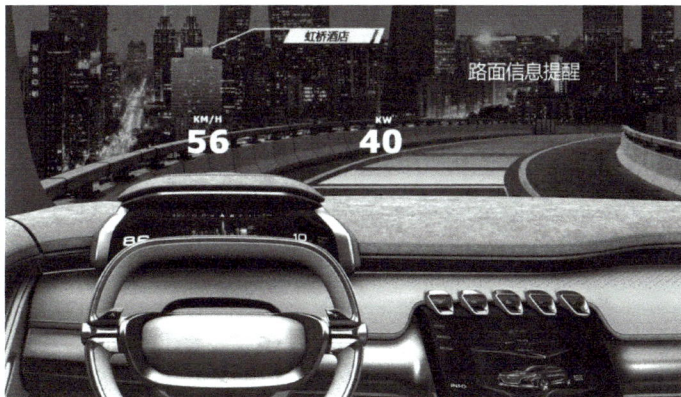

图 4-10　HUD 系统

远方的道路和近处的仪表之间切换视线，有效避免视觉疲劳。鉴于 HUD 在提升驾驶安全等方面有着巨大优势和潜力，如今越来越多的车型开始配备车载 HUD 系统。

随着成像技术的发展，在融入增强现实（AR）技术后，HUD 技术进入新的发展阶段。AR-HUD 仍将信息投射到风挡玻璃上，但不同之处在于，投射的内容与位置会与现实环境相结合，风挡玻璃 HUD 上显示的信息将扩增到车前方的街道上，使信息更加真实。AR-HUD 技术在 L3 级及以下自动驾驶阶段，能够强化驾驶安全性，增强人机交互的体验。

2. 智能家居系统

就现代科技来讲，很多智能手机都可以通过指纹解锁，指纹识别会扫描指纹，如果指纹相符，手机屏幕就被点亮了，可以说我们正在向个性化的生物识别进发，未来个性化的生物识别可能会出现在生活的方方面面。未来的智能家居系统将能全方面地感知用户的需求，甚至预知其潜在需求，这也对人机交互方式提出更高的技术要求，即能全方位的感知人以及周围环境的一切。

比如，当你感觉冷了、热了、渴了、累了的时候，只要稍稍"动一下脑筋"，围绕在你生活周围的智能产品就会感知到，并能快速解决你的需求；在你觉得累了的时候，音乐播放器就会为你播放舒缓的音乐；饿了的时候，你家的冰箱会根据里面储存的食物制作好食谱等。未来，各类交互方式都会进行深度融合，使智能设备更加自然地与人类生物反应及处理过程同步，包括思维过程、动觉，甚至一个人的文化偏好等，这个领域充满着各种各样新奇的可能性。

随着可穿戴设备、智能家居、物联网等领域在科技圈的大热以及落地，全面打造智能化的生活成为接下来的聚焦点，而人机交互方式会逐渐成为实现这种生活的关键环节。

4.6　知识工程

1977 年费根鲍姆在第五届国际人工智能联合会议上做了关于"人工智能的艺术"（The Art of Artificial Intelligence）的演讲，提出"知识工程"这一名称，指出"知识工程是应用人工智能的原理与方法，对需要专家知识才能解决的应用难题提供求解的手段。它以知识为基础，主要研究如何由计算机表示专业领域知识，通过知识推理进行问题的自动求解。

人工智能的研究表明，专家之所以成为专家，主要在于他们拥有大量的专门知识，特别是长时期地从实践中总结和积累的经验技能知识。从知识工程的发展历史可以看出，知识工程是伴随"专家系统"建造的研究而产生的。实际上，知识工程的焦点就是知识。知识工程领域的主要研究方向主要包含知识获取、知识表示和推理方法等，其研究目标是挖掘和抽取人类知识，用一定的形式表现这些知识，使之成为计算机可操作的对象，从而使计算机具有人类的一定智能。

4.6.1　知识工程的发展历程

知识工程的发展从时间上划分大体上经历了以下 3 个时期。

1）1965 至 1974 年为实验性系统时期。1965 年，费根鲍姆领导他的研究小组开始研制化学专家系统 DENDRAL，并于 1968 年研制成功，成为世界上第一个专家系统。这是一种推断分子结构的计算机程序，该系统存储有非常丰富的化学知识，它所解决问题的能力达到专家水平，甚至在某些方面超过同行专家的能力。专家系统作为早期人工智能的重要分支，是一种在特定领域内具有专家水平解决问题能力的程序系统，其中包括它的设计者。后来，费根鲍姆将其正式命名为知识工程。

2）1975 至 1980 年为 MYCIN 时期。20 世纪 70 年代中期，MYCIN 专家系统在斯坦福大学研制成功，这是一种用于医学诊断与治疗感染性疾病计算机程序的"专家系统"，旨在通过推荐某些传染病的治疗方法来协助医生，人工智能先驱纽厄尔称其为所有专家系统的"祖父""该领域的开创者"。MYCIN 还第一次使用了专家系统中常用的知识库（Knowledge Base，KB）的概念和不精确推理技术，不但具有较高的性能，而且具有解释功能和知识获取功能。在这个阶段，"知识工程"概念的提出，意味着知识工程作为一门新兴的边缘科学已经基本形成。

3）1980 年以来为知识工程的"产品"在产业部门开始应用的时期。技术的进步和需求的升级，导致外部环境的加速变化，组织成果和知识也以前所未有的速度源源产生。随着组织内部各领域的专业性越来越强，组织成员快速获取知识和使用知识的能力成为其核心技能，管理与应用知识的能力也成为企业的核心竞争力，国内外各大企业纷纷在知识管理和应用方面进行积极实践。比较著名的有 NASA 知识工程体系、波音公司知识工程体系、英国石油公司（BP）知识管理、欧盟基于知识的研发体系等，这些企业在实践应用的广度和深度上各有特色。

我国的知识工程研究起步较晚，直至 20 世纪 70 年代末期才开始，但发展速度很快，在实用专家系统的开发、知识工程工具的研制和知识工程一般理论的研究等方面都取得了一定成果。

4.6.2　知识工程的原理框架

知识工程是计算机科学与人工智能研究的重要领域之一，主要研究内容包括知识获取、知识表示、知识推理、知识管理等。知识工程技术框架如图 4-11 所示。

图 4-11　知识工程技术框架

1）知识获取是将用于领域问题求解的专家知识从某种知识源中总结和抽象出来，转换为计算机知识库系统中的知识的过程。其方法可分为手工、半自动和自动知识获取。手工、半自动知识获取方法主要是通过访问领域专家获取大量专业知识，但效率较低。随着计算机技术的进步和人工智能技术的发展，知识获取逐渐形成一个自动科学建模的过程，常见的知识获取方式有机器学习、数据挖掘、神经网络等。知识获取一般分为四个步骤：问题识别和特征提取、获取概念和关系、知识的结构化表示、知识库的形成。

2）知识表示是利用计算机能够识别、接受并能处理的符号和方式来表示人类在客观世界中获得的知识。知识表示主要是寻找知识和表示之间的映射关系，常见的方法主要有基于产生式规则的知识表示方法、基于事例的知识表示方法、面向对象的知识表示方

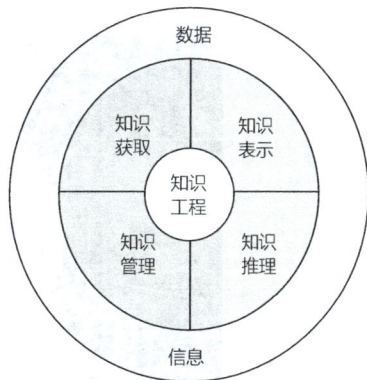

法等。

3）知识推理是从已知的事实出发，运用已掌握的知识，找出其中蕴含的事实或归纳出新的事实，这一过程通常称为推理。一般而言，推理包括两种判断：一是已知判断；二是由已知知识推出的新的判断及推理的结论。换而言之，知识推理是按照某种策略由已知判断推出另一判断的思维过程，实现从已有知识中推导出所需要的结论和知识。

4）知识管理指针对某个特定产品、项目或特殊管理对象，管理者具备大量专业知识和经验的专业系统，对专家的思维方式和过程进行模拟，解决本该需要由专家解决的某一专业领域内复杂的问题，是知识库的高级别层次，是人工智能应用研究的重要领域。知识管理包括知识查询、知识增加、知识删除、知识修改以及知识的一致性、完整性维护等，其实质是如何更好地利用企业中的显性知识和隐性知识。

4.6.3 知识工程的应用案例

知识工程是一门新兴的工程技术学科，被广泛应用于制造加工、医疗教育以及生产管理等领域，通过知识库的建立与知识平台的使用，使其产品质量得到了明显提升。应用的同时也使得人们对知识工程技术的研究取得了很大进展。

1. IBM Watson

2011 年，IBM Watson（见图 4-12）正式诞生。最开始的时候，IBM Watson 是 IBM 研究院的一个研究课题，课题组从 2006 年开始研究自然语言处理，他们最著名的成就是在 2011 年 2 月，IBM Watson 登录美国智力竞赛节目《危险边缘》，最终以压倒性优势击败了人类顶尖选手。IBM Watson 是认知计算系统的杰出代表，也是一个技术平台。认知计算代表一种全新的计算模式，它包含信息分析、自然语言处理和机器学习领域的大量技术创新，具有精细的个性化分析能力，它能利用文本分析与心理语言学模型对海量社交媒体数据和商业数据进行深入分析，并掌握用户个性特质。

图 4-12 IBM Watson

如今，Watson 已经被运用到多个产业领域。例如，在医疗保健方面，它可以作为一种线上工具协助医疗专家进行疾病的诊断。医生可以输入一系列的症状和病史，基于 Watson 的诊断反馈，做出最终的诊断并制定相关的治疗计划。对于零售商来说，他们可以利用这项技术帮助消费者更高效地找到他们想要的商品。对于旅行者来说，他们可以通过这项技术制定最可行的度假计划或出行路线。

2. CATIA 知识工程

CATIA 是目前应用较为广泛的三维建模软件，其知识工程里面的编程变量能够与外部设计显示特征形成一一对应的关系。一般地，任何一个创成式特征都能够用一个函数和或者公式来表达，不仅如此，从理论上，任何一个复杂的特征，即便它由几个子特征，甚至几十个子特征的复杂布尔运算或其他复杂操作而构成，即便它的这些子特征具有完全的不确定性，乃至让人参与操作都十分棘手，也都可以通过知识工程编程和计算机数学逻辑语言，把它表达得很清楚，因此就能够让大量复杂的、不确定的操作在知识工程里变成一般性问题来处理。

随着数字化制造技术的快速发展、产品任务的不断加大，工艺人员在工艺方案设计和数控编程阶段的不同程度上进行着重复的工作，而通过知识工程的思想，在工艺设计过程中将原有的工程制造经验、专家知识及标准规范融入现有工艺设计中，通过知识的"再利用"实现了与 CATIA 系统的无缝连接，从而在一定程度上减少了工艺人员的重复工作，另外通过 CATIA 的 Catalog 功能，可以有效地将一些工程经验进行整理和存储，从而使专家知识得到高效利用。CATIA 辅助工艺设计如图 4-13 所示。

图 4-13　CATIA 辅助工艺设计

习 题 测 试

一、单选题

1. 计算机视觉始于（　　）。

 A. 20 世纪 30 年代　　　　　　　　　　B. 20 世纪 50 年代

 C. 20 世纪 60 年代　　　　　　　　　　D. 20 世纪 70 年代

2. （　　）是一门研究如何使机器"看"的科学。

 A. 机器学习　　　　　　　　　　　　B. 自然语言处理

 C. 知识工程　　　　　　　　　　　　D. 计算机视觉

3. 通过与环境的交互获得奖励，并通过奖励的高低来判断动作的好坏进而训练模型的方法是（　　　）。

  A. 监督学习　　　　　　　　　　　　B. 无监督学习

  C. 半监督学习　　　　　　　　　　　D. 强化学习

4. 生物特征是我们人体所固有的各种生理特征或者（　　　）的总称。

  A. 性格特征　　　　B. 外貌特征　　　　C. 行为特征　　　　D. 品格特征

5. HCI 是（　　　）的简称。

  A. 机器学习　　　　　　　　　　　　B. 自然语言处理

  C. 知识工程　　　　　　　　　　　　D. 人机交互

6. 被称为"专家系统之父"和"知识工程奠基人"的是（　　　）。

  A. 道格拉斯·恩格尔巴特　　　　　　B. 蒂姆·伯纳斯·李

  C. 爱德华·费根鲍姆　　　　　　　　D. 艾伦·纽厄尔

二、多选题

1. 马尔的视觉理论框架中有哪三个重要的概念？（　　　　　）

  A. 表征（representation）　　　　　　B. 处理（process）

  C. 零交叉（zero crossing）　　　　　D. 二维基素图（2-D sketch）

2. 生物特征识别包括以下哪些类型？（　　　　）

  A. 声纹识别　　　　B. 步态识别　　　　C. 指纹识别　　　　D. 虹膜识别

3. 智能网联汽车可能使用的人工智能技术包括哪些？（　　　　）

  A. 计算机视觉　　　　　　　　　　　B. 自然语言处理

  C. 生物特征识别　　　　　　　　　　D. 机器学习

4. 基于学习形式的不同，机器学习可以分为哪几类？（　　　　）

  A. 监督学习　　　　　　　　　　　　B. 无监督学习

  C. 半监督学习　　　　　　　　　　　D. 强化学习

三、判断题

1. 自然语言处理的英文是 Natural Language Processing，一般简写为 NLP。　　（　　　）

2. 根据 SAE International（国际汽车工程师协会）制定的自动驾驶分类标准，专业分级为 0~4 级。　　（　　　）

3. 强化学习是指通过与环境的交互获得奖励，并通过奖励的高低来判断动作的好坏进而训练模型的方法。　　（　　　）

4. 声纹识别与自然语言处理是两个完全相同的概念，两者没有区别。　　（　　　）

四、简答题

1. 什么是机器学习？机器学习的研究目标是什么？

2. 计算机视觉在日常生活中有哪些具体应用？试举出实例。

3. 步态识别技术有哪些优点和缺点？

4. 监督学习与无监督学习的主要区别有哪些？

5. 本章一共列举了人工智能的哪些关键技术？

6. 我国在人工智能的关键技术领域分别取得了哪些标志性的成就？

7. 人工智能的关键技术对于大学生提升学习效率能带来哪些帮助？

五、案例思考题

案例 1　智慧农业

在农业方面具有代表性的是收割机和洒水机的智能化使用，通过计算机视觉系统分析谷物和农产品的位置，识别适合的路径，实施灌溉和收割等动作。同时，借助计算机视觉系统可以识别农场杂草位置，在除杂草、喷洒药剂时，可准确定位针对性喷洒，节省除草剂并大幅度降低除草剂对于农产品的影响。

下面以油菜生长过程自动识别方法为例。机械化生产过程中，田间管理是非常重要的一个工作，主要包括间苗、补苗、施肥、除草、病害防治等。在实际生产中，油菜从发芽出苗到成熟，作物的外部形态结构发生了巨大的变化，这些形态结构的变化在图像上的表现也非常显著。如图 4-14~ 图 4-17 所示，通过人工方式标定油菜三叶期的整体植株轮廓，进而描述它们的形状，再对训练样本进行统计和计算，最后得到了初始形状模型。由于此方法借助先验知识，对模型形状变化进行了合理的约束，所以在搜索匹配三叶期油菜的时候不会受到外界条件变化的影响，都能够识别出三叶期的油菜，从而为间苗、补苗、定苗以及施肥等田间工作提供决策依据，最后为智慧农业的应用奠定基础。

图 4-14　人工标记的三叶期油菜的轮廓示意图

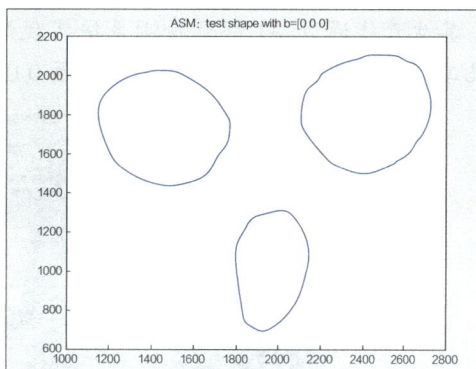

图 4-15　三叶期油菜的形状模型

图 4-16　在单株油菜中三叶期匹配结果

图 4-17　在多株油菜中三叶期匹配结果

思考题

1. 智慧农业的推广对于我国的农业发展有什么重要意义？

2. 在我国现阶段的农业生产结构中，智慧农业的实施面临哪些可能存在的问题？

案例2 智能制造

智能制造不仅能提高生产效率，而且对于设备的预测性维护也能起到重要的作用。通过对设备的监控，可以及时避免设备因故障或者损坏影响生产的进度等，同时帮助制造商更安全、更智能、更有效地运行，比如预测性维护设备故障、对包装和产品质量进行监控、减少不合格产品等。

以汽车制造业为例，通过对产品的尺寸等进行测量，可以提升产品合格率；通过对生产机器进行引导，可保证其能自动化地完成搬运、钻孔等工作，提升汽车制造效率和质量；通过对产品质量和制造工艺进行检测，可及时发现其中的不足，并有效降低生产成本。

以比亚迪为例，传统汽车厂商多以人工为核心搭建生产线，机器仅承担部分适配工作。而比亚迪西安工厂以机器为核心，打造了拥有850余台工业机器人及智能装配设备的高度自动化生产线，机器人全面参与冲压、车身焊接、涂装及总装等关键环节。西安工厂的自动化生产系统已覆盖88%的零部件加工工序，仅线束安装和内饰总装环节保留人工操作，这部分工序的生产成本占比约8%。比亚迪西安工厂的智能化焊装车间如图4-18所示，其生产线通过AI视觉检测系统实现焊接质量的实时监控，单条生产线的自动化率较传统工厂提升40%，产品不良率降低至0.05%以下。

图4-18 比亚迪西安工厂智能化焊装车间

思考题

1. 智能制造在汽车领域的推广，会给汽车制造企业带来哪些益处？

2. 随着智能制造在各行各业的应用，传统的产业工人会面临哪些挑战？你认为该如何应对？

第 5 章
人工智能的相关技术

教学目标

- 了解人工智能的相关技术。
- 理解机器人的原理及应用。
- 理解计算机图形学的原理及应用。
- 理解增强现实技术的原理及应用。
- 理解虚拟现实技术的原理及应用。
- 理解知识图谱的原理及应用。
- 理解数据挖掘的原理及应用。

素质目标

- 培养学生的创新意识。
- 培养学生求真务实、精益求精的工匠精神。

概　述

　　人工智能是一个很宽泛的概念，概括而言是对人的意识和思维过程的模拟，利用机器学习和数据分析方法赋予机器类人的能力。人工智能能提升社会劳动生产率，特别是在有效降低劳动成本、优化产品服务、创造新市场和就业等方面为人类的生产和生活带来革命性的转变。据预测，到 2030 年人工智能将为全球 GDP 带来额外 14% 的提升，相当于 15.7 万亿美元的增长。全球范围内越来越多的政府和企业组织逐渐认识到人工智能在经济和战略上的重要性，并从国家战略和商业活动上涉足人工智能。全球人工智能市场将在未来几年经历现象级的增长。

　　我国发展人工智能具有多个方面的优势，比如开放的市场环境、海量的数据资源、强有力的战略引领和政策支持、丰富的应用场景等，但仍存在基础研究和原创算法薄弱、高端元器件缺乏、没有具备国际影响力的人工智能开放平台等短板。随着技术的进步、应用场景的丰富、开放平台的涌现和人工智能公司的创新活动，我国整个人工智能行业的生态圈正在逐步完善，从而为智慧社会的建设贡献巨大力量。

思维导图

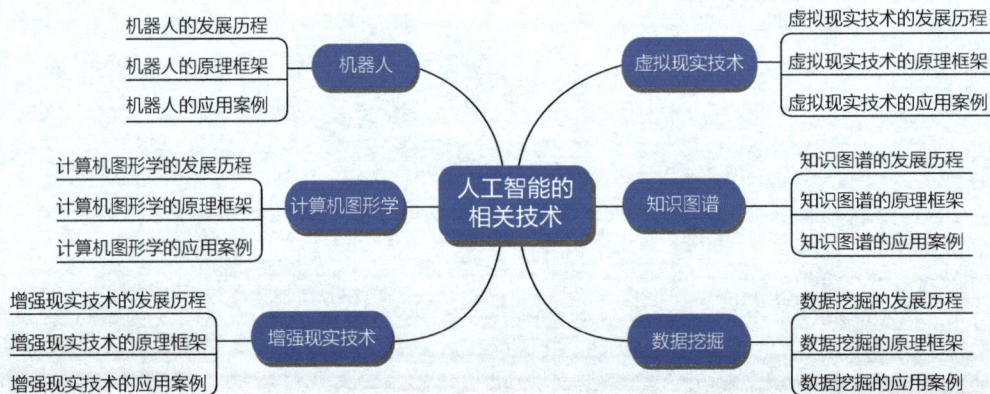

- 机器人
  - 机器人的发展历程
  - 机器人的原理框架
  - 机器人的应用案例
- 虚拟现实技术
  - 虚拟现实技术的发展历程
  - 虚拟现实技术的原理框架
  - 虚拟现实技术的应用案例
- 计算机图形学
  - 计算机图形学的发展历程
  - 计算机图形学的原理框架
  - 计算机图形学的应用案例
- 人工智能的相关技术
- 知识图谱
  - 知识图谱的发展历程
  - 知识图谱的原理框架
  - 知识图谱的应用案例
- 增强现实技术
  - 增强现实技术的发展历程
  - 增强现实技术的原理框架
  - 增强现实技术的应用案例
- 数据挖掘
  - 数据挖掘的发展历程
  - 数据挖掘的原理框架
  - 数据挖掘的应用案例

5.1 机器人

机器人（Robot）是自动执行工作的机器装置。它既可以接受人类指挥，又可以运行预先编排的程序，也可以根据人工智能技术制定的原则纲领行动。它的任务是协助或取代人类的工作。但事实上，自机器人诞生起，人们就不断尝试说明到底什么是机器人，随着科技的发展，机器人所涵盖的内容越来越丰富，定义也不断充实和创新。

5.1.1　机器人的发展历程

自 20 世纪 60 年代初研制出尤尼梅特（Unimate）和沃莎特兰（Versatran）这两种机器人以来，机器人的研究已经从低级到高级经历了三代的发展历程。

（1）程序控制机器人（第一代）　第一代机器人是程序控制机器人，它完全按照事先装入机器人存储器中的程序所安排的步骤进行工作。程序的生成及装入有两种方式：一种是由人根据工作流程编制程序并将它输入到机器人的存储器中；另一种是"示教 – 再现"方式，所谓"示教"是指在机器人第一次执行任务之前，由人引导机器人去执行操作，即教机器人去做应做的工作，机器人将其所有动作一步步地记录下来，并将每一步表示为一条指令，示教结束后机器人通过执行这些指令，以同样的方式和步骤完成同样的工作（即再现）。如果任务或环境发生了变化，则要重新进行程序设计。这一代机器人能成功地模拟人的运动功能，它们会拿取和安放，会拆卸和安装，会翻转和抖动，能尽心尽职地看管机床、熔炉、焊机、生产线等，能有效地从事安装、搬运、包装、机械加工等工作。目前国际上商品化、实用化的机器人大都属于这一类。这一代机器人的最大缺点是它只能刻板地完成程序规定的动作，不能适应变化了的情况，一旦环境情况略有变化（如装配线上的物品略有倾斜），就会出现问题。更糟糕的是它会对现场的人员造成危害，由于它没有感觉功能，有时会出现机器人伤人的情况。日本就曾经出现机器人把现场的一个工人抓起来塞到刀具下面的情况。

（2）自适应机器人（第二代）　第二代机器人的主要标志是自身配备有相应的感觉传感器，如视觉传感器、触觉传感器、听觉传感器等，并用计算机对其进行控制。这种机器人通过传感器获取作业环境、操作对象的简单信息，然后由计算机对获得的信息进行分析、处理、控制机器人的动作。由于它能随着环境的变化而改变自己的行为，故称为自适应机器人。目前，这一代机器人也已进入商品化阶段，主要从事焊接、装配、搬运等工作。第二代机器人虽然具有一些初级的智能，但还没有达到完全"自治"的程度，有时也称这类机器人为人眼协调型机器人。

（3）智能机器人（第三代）　这是指具有类似于人的智能的机器人，即它具有感知环境的能力，配备有视觉、听觉、触觉、嗅觉等感觉器官，能从外部环境中获取有关信息，具有思维能力，能对感知到的信息进行处理，以控制自己的行为，具有作用于环境的行为能力，能通过传动机构使自己的"手""脚"等肢体行动起来，正确、灵巧地执行思维机构下达的命令。目前研制的机器人大多只具有部分智能，真正的智能机器人还处于研究之中，但已经迅速发展为新兴的高技术产业。

5.1.2 机器人的原理框架

1. 机器人系统的功能

机器人控制系统是机器人的重要组成部分，用于对操作机的控制，以完成特定的工作任务，其基本功能如下。

1）记忆功能。存储作业顺序、运动路径、运动方式、运动速度和与生产工艺有关的信息。

2）示教功能。能离线编程、在线示教、间接示教，其中在线示教包括示教盒和导引示教两种。

3）与外围设备联系功能。包括输入和输出接口、通信接口、网络接口、同步接口。

4）坐标设置功能。有关节、绝对、工具、用户自定义四种坐标系。

5）人机接口。有示教盒、操作面板、显示屏。

6）传感器接口。包括位置检测、视觉、触觉、力觉等。

7）位置伺服功能。包括机器人多轴联动、运动控制、速度和加速度控制、动态补偿等。

8）故障诊断安全保护功能。包括运行时系统状态监视、故障状态下的安全保护和故障自诊断。

2. 机器人系统的组成

1）控制计算机。控制系统的调度指挥机构，一般为微型机，微处理器有32位、64位等，如奔腾系列CPU以及其他类型CPU。

2）示教盒。示教机器人的工作轨迹和参数设定，以及所有人机交互操作，拥有独立的CPU以及存储单元，与主计算机之间以串行通信方式实现信息交互。

3）操作面板。由各种操作按键、状态指示灯构成，只完成基本功能操作。

4）硬盘和软盘存储。存储机器人工作程序的外围存储器。

5）数字和模拟量输入/输出。各种状态和控制命令的输入或输出。

6）打印机接口。记录需要输出的各种信息。

7）传感器接口。用于信息的自动检测，实现机器人柔顺控制，一般为力觉、触觉和视觉传感器。

8）轴控制器。完成机器人各关节位置、速度和加速度控制。

9）辅助设备控制。用于和机器人配合的辅助设备控制，如手爪变位器等。

10）通信接口。实现机器人和其他设备的信息交换，一般有串行接口、并行接口等。

11）网络接口。

① Ethernet接口，可通过以太网实现数台或单台机器人的直接PC通信，数据传输速率高达10Mbit/s，可直接在PC上用Windows库函数进行应用程序编程，支持TCP/IP通信协议，通过Ethernet接口将数据及程序装入各个机器人控制器中。

② Fieldbus接口，支持多种流行的现场总线规格，如Device net、AB Remote I/O、Interbus-s、Profibus-DP、M-NET等。

3. 机器人系统的分类

1）程序控制系统。给每一个自由度施加一定规律的控制作用，机器人就可实现要求的空间轨迹。

2）自适应控制系统。当外界条件变化时，为保证所要求的品质或为了随着经验的积累而自行改善控制品质，其过程是基于对操作机的状态和伺服误差的观察，进而调整非线性模型的参数，直至误差消失。这种系统的结构和参数能随时间和条件自动改变。

3）人工智能系统。事先无法编制运动程序，而是要求在运动过程中根据所获得的周围状态信息，实时确定控制作用。

4. 机器人系统的运动方式

1）点位式。要求机器人准确控制末端执行器的位姿，而与路径无关。

2）轨迹式。要求机器人按示教的轨迹和速度运动。

3）控制总线。国际标准总线控制系统，采用国际标准总线作为控制系统的控制总线，如 VME、MULTI-bus、STD-bus、PC-bus。

4）自定义总线控制系统。由生产厂家自行定义使用的总线作为控制系统总线。

5）编程方式。物理设置编程系统。由操作者设置固定的限位开关，实现起动、停车的程序操作，只能用于简单的拾起和放置作业。

6）在线编程。通过人的示教来完成操作信息的记忆过程编程方式，包括直接示教（即手把手示教）、模拟示教和示教盒示教。

7）离线编程。不对实际作业的机器人直接示教，而是脱离实际作业环境，生成示教程序，通过使用高级机器人、编程语言，远程式离线生成机器人作业轨迹。

5. 机器人系统的主体结构

1）集中控制系统。用一台计算机实现全部控制功能，结构简单，成本低，但实时性差，难以扩展，在早期的机器人中常采用这种结构。

在基于 PC 的集中控制系统里，充分利用了 PC 资源开放性的特点，可以实现很好的开放性，多种控制卡、传感器设备等都可以通过标准 PCI 插槽或通过标准串口、并口集成到控制系统中。集中式控制系统的优点是硬件成本较低，便于信息的采集和分析，易于实现系统的最优控制，整体性与协调性较好，基于 PC 的系统硬件扩展较为方便。

2）主从控制系统。采用主、从两级处理器实现系统的全部控制功能，主 CPU 实现管理、坐标变换、轨迹生成和系统自诊断等；从 CPU 实现所有关节的动作控制，主从控制方式系统实时性较好，适用于高精度、高速度控制，但其系统扩展性较差，维修困难。

3）分散控制系统。按系统的性质和方式将系统控制分成几个模块，每一个模块各有不同的控制任务和控制策略，各模式之间可以是主从关系，也可以是平等关系。这种方式实时性好，易于实现高速度、高精度控制，易于扩展，可实现智能控制，是目前流行的方式。

6. 机器人的技术参数

由于机器人的结构、用途和用户要求的不同，机器人的技术参数也不同。一般来说，机器人的技术参数主要包括自由度、工作范围、工作速度、承载能力、定位精度、驱动方式、控制方式等。

1）自由度。指机器人所具有的独立坐标轴运动的数目，但是一般不包括手部（末端操作器）的开合自由度。自由度表示机器人动作灵活的尺度。机器人的自由度越多，越接近人手的动作机能，其通用性越好；但是自由度越多，结构也越复杂。

2）工作范围。指机器人手臂或手部安装点所能达到的空间区域。

3）工作速度。指机器人在工作载荷条件下、匀速运动过程中，机械接口中心或工具中心点在单位时间内所移动的距离或转动的角度。产品说明书中一般提供了主要运动自由度的最大稳定速度，但是在实际应用中仅考虑最大稳定速度是不够的。这是因为运动循环包括加速启动、等速运行和减速制动三个过程。如果最大稳定速度高，允许的极限加速度小，则加/减速的时间就会长一些，即有效速度就要低一些。所以，在考虑机器人运动特性时，除了要注意最大稳定速度外，还应注意其最大允许的加/减速度。

4）承载能力。指机器人在工作范围内的任何位姿上所能承受的最大负载，通常可以用质量、力矩、惯性矩来表示。承载能力不仅取决于负载的质量，而且与机器人运行的速度和加速度的大小和方向有关。一般低速运行时，承载能力大，为安全考虑，规定在高速运行时所能抓起的工件质量作为承载能力指标。

5）定位精度、重复精度和分辨率。定位精度是指机器人手部实际到达位置与目标位置之间的差异。如果机器人重复执行某位置给定指令，它每次走过的距离并不相同，而是在一平均值附近变化，变化的幅度代表重复精度。分辨率是指机器人每根轴能够实现的最小移动距离或最小转动角度。定位精度、重复精度和分辨率并不一定相关，它们是根据机器人使用要求设计确定的，取决于机器人的机械精度与电气精度。

6）驱动方式。指机器人的动力源形式，主要有液压驱动、气压驱动和电力驱动等方式。

7）控制方式。指机器人用于控制轴的方式，目前主要分为伺服控制和非伺服控制。

7. 机器人的分类

可以从不同的角度对智能机器人进行分类，如机器人的控制方式、信息输入方式、结构形式、移动、智能程度、用途等。

1）按机器人的控制方式分类。按照控制方式可把机器人分为非伺服机器人和伺服控制机器人两种。伺服控制机器人又可分为点位伺服控制和连续路径（轨迹）伺服控制两种。

2）按机器人控制器的信息输入方式分类。采用这种分类法进行分类时，不同国家略有不同。主要有日本工业机器人协会的 JIRA 分类法、美国机器人协会的 RIA 分类法和法国工业机器人协会的 AFRI 分类法。

3）按机器人的结构形式分类。机器人机械手的机械配置形式多种多样。最常见的结构形式是用其坐标特征来描述的。这些坐标结构包括笛卡儿坐标结构、圆柱坐标结构、极坐标结构、球坐标结构和关节式球坐标结构等。

4）按机器人的移动性分类。可以分为固定式机器人和移动式机器人。

①固定式机器人：固定在某个底座上，整台机器人（或机械手）不能移动，只能移动各个关节。

②移动式机器人：整个机器人可沿某个方向或任意方向移动。这种机器人又可分为轮式机器人、履带式机器人和步行机器人，其中步行机器人又有单足、双足、四足、六足和八足行走机器人之分。

5）按机器人的智能程度分类。可以分为一般机器人和智能机器人。

①一般机器人：不具有智能，只具有一般编程能力和操作功能。

②智能机器人：具有不同程度的智能，又可分为传感型机器人、交互型机器人、自主

型机器人。

6）按机器人的用途分类。可以分为工业机器人、探索机器人、服务机器人和军事机器人。

①工业机器人：应用在工农业生产中，主要应用在制造业部门，进行焊接、喷漆、装配、搬运、检验、农产品加工等作业。

②探索机器人：用于太空和海洋探索，也可用于地面和地下探险和探索。

③服务机器人：一种半自主或全自主工作的机器人，其所从事的服务工作可使人类生存得更好，使制造业以外的设备工作得更好，比如送餐机器人、迎宾机器人、医疗服务机器人。

④军事机器人：用于军事目的，或进攻性的，或防御性的。它又可分为空中军用机器人、海洋军用机器人和地面军用机器人，或简称为空军机器人、海军机器人和陆军机器人。

5.1.3　机器人的应用案例

1. 仓储和物流机器人

美国 Fetch Robotics 公司下的自动化服务初创公司推出了一系列用于管理库存和仓库操作的机器人（见图 5-1）。机器人的目标是自动化处理和数据收集，使人类的劳动可以用于更有生产力的工作。Fetch 机器人使用专有的 Fetch 云机器人平台，这是唯一的基于云端的自主移动机器人（AMR）解决方案。该平台整合了一系列先进的软件和服务，提供仓库自动化和统一控制，可以将"获取 AMR"分为两个部分：数据收集和物料处理。

1）数据收集。可以使用 Fetch 的 DataSurvey 自动执行仓库数据收集。TagSurveyor 跟踪 RFID 标签，以自动进行库存周期计数并减少库存损失。可以将 TagSurveyor 与现有的 RFID 跟踪策略集成在一起来获得最好的结果。货架检验员 AMR 通过拍摄高质量的货架图片来确保对库存的准确跟踪。

2）物料处理。Fetch 在其物料处理和自动化解决方案系列中有多个 AMR。HMIShelf 机器人可以与人类一起工作，在繁忙的仓库环境中运输和交付货物。

2. 机甲大师 RoboMaster S1

深圳市大疆创新科技有限公司在教育机器人领域推出了多款产品，其中最具代表性的包括机甲大师 RoboMaster S1（见图 5-2）以及配套的 AI 人工智能教育套件。RoboMaster S1 是一款智能教育机器人，旨在通过实践操作激发学习兴趣，培养学生的逻辑思维和解决问题的能力。AI 人工智能教育套件专为中小学人工智能课堂教学打造，提供一站式学习平台、配套课程、赛事支持和拓展能力。

图 5-1　Fetch 机器人

图 5-2　机甲大师 RoboMaster S1

5.2 计算机图形学

计算机已经成为快速、经济地生成图片的强大工具。虽然早期的工程和科学上的应用必须依赖于昂贵而笨重的设备,但是计算机技术的发展已经将交互式计算机图形学变成了一种实用工具。现在,我们可以看到计算机图形学已经频繁地应用于多个领域,如科学、艺术、工程、商务、工业、医药、政府、娱乐、广告、教学、培训和家庭等各方面。我们还可以通过因特网将图像传播到世界各地。

5.2.1　计算机图形学的发展历程

20世纪50年代初,第一台拥有图形显示技术的计算机在美国麻省理工学院诞生了。20世纪50年代后期,美国的Calcomp公司和GerBer公司分别成功研制出了滚筒式绘图仪和平板式绘图仪。在整个20世纪50年代,计算机图形学一直处于准备和酝酿阶段,该阶段的计算机图形学被称为"被动式"图形学。

20世纪60年代初期,伊凡·苏泽兰(Ivan Sutherland)指出交互式计算机图形学是一个新的研究领域,第一次使用了"计算机图形学"这个专业术语,从而确定了计算机图形学作为一个崭新的科学分支的独立地位。20世纪60年代早期,史蒂文·库恩斯(Steven Coons)通过插值4条任意的边界曲线的方法成功构造了任意曲面,法国工程师皮埃尔·贝塞尔(Pierre Bezier)发展了贝塞尔曲线、曲面的理论。

20世纪70年代是计算机图形学发展的一个重要的历史时期。光栅显示器的出现,大大促进了光栅图形学算法的发展。由此,计算机图形学进入了一个兴盛的时期。

20世纪80年代,特纳·惠特(Turner Whitted)建立了光透视模型,并第一次给出了光线跟踪算法的算例。美国康奈尔大学和日本广岛大学的学者均用辐射度方法成功地模拟了理想漫反射表面间的多重漫反射效果模型。以上成果标志着真实感图形的显示算法开始日渐成熟。

自20世纪80年代以来,超大规模集成电路的成功研制和计算运算速度的提高,又一次加速了计算机图形学的发展。现阶段,计算机图形学主要应用于科学计算可视化、计算机辅助设计与制造、计算机动画、图形真实感绘制与自然景物仿真、计算机艺术和计算机辅助教学等各个领域。

5.2.2　计算机图形学的原理框架

1. 图和表

计算机图形学的一个早期应用是显示简单的数据图,通常在字符打印机上进行绘制。数据绘图仍然是最普遍的图形应用之一,但是如今可以很容易地为打印报告或使35mm幻灯片、透明胶片和动感视频的演示而生成能展现高度复杂数据关系的图片。在研究报告、管理总结、消费信息公报和其他类型的出版物中,常常使用图和表来总结财政、统计、数学、科学、工程和经济数据。现在有各种商业图示软件包、工作站设备和服务部门,专门用来将屏幕显示转换成用于演示和存档的电影、幻灯片或投影用的透明胶片。典型的数据绘图有折线图、直方图、饼图、曲面图、等高线图,以及其他给出二维、三维或多维空间中多个参数之间关系的显示图。

三维的图和表用来增加显示的信息量，有时仅仅是为了改善效果，表达出引人注目的数据之间的相互关系。图 5-3 是岳麓山卫星与等高线对比图，展示了一个高度场曲面和它的二维等高线投影。

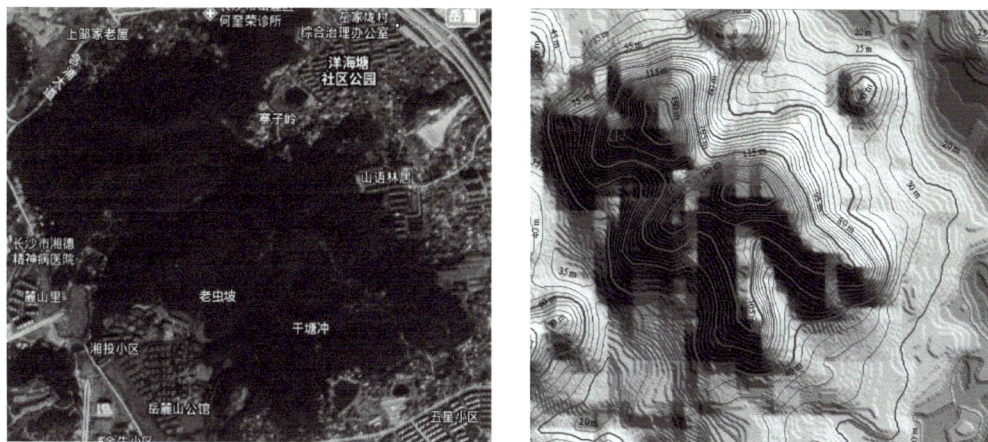

图 5-3　岳麓山卫星与等高线对比图

2. 计算机辅助设计

尽管现在几乎所有的产品都已经使用计算机进行设计，但是计算机图形学的主要应用还是在设计过程中，尤其是在现代工程和建筑系统中。简称为 CAD 的计算机辅助设计（Computer-Aided Design）或简称为 CADD 的计算机辅助绘图和设计（Computer-Aided Drafting and Design）方法，已频繁地应用于大楼、汽车、飞机、轮船、宇宙飞船、计算机、纺织品、家庭用品和许多其他产品的设计中。

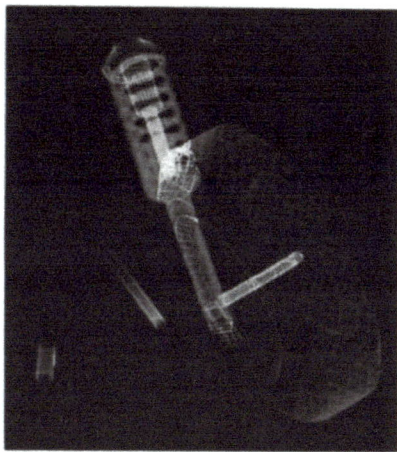

在某些设计中，对象首先是以线框轮廓的形式显示出来，从而展现其整个外形及该对象的内部特征。显示线框图可以让设计者很快地看到对设计的外形进行调整的结果，而不用等待对象表面全部生成。图 5-4 给出了汽车轮胎安装的线框图示例。

图 5-4　汽车轮胎安装的线框图

CAD 应用中还经常使用动画。在视频监视器上显示线框式的实时动画，对于测试汽车及系统的性能是很有用的。因为线框图的显示并不需要绘制表面，其每帧的计算可快速完成，从而使屏幕上的运动平稳。线框图显示还可让设计者观察飞行器的内部结构，以及运动时内部构件的变化情况。

3. 虚拟现实环境

计算机图形学的一个最新应用是生成虚拟现实环境（Virtual-Reality Environment），在此环境中用户可与三维场景中的对象进行交互。该环境中有专门的硬件设备提供三维观察效果，并允许用户在场景中拾取对象。

有了虚拟现实系统，设计者和其他人员可以使用各种方式移动对象并与之进行交互。

人们可以通过仿真方式"走入"房间或围绕大楼"转圈"欣赏特定设计的整体效果，从而测试建筑设计，甚至可以借助一种专门的手套从场景中"抓取"对象，将其放回场景或从一处移到另一处。

虚拟现实环境中的动画常用来训练大型设备的操作员或分析各种机舱配置和控制安排的有效性。例如，用于训练飞行员的虚拟现实环境包括一组飞机的模拟控制，如图5-5所示，模拟各控制键以第一人称的视角，在模拟的三维环境下进行仿真飞行训练，就好像飞行员坐在飞机驾驶座上一样。这使得飞行员可以在不上真机的情况下，进行各种飞行训练，大大降低飞行员的训练成本。

图5-5　虚拟现实环境下直升机飞行员飞行仿真训练

4. 数据可视化

为科学计算、工程和医药数据集或过程生成图形表示，通常称为科学计算可视化（Scientific Visualization）。术语商务可视化（Business Visualization）则用在与贸易、工业和其他非科学计算领域相关的数据可视化中。研究员、分析员和其他有关人员经常要分析大批的信息或研究高度复杂过程的行为。例如，计算机上进行的数值模拟可以不断生成包含成千上万数值的数据文件。同样，卫星摄像机等也在快速地积聚大量的数据文件，这要比数据得到解释的速度快得多。扫描大容量数据以确定趋势及相互关系是一个乏味和低效的过程。但是，如果将这些数据转换成可视形式，则趋势和模式就可以立刻呈现出来。一旦我们按这种方法绘出密度值，就可以很容易地看到整个数据模式。

数据集的类型有许多种，而高效的可视化方法依赖于数据的特征。一组数据可以包含标量、向量、高次张量或这些数据类型的组合。数据集可能分布在二维、三维或更高维的空间区域。颜色编码仅仅是数据集可视化的一种方法。另外还有等值线、常数值表面或其他空间区域的绘制，以及专门设计用来表达不同数据类型的形态等绘制技术。

可视技术还可用于帮助理解与分析复杂的过程和数学函数。图5-6给出了机房CFD气流组织模拟图。如图5-7所示，航空工业使用CAVE进行虚拟现实环境交互，以方便飞行员的训练。

5. 教学与培训

计算机生成的物理模型、财政模型和经济模型常用作教学的辅助工具。物理过程、生理功能、人口趋势模型或设备的模型等都可以帮助学员理解系统的操作。

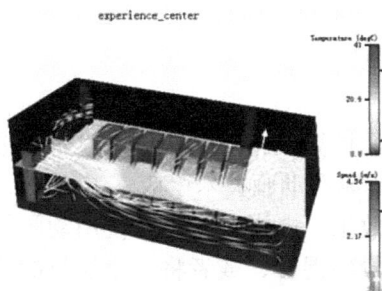

图 5-6 机房 CFD 气流组织模拟图

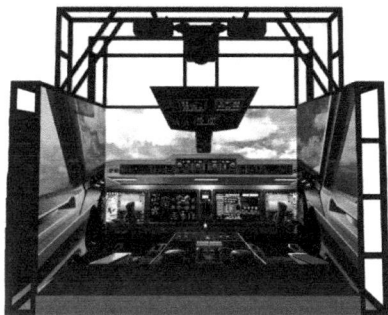

图 5-7 航空工业使用 CAVE 进行虚拟现实
环境交互

有些方面的培训要设计专门的硬件系统。例如，用于船长、飞行员、大型设备操作员和空中交通管制人员实习与培训的模拟系统就是这样一种专用系统。有些模拟器没有显示屏幕。例如，一个飞行模拟器可能只有用于仪表飞行的控制板，但是大多数模拟器配有用于模拟外部环境虚拟显示的屏幕。

6. 计算机艺术

美术和商务艺术也都可应用计算机图形学的方法。艺术家使用各种计算机方法，包括专用硬件、商业化的软件包（如 Lumena）、符号数学程序（如 Mathematica）、CAD 软件包、桌面出版软件和动画软件来设计物体的外形及描述物体的运动。

画笔程序（Paint Brush Program）是艺术家和设计师可在监视器上"绘"画的计算机化工具的一个例子。实际上，绘画是以电子方式画在带有触笔的数据板上，该触笔能模拟不同的笔画、粗细及颜色。

图 5-8 中的水彩画是使用压感触笔的画笔系统生成的。触笔将变化的手的压力转换成各种笔画粗细、尺寸和颜色等级；另外还有软件允许艺术家创作模拟不同的干燥时间、水分和轨迹的水彩画、粉笔画或油画效果。

图 5-8 压感触笔绘制水彩画

美术家使用各种计算机技术来生成图像，包括混合地使用三维建模软件包、纹理映射软件、绘图软件及 CAD 软件，以及不需美术家干预就能生成"自动美术"的 CAD 软件。

艺术家可混合使用数学函数、分数维过程、软件、喷墨打印机和其他系统来生成各种三维和二维形状及立体感图像。另一个通过数学关系生成电子画的例子是通过改变与作曲中的频率变化和其他参数相关的绘画特征来集成视频和音频。

商务艺术也将这些"绘画"方法用于标牌等商用美术设计、图文组合的页面布局设计及电视广告等领域。和许多其他计算机图形应用一样，商务艺术显示常使用照相式逼真技术来绘制设计图、产品和场景的图片。

电视商业片中也经常使用计算机动画。电视广告是一帧一帧地绘制生成，每帧以独立的图像文件来存储。通过将后继帧中的物体位置相对于前一帧进行微小的移动来实现对动画中运动的模拟。绘制好动画序列中的所有帧以后，将这些帧传送到胶片上或存储到视频缓存中以备重播。电影动画需要每分钟顺序播放 24 帧。如果在视频显示器上重播动画，则需每分钟 30 帧。

7. 娱乐

电视产品、动画片和音乐视频等也频繁地使用计算机图形方法。有时将图形场景与演员及实际场景相混合，有的电影则完全由计算机绘制和动画技术生成。

电视剧经常使用计算机图形方法来产生特技效果。电视节目也会使用动画技术将计算机生成的人、动物或卡通人物与真正的演员在场景中混合，或者将一个演员的脸变换成另外的形状，还会使用计算机图形学来生成大楼、地表特征或场景的背景等。

计算机生成的特技效果、动画、人物素描和场景广泛地应用于当代电影中。许多获奖电影的制作者使用先进的计算机建模和面绘制方法使日常的玩具、灯泡和餐具等成为有生命的“角色”。还有一些电影使用计算机建模、绘制和动画生成完整的拟人化角色。照相级真实感技术能为电影中计算机生成的演员提供肌肤色调、真实感的面部特征和皮肤缺陷（如痣、光点、雀斑和粉刺）等。

计算机图形方法还可用来仿真真正的演员。使用记录演员脸部特征的数字文件，动画程序可生成包含这个人的计算机复制品的电影片段，或数字化地用一个演员取代另一个演员。

音乐录像片中按照多种不同的方式使用计算机图形学，可以将图形对象混合进实景中，图形学和图像处理技术也可用来将一个人或对象变成另一个（变形）。

8. 图像处理

照片和电视扫描片等现有图片的修改或解释称为图像处理（Image Processing）。尽管在计算机图形学和图像处理中所使用的技术有所重叠，但两种领域着重于本质上不同的操作。在计算机图形学中，计算机用来生成图形；而图像处理技术用来改善图片质量、分析图像或为机器人应用识别可视图形。图像处理技术经常应用于计算机图形学，计算机图形学方法也频繁应用于图像处理。

一般而言，照片或其他图片在使用图像处理方法之前先数字化成一个文件，然后使用数字方法重新安排图片的各部分、提高颜色分离度或改善着色质量。这些技术被广泛地应用于商务艺术应用，包括对照片的某部分和其他美术作品进行调色或重新安排。类似的方法还可用于分析地球的卫星照片或银河星系的望远镜记录。

图像处理和计算机图形学在许多医学应用中常常结合在一起，用于对机体功能进行建模和研究、设计人造肢体及计划和练习手术等。最后一种应用称为计算机辅助手术（Computer-Aided Surgery）。通过使用图像技术可以获得身体的二维剖面图，然后使用图形方法模拟实际的手术过程，从而观察和管理每一剖面，并实验不同的手术位置。

9. 图形用户界面

现在的应用软件提供图形用户界面（Graphical User Interface，GUI）是非常普遍的。GUI 的主要部分是一个允许用户显示多个矩形屏幕区域窗口的窗口管理程序。每一个屏幕显示区域可以进行不同的处理，展示图形或非图形信息，并且显示窗口可以用多种方法激活。可以通过使用鼠标之类的交互式点击设备将屏幕光标定位到某系统的显示窗口区域，并单击鼠标左键来激活该窗口。有的系统还可以通过单击标题条来激活显示窗口。界面提供菜单和图标用于选择显示窗口、处理选项或参数值。图标是一个设计成能暗示所选对象的图形符号。图标的优点是它比相应的文本描述占用更少的屏幕空间，如果设计得好，可以很容易地被理解。一个显示窗口与相应的图标表示可以相互转换，而菜单中可以包含一组文字描述或图标。

5.2.3　计算机图形学的应用案例——脑部影像 AI 诊断

我国脑卒中发病率呈逐年上升的趋势，此外脑血管病和颅内肿瘤等脑部疾病也危害人们的健康。随着人工智能在医疗方面的迅速发展，脑影像方面的 AI 应用也得到了新的发展思路和方向，如图 5-9 所示。

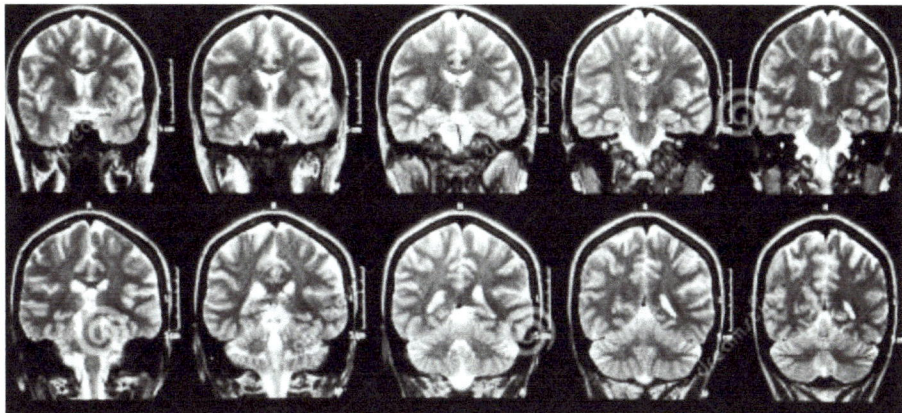

图 5-9　脑部影像 AI 诊断

人工智能当前可以在出血性脑卒中、缺血性脑卒中、脑血管、颅内肿瘤四个方面对脑部影像产品予以赋能。

1）在出血性脑卒中，可以做到对脑出血的血肿病灶进行自动检出，检出的同时对病灶进行影像学测量，以"像素级"的精度对病灶进行精准测量，检出病灶的同时对病灶进行性质分类，同时对相关伴随征象进行检出，并生成结构化报告。人工智能诊断系统可以基于临床应用场景，设定针对不同出血类型的随访功能给予临床相应的提示，指导临床进行治疗方案的选择。

2）在缺血性脑卒中，急性期 CT（计算机断层扫描）平扫方面，人工智能诊断系统可以给出预测的病灶位置，结合临床症状可以更好地帮助临床医生选择下一步的治疗方案。

3）在出血和梗死的病因方面，基于 CTA（CT 血管成像）的脑血管检测可以对狭窄的血管以及动脉瘤进行检出，大幅缩短了医生的阅片时间并降低了漏诊的概率。

4）在颅内肿瘤方面，基于多模态融合与知识图谱体系可以对颅内肿瘤进行细致化的影像学分析，最终给出最接近病例层级的诊断结果。

5.3　增强现实技术

增强现实技术（Augmented Reality，AR) 是一种将虚拟景物或信息与现实的物理环境叠加、融合并交互呈现在用户面前，从而营造出虚拟与现实共享同一空间的技术。从本质上讲，增强现实是一种集定位、交互、呈现等软硬件技术于一体的新型界面技术，旨在让用户在感官上感觉到虚实空间的时空关联和融合，来增强用户对现实环境的感知和认知。

增强现实技术具有三个基本要素，即虚实空间的融合呈现、实时在线的交互以及虚实空间的三维注册。虚实空间的融合呈现，强调虚拟元素与真实元素的并存，这是用户对现实环境的感知得以增强的关键；实时在线的交互，强调用户和虚实物体之间互动响应计算的实时性，以满足用户感官对时间维度的响应需求；而虚实空间的三维注册，强调用户对空间感知的精确性和智能性，体现了虚实融合呈现的时空一致性。这三个要素是实现现实环境增强感知的关键所在，由于这种增强感知是空间方位依赖的，因此，增强现实系统通常借助头盔等特制设备来呈现虚实融合的效果。

5.3.1　增强现实技术的发展历程

增强现实技术的发展离不开虚实融合呈现装置的研发，其历史可以追溯到 20 世纪 60 年代。1968 年，计算机图形学之父伊万·萨瑟兰（Ivan Sutherland）提出了终极显示器（The Ultimate Display）的设想，他和他的学生一起设计实现了第一个头戴式增强现实显示器达摩克利斯之剑（见图 5-10），该设施实现的透射显示只能在视野前方叠加简单的线框模型。

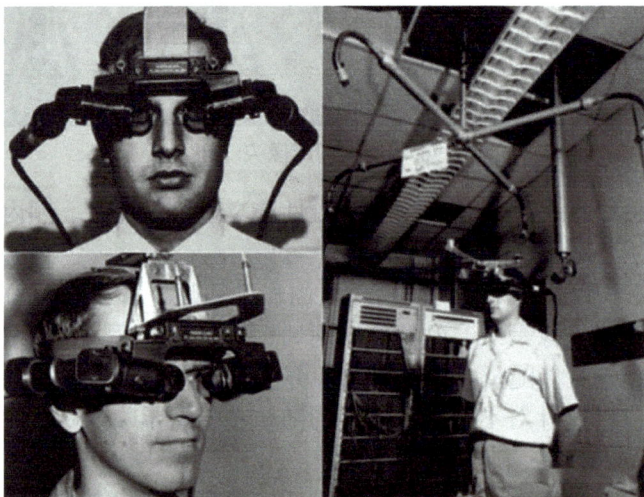

图 5-10　达摩克利斯之剑

1974 年，迈隆·克鲁格（Myron Krueger）发明了 Videoplace 系统，用户可以通过自己的剪影实现与投影画面的交互。这个系统的创新之处在于它融合了视觉交互技术，为体验者带来了虚拟世界与现实世界之间无缝转换的沉浸感，从而开创了增强现实技术的新篇章。

1990 年，波音公司的工程师汤姆·考德勒（Tom Caudell）和大卫·米泽勒（David Mizell）研发了一种穿透式抬头透视装置，让飞机装配工人实时查看线缆的装配图，并正式提出增强现实一词。

1993 年，美国空军研究实验室的路易斯·罗森博格（Louis Rosenberg）开发了首个沉浸式远程增强现实系统 Virtual Fixtures。哥伦比亚大学计算机系教授、AR 之父史蒂芬·费纳（Steven Feiner）提出著名的知识驱动的增强现实系统 KARMA。

1994 年，AR 技术首次在艺术上得到发挥。艺术家朱莉·马丁（Julie Martin）在舞台剧 *Dancing in Cyberspace* 中实现了舞者与虚拟景物的同台表演。

2000 年，奈良先端科学技术学院教授加藤弘一（Hirokazu Kato）研发了 ARToolKit，称为国际上首个发布的计算机增强现实程序库。ARToolKit 的出现让众多程序员有了简单易用的增强现实开发工具，有力促进了增强现实技术的应用普及。

2017 年，苹果和谷歌先后将增强现实系统嵌入到各自的移动终端上，分别推出了增强现实软件开发平台 ARKit 和 ARCore。我国的商汤科技、网易等公司也随后推出了自主增强现实软件开发平台 SenseAR 和洞见 AR。增强现实逐渐成为服务社会和大众的新型技术。

5.3.2　增强现实技术的原理框架

1. 增强现实的技术特点

（1）三维注册　三维注册是解决如何将现实场景与虚拟场景联系起来的关键技术。三维注册技术将虚拟场景绑定到现实场景的坐标系中，随着用户的移动和视角的变化，计算出虚拟场景在该视角下的投影信息，融合到真实场景的影像上，保证了虚拟场景与现实场景共享同一空间。当二者相对静止时，随着相机位姿变化，虚拟场景和真实场景的位置关系和尺度关系保持一致；当二者相对运动时，需要借助三维注册技术精确求解出三维运动场景的几何信息和相机的运动轨迹。由于人眼对画面的感知非常敏感，如果三维注册结果不够准确，会导致呈现给用户的画面产生抖动和场景的漂移，严重影响用户的沉浸式体验。

（2）虚实结合　增强现实技术可以将显示器屏幕扩展到真实环境，使计算机窗口与图标叠映于现实对象。用户可以通过眼睛凝视或手势指点进行操作，使三维物体在用户的全景视野中根据当前任务或需要交互地改变其形状和外观。这种技术可以将虚拟场景叠加到真实场景中，增强用户的感观体验。

（3）实时交互　增强现实技术使交互从精确的位置扩展到整个环境，从简单的人面对屏幕交流发展到将自己融入虚实结合的场景中。交互不再局限于面对屏幕的简单操作，而是扩展到整个环境，使得信息系统与用户的当前活动自然而然地融为一体。

增强现实主要采用三维交互，其拥有更高的自由度、更多的交互方式、更庞大的交互任务、更复杂的三维用户界面定义。目前的交互情况主要包括触控交互、手势交互、语音交互和实物交互。

2. 增强现实技术的系统组成

增强现实技术的系统主要有 Monitor-based 系统、Video see-through 系统和 Optical see-through 系统三种。

（1）Monitor-based 系统　Monitor-based 系统组成如图 5-11 所示。在基于计算机显示器的 AR 实现方案中，摄像机摄取的真实场景视频图像输入到计算机中，与计算机图形系统产生的虚拟景象进行视频合成，并输出到计算机显示器，用户从屏幕上看到最终的增强场景视频图像。它虽然不能带给用户多少沉浸感，但却是一套最简单实用的 AR 实现方案。由于这套方案的硬件要求很低，因此被实验室中的 AR 系统研究者们大量采用。

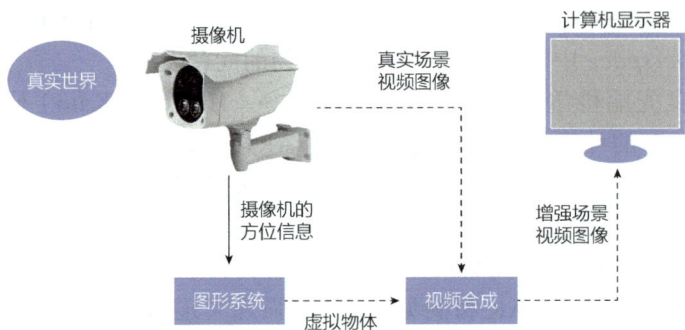

图 5-11 Monitor-based 系统组成

（2）Video see-through 系统 Video see-through 系统组成如图 5-12 所示。摄像机捕捉现实世界的图像，计算机图形系统对摄像机获取的图像进行处理生成虚拟信息，将虚拟信息与现实场景的图像合成并通过显示器将合成后的画面展示给用户。根据具体实现原理，Video see-through 系统分为基于视频合成技术的穿透式 HMD（video see-through HMD）和基于光学原理的穿透式 HMD（optical see-through HMD）两大类。

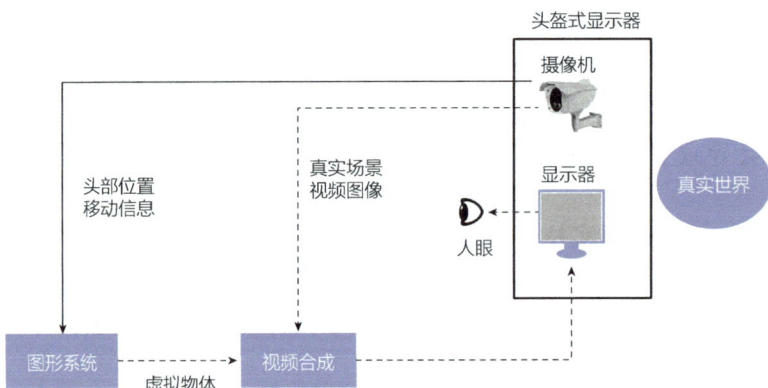

图 5-12 Video see-through 系统组成

（3）Optical see-through 系统 Optical see-through 系统组成如图 5-13 所示。真实世界的图像经过一定的减光处理后直接进入人眼，虚拟通道的信息经投影反射后再进入人眼，两者以光学的方法进行合成。

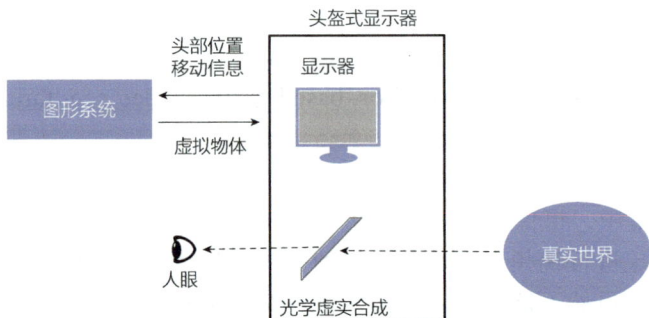

图 5-13 Optical see-through 系统组成

3. 增强现实设备分类

增强现实需要在三维空间中完成视觉的虚实融合，因此需要特殊的显示装置满足视觉融合感知的需求。目前，增强现实的显示装置按使用方法可以分为三大类：可穿戴式设备、移动手持显示设备和空间增强设备。

（1）可穿戴式设备　可穿戴式设备一般包括佩戴在头部的头盔显示器、投影仪、AR眼镜、隐形眼镜等，应用最广泛的是头盔显示器。根据真实环境的显示模型，增强现实的头盔显示器分为光学穿透式头盔显示器和视频穿透式头盔显示器。光学穿透式头盔通过用户眼镜前端的透明镜片，在透过来自现实世界光线的同时反射光线，将虚景反射进入人眼，从而形成虚实融合的景象。视频穿透式头盔通过眼睛前端的双目摄像头实时捕捉场景影像，并将虚景叠加在视频画面后，呈现在用户眼睛前端配置的双目显示器中。

（2）移动手持显示设备　移动手持显示设备包括智能手机、平板电脑等带有摄像头和一定计算和绘制能力的移动终端，利用内置摄像头捕捉现实世界的图像，然后与自身绘制的虚拟世界融合在一起，呈现在用户面前。

（3）空间增强设备　空间增强设备利用光学原理或特殊器材直接将虚拟世界投影到现实世界中，其一般将虚拟影像投射到固定的空间中，如投射影像于物体表面或成虚像于三维空间。

5.3.3　增强现实技术的应用案例

1. Rokid AR 眼镜

2021 年 4 月 5 日，浙江大学紫金港校区人文学院正式引入 Rokid AR 眼镜（见图 5-14）作为辅助教学的工具。这是浙江大学第一次将 AR 技术结合教育场景应用在课堂上。当学生佩戴上这副外观如同墨镜的 AR 眼镜时，即可通过语音和触摸板触碰的方式与之交互。说出指令词后，AR 眼镜便会立即打开课程应用，在识别课程相关的图片后，其关联的 3D 模型和动画效果便会冲破次元壁立刻跃然纸上，呈现在眼前。这一新型的 AR

图 5-14　Rokid AR 眼镜

教学工具，将平面的课程内容转化为悬浮在空中的 3D 效果，不但为学生带来了全新的沉浸式学习体验，也更有效地帮助学生理解书本上晦涩难懂的知识点。

2. 虹科 Vuzix AR 眼镜

AR 眼镜被医生应用于手术之中。手术间的医生佩戴虹科 Vuzix AR 眼镜，将手术视野的第一视角分享给需要实时获取手术进程信息的科室。以病理科为例，当手术室在做肿瘤手术时，需要将切掉的肿瘤样本送到病理科检验是良性还是恶性，这个检验结果决定着手术的下一步走向。以前手术间护士需要跑到病理科拿化验结果，如今只需要病理科与主刀医生使用 AR 眼镜 + 远程会议软件平台实时进行语音和视频的交互，病理科可将切片染色结果通过软件第二路摄像头的设计传给主刀医生佩戴的 AR 眼镜查看。

AR 远程信息交互的使用，不仅提高了病理科与手术室协调对病人信息共享分析的准确性、实时性，而且减少了院内护士的人员流动、提高了信息共享的效率、降低了人员成本和时间成本，缩短了手术时间。

5.4 虚拟现实技术

虚拟现实技术（Virtual Reality，VR）是 20 世纪发展起来的一项全新的实用技术。它最早由美国 VPL Research 公司的创建人拉尼尔（Jaron Lanier) 于 1989 年提出，1990 年 11 月 27 日，钱学森将虚拟现实翻译为"灵境"，又称灵境技术或虚拟实境。虚拟现实技术包括计算机、电子信息、仿真技术，其基本实现方式是以计算机技术为主，利用并综合三维图形技术、多媒体技术、仿真技术、显示技术、伺服技术等多种高科技的最新发展成果，借助计算机等设备产生一个逼真的三维触觉、视觉、嗅觉等多种感官体验的虚拟世界，从而使处于虚拟世界中的人产生一种身临其境的感觉。随着社会生产力和科学技术的不断发展，各行各业对 VR 技术的需求日益旺盛。VR 技术也取得了巨大进步，并逐步成为一个新的科学技术领域。

5.4.1 虚拟现实技术的发展历程

虚拟现实技术的发展可以追溯到 1929 年，其发展历程可以分为四个阶段。

1. 第一阶段（1929—1962 年）：虚拟现实蕴涵思想阶段

1929 年，航空飞行模拟技术的先驱者爱德华·林克（Edward Link）设计出用于训练飞行员的模拟器；1956 年，摄影师莫顿·海利希（Morton Heilig）开发出多通道仿真体验系统 Sensorama。

2. 第二阶段（1963—1972 年）：虚拟现实萌芽阶段

1965 年，萨瑟兰发表论文《终极显器》（*Ultimate Display*）；1968 年，Ivan Sutherland 研制成功了带跟踪器的头盔式立体显示器（HMD）；1972 年，诺兰·布什内尔（Nolan Bushell）开发出第一个交互式电子游戏"Pong"。

3. 第三阶段（1973—1989 年）：虚拟现实概念的产生和理论初步形成阶段

1977 年，丹·桑丁（Dan Sandin）等人研制出数据手套 SayreGlove；1983 年，美国陆军和美国国防部高级项目研究计划局（DARPA）实施 SIMNET 计划，开创了分布交互仿真技术的研究和应用；1984 年，NASA AMES 研究中心开发出用于火星探测的虚拟环境视觉显示器；1984 年，VPL 公司的杰伦·拉尼尔（Jaron Lanier）首次提出"虚拟现实"的概念；1987 年，吉姆·汉弗莱斯（Jim Humphries）设计了双目全方位监视器（BOOM）的最早原型。

4. 第四阶段（1990 年—现在）：虚拟现实理论进一步完善和应用阶段

1990 年，拉尼尔提出 VR 技术包括三维图形生成技术、多传感器交互技术和高分辨率显示技术；VPL 公司开发出第一套传感手套"Data Gloves"，第一套 HMD（头盔显示器）"Eye Phones"。

1993 年 11 月，宇航员通过 VR 系统的训练，成功地完成了从航天飞机的运输舱内取出新的望远镜面板的工作，而用 VR 技术设计的波音 777 飞机是虚拟制造的典型应用实例。

2022 年，加拿大造船公司 Seaspan 将 3D 沉浸式虚拟现实系统（VR）引入船舶设计，使设计师可以利用 VR 实时浏览他们的设计。

21 世纪以来，VR 技术高速发展，软件开发系统不断完善，有代表性的如 MultiGen

Vega、Open Scene Graph、Virtools 等。

2022 年 12 月 2 日，虚拟现实 / 增强现实入选"智瞻 2023"论坛发布的十项焦点科技名单。

5.4.2　虚拟现实技术的原理框架

1. 虚拟现实技术的特征

虚拟现实技术具有沉浸性、交互性、多感知性、构想性和自主性五大特征。

（1）沉浸性　沉浸性是虚拟现实技术最主要的特征，就是让用户成为并感受到自己是计算机系统所创造环境中的一部分，虚拟现实技术的沉浸性取决于用户的感知系统，当使用者感知到虚拟世界的刺激时，包括触觉、味觉、嗅觉、运动感知等，便会产生思维共鸣，造成心理沉浸，感觉如同进入真实世界。

（2）交互性　交互性是指用户对模拟环境内物体的可操作程度和从环境得到反馈的自然程度，使用者进入虚拟空间，相应的技术让使用者跟环境产生相互作用，当使用者进行某种操作时，周围的环境也会做出某种反应。如使用者接触到虚拟空间中的物体，那么使用者手上应该能够感受到，若使用者对物体有所动作，物体的位置和状态也会改变。

（3）多感知性　多感知性表示计算机技术应该拥有多种感知方式，比如听觉、嗅觉和触觉等。理想的虚拟现实技术应该具有一切人所具有的感知功能。受限于技术，目前大多数虚拟现实技术所具有的感知功能仅限于视觉、听觉、触觉、运动等。

（4）构想性　构想性也称想象性，使用者在虚拟空间中可以与周围物体进行互动，可以拓宽其认知范围，创造客观世界不存在的场景或不可能发生的环境。构想可以理解为使用者进入虚拟空间，根据自己的感觉与认知能力吸收知识，发散拓宽思维，创立新的概念和环境。

（5）自主性　自主性是指在虚拟环境中物体依据物理定律和规则自主运动。如当受到力的推动时，物体会向力的方向移动或翻倒或从桌面落到地面等。

2. 虚拟现实的关键技术

虚拟现实的关键技术包括动态环境建模技术、实时三维图形生成技术、立体显示和传感器技术、应用系统开发工具和系统集成技术，如图 5-15 所示。

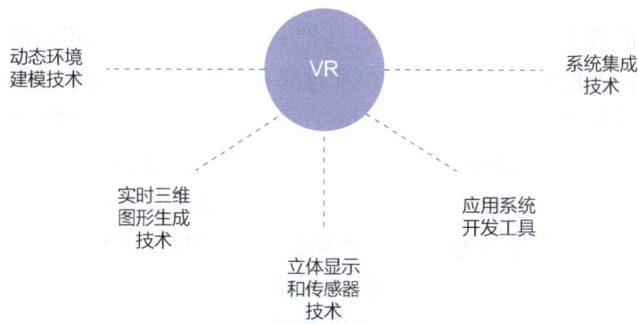

图 5-15　虚拟现实的关键技术

（1）动态环境建模技术　虚拟环境的建立是 VR 系统的核心内容，目的就是获取实际环境的三维数据信息，并根据其应用需要建立相应的虚拟环境模型。

（2）实时三维图形生成技术　三维图形的生成技术已经较为成熟，关键就是"实时"生成。为保证实时性，至少保证图形的刷新频率不低于15帧/秒，最好高于30帧/秒。

（3）立体显示和传感器技术　虚拟现实的交互能力依赖于立体显示和传感器技术的发展，现有的设备不能满足需要，力学和触觉传感装置的研究有待进一步深入，虚拟现实设备的跟踪精度和跟踪范围也有待提高。

（4）应用系统开发工具　虚拟现实应用的关键是寻找合适的场合和对象，选择适当的应用对象可以大幅度提高生产效率，减轻劳动强度，提高产品质量。想要达到这一目的，则需要研究虚拟现实的开发工具。

（5）系统集成技术　由于VR系统中包括大量的感知信息和模型，因此系统集成技术起着至关重要的作用。集成技术包括信息的同步技术、数据转换技术、模型的标定技术、识别与合成技术、数据管理模型等。

3. 虚拟现实技术的分类

根据虚拟现实技术对"沉浸性"程度的高低和交互程度的不同，可将其划分为4种典型类型，分别为沉浸式虚拟现实系统、桌面式虚拟现实系统、增强式虚拟现实系统和分布式虚拟现实系统。

（1）沉浸式虚拟现实系统　沉浸式虚拟现实系统（Immersive VR）是一种高级的、较理想的虚拟现实系统，它提供一个完全沉浸式体验，使用户有一种仿佛置身于真实世界之中的感觉。它通常采用洞穴式立体显示装置或头盔式显示器等设备，首先把用户的视觉、听觉和其他感觉封闭起来，并提供一个新的、虚拟的感觉空间，利用空间位置跟踪器、数据手套、三维鼠标等输入设备和视觉、听觉等设备，使用户产生一种身临其境的感觉。

（2）桌面式虚拟现实系统　桌面式虚拟现实系统（Desktop VR）也称窗口虚拟现实系统，是利用个人计算机或初级图形工作站等设备，以计算机屏幕作为用户观察虚拟世界的一个窗口，采用立体图形、自然交互等技术，产生三维立体空间的交互场景，通过包括键盘、鼠标和力矩球等各种输入设备操纵虚拟世界，实现与虚拟世界的交互。

（3）增强式虚拟现实系统　在沉浸式虚拟现实系统中强调人的沉浸感，即沉浸在虚拟世界中，人所处的虚拟世界与现实世界相隔离，看不到真实的世界，也听不到真实的世界。而增强式虚拟现实系统（Augmented VR）既可以允许用户看到真实世界，同时也可以看到叠加在真实世界上的虚拟对象，它是把真实环境和虚拟环境组合在一起的一种系统，既可减少构成复杂真实环境的开销（因为部分真实环境由虚拟环境取代），又可对实际物体进行操作（因为部分物体是真实环境），真正达到了亦真亦幻的境界。在增强式虚拟现实系统中，虚拟对象所提供的信息往往是用户无法凭借其自身感觉器官直接感知的深层信息，用户可以利用虚拟对象所提供的信息来加强现实世界中的认知。

（4）分布式虚拟现实系统　近年来，计算机、通信技术的同步发展和相互促进成为全世界信息技术与产业飞速发展的主要特征。特别是网络技术的迅速崛起，使得信息应用系统在深度和广度上发生了本质性的变化，分布式虚拟现实系统（Distributed VR）是一个较为典型的实例。分布式虚拟现实系统是虚拟现实技术和网络技术发展和结合的产物。它是一个在网络的虚拟世界中，位于不同物理位置的多个用户或多个虚拟世界通过网络相连接、共享信息的系统。

5.4.3　虚拟现实技术的应用案例

嘉莲 VR 教室为教育行业提供了高科技教辅产品，涵盖了 K12 教育、中高职教育、高等教育及特殊教育等多个细分领域。嘉莲 VR 教室的优势主要体现在其提供的沉浸式学习体验、降低实验风险、提升学习兴趣和加深学习印象等方面。

首先，嘉莲 VR 教室通过利用虚拟现实技术为学生营造沉浸式的学习环境。例如，通过 VR 技术，学生可以身临其境地体验"草船借箭"中的三国时期战场环境，或是直观感受"火烧云"的壮丽景象。这种沉浸式的体验方式有助于加深学生对课文内容的理解和记忆，同时激发想象力和创造力。

其次，嘉莲 VR 教室通过虚拟环境模拟现实实验，有效降低实验风险，保障学生的安全。例如，对于"焰色反应"和"粉尘爆炸实验"等化学实验，VR 技术可高度还原实验过程，营造专业严谨且安全的实验环境，规避了现实实验中可能存在的风险。

此外，嘉莲 VR 教室通过互动式学习方式提升学生的学习兴趣。例如，在"人体结构"课程中，学生可以通过抓取不同身体部位进行查看，这种直观、生动的学习方式有助于深入理解人体各系统的功能和运作原理，同时也提升了学生的学习兴趣和加深了学习印象。

5.5　知识图谱

知识图谱（Knowledge Graph），在图书情报界称为知识域可视化或知识领域映射地图。它是显示知识发展进程与结构关系的一系列不同的图形，用可视化技术描述知识资源及其载体，挖掘、分析、构建、绘制和显示知识及它们之间的相互联系。它把复杂的知识领域通过数据挖掘、信息处理、知识计量和图形绘制而显示出来，揭示知识领域的动态发展规律，为学科研究提供切实的、有价值的参考。

迄今为止，其实际应用在发达国家已经逐步拓展并取得了较好的效果，但它在我国仍处于研究的起步阶段。

5.5.1　知识图谱的发展历程

知识图谱的发展历程大致可以分为三个阶段：

1. 起源阶段（1955—1977 年）

在这一阶段，引文网络分析开始成为一种研究当代科学发展脉络的常用方法。这种方法通过分析科学文献之间的引证关系，揭示了科学发展的内在逻辑和趋势。

2. 发展阶段（1977—2012 年）

在这一阶段，语义网得到快速发展，"知识本体"的研究开始成为计算机科学的一个重要领域，知识图谱吸收了语义网、本体在知识组织和表达方面的理念，使得知识更易于在计算机之间和计算机与人之间交换、流通和加工。

3. 繁荣阶段（2012 年—现在）

2012 年，谷歌提出 Google Knowledge Graph，标志着知识图谱正式得名。谷歌通过知识图谱技术改善了搜索引擎性能，使得用户能够更快速、准确地获取所需信息。在人工智能的蓬勃发展下，知识图谱涉及的知识抽取、表示、融合、推理、问答等关键问题得到一定程度的解决和突破，知识图谱成为知识服务领域的一个新热点，受到国内外学者和工业界广泛关注。

知识图谱的发展历程如图5-16所示。

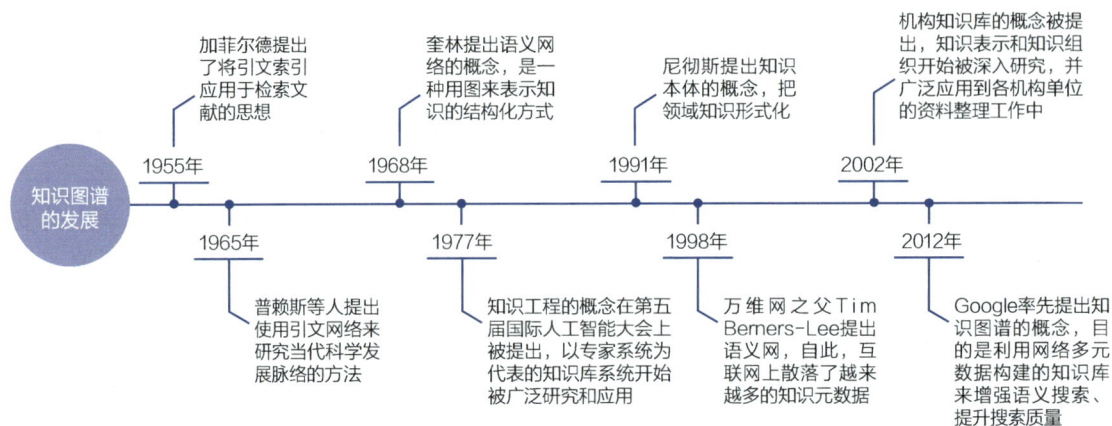

图5-16　知识图谱的发展历程

5.5.2　知识图谱的原理框架

1. 知识图谱的描述

知识图谱以结构化的形式描述客观世界中概念、实体及其关系，将互联网的信息表达成更接近人类认知世界的形式，提供了一种更好地组织、管理和理解互联网海量信息的能力。

1）概念：指具有相同属性的实体集合，比如国家、学校、动物等。

2）实体：指现实世界中客观存在并可相互区分的事物或对象，比如学生、教师、课程等。实体是知识图谱中最基本的元素，不同的实体间存在不同的关系。

3）关系：指实体之间的联系。比如学生、教师、课程之间就可以定义多种关系，学生—课程关系：学生选修课程；教师—课程关系：教师教授课程。

4）属性和属性值：实体的具体特性称为属性，而属性值是属性的具体值。比如，学生实体，具有姓名、学号、班级等属性，以某个学生为例，他的姓名是张三，学号是2024001，班级是1班，张三、2024001、1班就是属性值。

知识图谱中的最小单元是三元组，主要包括："实体—关系—实体"和"实体—属性—属性值"等形式。每个"属性—属性值"用来刻画实体的内在特性，而关系可用来连接两个实体，描述它们之间的关联。图5-17是一张描述我国各个省份人口和面积的知识图谱。其中，椭圆代表实体，无向直线代表关系，具体来看，"中国—省份—北京"组成一个"实体—关系—实体"的三元组样例；"北京—人口—2185.8万"组成一个"实体—属性—属性值"的三元组样例。

知识图谱给互联网语义搜索带来了活力，同时也在智能问答中显示出强大威力，已经成为互联网知识驱动的智能应用的基础设施。知识图谱与大数据和深度学习一起，成为推动互联网和人工智能发展的核心驱动力之一。

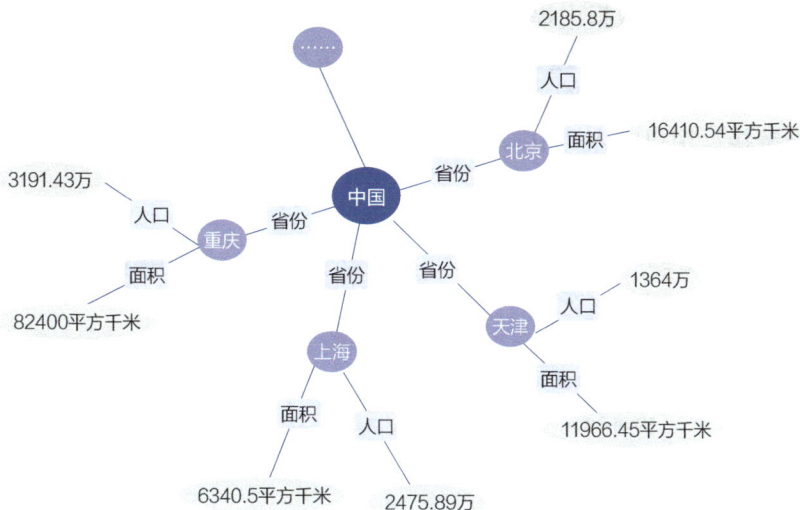

图 5-17　知识图谱示例

2. 构建知识图谱的关键技术

构建知识图谱的关键技术涉及多个方面，主要有以下几项关键技术：

1）知识抽取：构建知识图谱的第一步，它涉及从结构化、半结构化和非结构化数据源中提取知识。知识获取主要采用的方法包括实体抽取、关系抽取、属性抽取。

2）知识表示：对获取的知识进行图谱化。知识表示主要采用的方法包括三元组表示、属性图表示等。

3）知识存储：保存知识和关系，便于后续高效地查询图谱中的知识。知识存储主要采用的方法包括关系数据库、图数据库等。

4）知识融合：将来自不同来源的知识进行整合和融合，以解决知识冲突和重复问题。知识融合主要采用的方法包括实体识别与链接、重复实体合并、关系融合等。

5）知识推理：利用图谱中已经存在的关联关系或事实来推断未知的关系或事实。知识推理主要采用的方法包括基于符号逻辑的推理、基于表示学习的推理等。

5.5.3　知识图谱的应用案例

1. 百度知识图谱

百度知识图谱是一个宏大的数据模型，旨在构建庞大的"知识"网络，涵盖世间万物构成的"实体"以及它们之间的"关系"，并通过图文并茂的方式展现知识方方面面的"属性"，从而让人们更便捷地获取信息、找到所求。

百度知识图谱的发展经历了多个阶段，从最初的定制化模式生产结构化数据，到逐渐形成完善的知识图谱方法论和架构，再到深化建设通用知识图谱和行业知识图谱，最后实现多元图谱的异构互联和图谱的主动收录与自学习。百度知识图谱在技术和应用上不断迭代更新，为用户提供更加智能、高效的服务。

百度知识图谱的构建流程主要包括数据获取、信息（知识）抽取、知识融合、知识加工和存储等步骤。首先，通过各种渠道获取结构化、半结构化和非结构化的数据；然后，利用信息抽取技术从这些数据中提取出实体、属性以及实体间的相互关系；接着，通过知识融合技术将不同来源的数据进行合并和去重；最后，将加工后的知识存储到知识图谱中。例如搜索问答，百度知识图谱利用知识图谱技术可以直接给出用户想要的搜索结果，而不再是各类链接。用户输入"中国有多少人"时，搜索引擎会基于知识图谱中的信息直接给出答案，如图 5-18 所示。

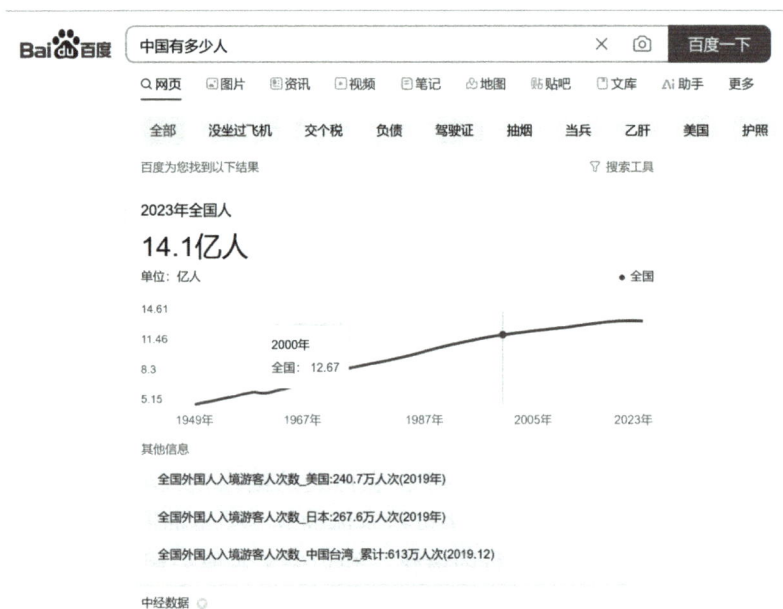

图 5-18　百度搜索结果

2. 美团大脑

2018 年 5 月，美团点评 NLP 中心开始构建大规模的餐饮娱乐知识图谱——美团大脑。美团点评作为在线本地生活服务平台，覆盖了餐饮娱乐领域的众多生活场景，连接了数亿用户和数千万商户，积累了宝贵的业务数据，蕴含着丰富的日常生活相关知识。美团大脑知识图谱目前已经覆盖了数十类概念、数十亿实体和数百亿三元组。美团大脑知识图谱还在不断扩展和完善中，其知识关联数量预计在未来会持续增长。

美团大脑充分挖掘关联各个场景数据，用 AI 技术让机器"阅读"用户评论和行为数据，理解用户在菜品、价格、服务、环境等方面的喜好，构建人、店、商品、场景之间的知识关联，从而形成一个"知识大脑"。相比于深度学习的"黑盒子"，知识图谱具有很强的可解释性，在美团跨场景的多个业务中应用性非常强，已经在搜索、金融等场景中初步验证了知识图谱的有效性。美团大脑知识构建借助通过深度学习技术挖掘数据背后的知识，赋能业务，实现智能化的本地生活服务，帮助每个人"Eat Better，Live Better"。

5.6 数据挖掘

"数据挖掘"这个术语常常被应用于各种大规模的数据处理活动中，如搜集、提取、仓储和分析数据。它还可以应用于帮助应用程序和技术的改进决策，如人工智能、机器学习和商业智能。那么，什么是数据挖掘？数据挖掘的过程是怎样的？它的具体算法又有哪些？

数据挖掘在 1936 年首次被提出，当时图灵提出了一种通用机器的概念，可以执行与现代计算机类似的计算。数据挖掘（Data Mining）是指从大量的数据中通过算法搜索隐藏于其中信息的过程。数据挖掘本质上像是机器学习和人工智能的基础，它的主要目的是从各种各样的数据来源中提取出需要的信息，然后将这些信息合并，并发掘内在关系。换句话说，数据挖掘是从大量的、不完全的、有噪声的、模糊的、随机的数据中提取隐含在其中的、人们事先不知道的、但又是潜在有用的信息和知识的过程。数据挖掘是一个用数据发现问题、解决问题的学科。通常通过对数据的探索、处理、分析或建模实现数据挖掘。

5.6.1　数据挖掘的发展历程

数据挖掘最早是在 20 世纪 80 年代提出的，是伴随发现知识（KDD）一起产生的。但是数据挖掘的前身可以追溯到数据搜集等更早的阶段。从数据库中发现知识（KDD）这一术语首先出现在 1989 年在美国底特律召开的第 11 届国际人工智能联合会议的专题讨论会上。1995 年在加拿大召开了第一届知识发现和数据挖掘国际学术会议。自 1997 年起，KDD 已经拥有了专门的杂志 *Knowledge Discovery and Data Mining*，国外在这方面发表了众多的研究成果和论文，并且开发了一大批数据挖掘软件，建立了大量的相关网站，对 KDD 和数据挖掘的研究已成为计算机领域的一个热门课题。现实的数据与信息爆炸对数据挖掘提出了要求，因此数据挖掘应运而生了。

1）20 世纪 60 年代：数据搜集阶段。在这个阶段，受到数据存储能力的限制，特别是当时还处在磁盘存储的阶段，因此主要解决的是数据搜集的问题，而且更多是针对静态数据的搜集与展现，所解决的商业问题也是基于历史结果的统计数据来进行分析和决策的。例如"过去三年，我们的销售额是多少？"站在今天来看，这些问题非常简单，但却是一个时代的缩影与另一个时代进步的阶梯。

2）20 世纪 80 年代：数据访问阶段。关系性数据库与结构性查询语言的出现，使得动态的数据查询与展现成为可能，人们可以用数据来解决一些更为聚焦的商业问题。例如"去年，东部地区三个月的销售额是多少？"在这个阶段，KDD 出现了，数据挖掘走进了历史舞台。

3）20 世纪 90 年代：数据仓库决策与支持阶段。OLAP 与数据仓库技术的突飞猛进使得多层次的数据回溯与动态处理成为现象，人们可以用数据来获取知识，对经营进行决策。例如"东部地区去年上半年每月的销售额是多少，对今天的发展有何启示？"

4）21 世纪至今：数据挖掘阶段。计算机硬件的大发展以及一些高级数据仓库、数据算法的出现，使得海量数据处理与分析成为可能，数据挖掘可帮助解决带有预测性的一些问题。例如"下个月的收入目标是多少？如何保障目标的实现？"

5.6.2　数据挖掘的原理框架

1. 数据挖掘的基本目标

数据挖掘的两大基本目标是预测和描述数据，如图 5-19 所示。其中预测的计算机建模及实现过程被称为监督学习（Supervised Learning）。监督学习指的是从标记的训练数据来推断一个功能的机器学习任务。描述的计算机建模及实现过程被称为无监督学习（Unsupervised Learning），即根据类别未知（没有被标记）的训练样本解决模式识别中的各种问题。

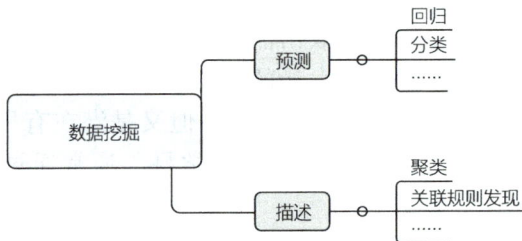

图5-19　数据挖掘的两大基本目标

监督学习主要包括：①分类，将样本划分到几个预定义类之一；②回归，将样本映射到一个真实值预测变量上。

无监督学习主要包括以下内容：①聚类，将样本划分为不同类（无预定义类）；②关联规则发现，发现数据集中不同特征的相关性。

2. 数据挖掘的特点

数据挖掘可以应用于任何类型的信息存储库及瞬态数据（如数据流），如数据库、数据仓库、数据集市、事务数据库、空间数据库（如地图等）、工程设计数据（如建筑设计等）、多媒体数据（文本、图像、视频、音频）、网络、数据流、时间序列数据库等。也正因如此，数据挖掘存在以下特点。

1）数据集大且不完整。数据挖掘所需要的数据集是很大的，只有数据集越大，得到的规律才能越贴近于正确的实际的规律，结果也才越准确。除此以外，数据往往都是不完整的。

2）不准确性。数据挖掘存在不准确性，主要是由噪声数据造成的。比如，在商业中用户可能会提供假数据；在工厂环境中，正常的数据往往会受到电磁或者是辐射干扰，而出现超出正常值的情况。这些不正常的绝对不可能出现的数据，就叫作噪声，它们会导致数据挖掘存在不准确性。

3）模糊的和随机的。数据挖掘是模糊的和随机的。这里的模糊可以和不准确性相关联。由于数据不准确导致只能在大体上对数据进行一个整体的观察，或者由于涉及隐私信息无法获知到具体的一些内容，这个时候如果想要做相关的分析操作，就只能在大体上做一些分析，无法精确进行判断。而数据的随机性有两个解释：一个是获取的数据随机。我们无法得知用户填写的到底是什么内容。另一个是分析结果随机。数据交给机器进行判断和学习，那么一切操作都属于灰箱操作。

3. 分类算法

机器学习算法的最普通类型是什么？我们可以将机器学习算法分成监督学习算法和无监督学习算法。监督学习算法就是我们教计算机如何做事情，而无监督学习算法则是在非监督学习中，我们让计算机自己学习。

1）分类方法是根据已知类别的训练集数据建立分类模型，并利用该分类模型预测未知类别数据对象所属的类别，分为模式识别和预测。

模式识别：通过计算机用数学技术方法来研究模式的自动处理和判读。模式识别的目标往往是识别，即分析出待测试的样本所属的模式类别。

预测：利用历史数据记录自动推导出对给定数据的推广描述，从而能对未来数据进行类预测。

分类方法可应用于行为分析、物品识别、图像检测、电子邮件的分类（垃圾邮件和非垃圾邮件等）、新闻稿件的分类、手写数字识别、个性化营销中的客户群分类、图像 / 视频的场景分类等。

2）分类的实现方法是创建一个分类器（分类函数或模型），该分类器能把待分类的数据映射到给定的类别中。创建分类的过程与机器学习的一般过程一致。分类器的构建图 1 和构建图 2 分别如图 5-20 和图 5-21 所示。

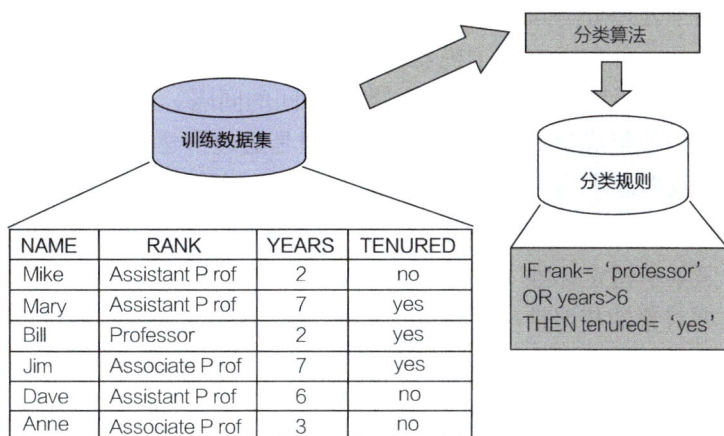

图 5-20　分类器的构建图 1

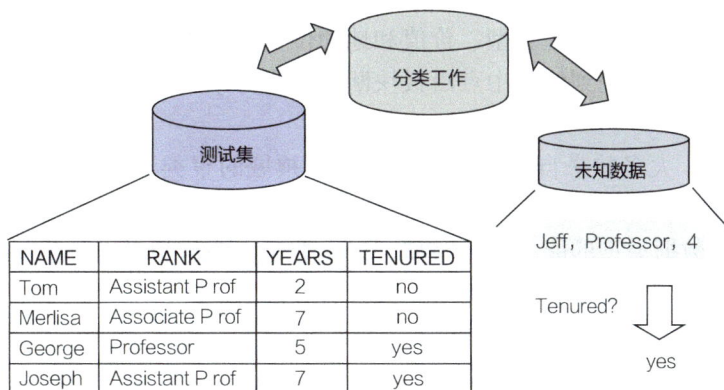

图 5-21　分类器的构建图 2

3）分类器的构建标准。使用下列标准比较分类和预测方法。

①预测的准确率：模型正确预测新数据的类编号的能力。

②速度：产生和使用模型的计算花销。

③健壮性：给定噪声数据或有空缺值的数据，模型正确预测的能力。

④可伸缩性：对大量数据有效地构建模型的能力。

⑤可解释性：学习模型提供的理解和洞察的层次。

4）常见的分类算法包括 K 近邻、决策树、朴素贝叶斯、逻辑回归、支持向量机、随机森林等。

① K 近邻是一种基本的机器学习算法。所谓 K 近邻，就是 K 个最近的邻居，是指每个样本都可以用它最接近的 K 个邻居来代表。

②决策树是一种树形结构的监督学习算法，用于分类和回归任务，通过递归分割数据集形成树形模型，用于预测新数据的输出。

③朴素贝叶斯是一种基于贝叶斯定理的机器学习算法，主要用于分类任务。它的核心思想是通过计算给定输入特征值的类别概率来进行分类预测。

④逻辑回归是一种广泛应用于分类问题的统计学习方法，尽管其名称中包含"回归"一词，但它主要用于处理分类问题，尤其是二分类问题。

⑤支持向量机是一种广泛应用于机器学习的监督学习算法，它的目标是找到一个最优的分割超平面，这个超平面能够最大化不同类别之间的间隔。

⑥随机森林是一种集成学习方法，其核心思想是通过构建多棵决策树并将它们的预测结果进行集成（如投票或平均），从而得到最终的预测结果。

4. 聚类算法

聚类就是按照某个特定标准（如距离准则）把一个数据集分割成不同的类或簇，使得同一个簇内的数据对象的相似性尽可能大，同时不在同一个簇中的数据对象的差异性也尽可能地大，即聚类后同一类的数据尽可能聚集到一起，不同类数据尽量分离。

（1）聚类算法的应用场景

1）市场营销：帮助市场分析人员从客户基本库中发现不同的客户群，从而可以对不同的客户群采用不同的营销策略。

2）保险业：发现汽车保险中索赔率较高的客户群。

3）城市规划：根据房子的类型、价值和地理位置对其进行分组。

4）地震研究：将观测到的震中点沿板块断裂带进行聚类，得出地震高危区。

（2）聚类算法的评判标准

1）可扩展性：大多数来自机器学习和统计学领域的聚类算法在处理数百万条数据时能表现出高效率。

2）处理不同数据类型的能力：数字型、二元类型、图像型等。

3）发现任意形状的能力：基于距离的聚类算法往往发现的是球形的聚类，其实现实的聚类是任意形状的。

4）处理噪声数据的能力：对空缺值、离群点、数据噪声不敏感。

5）对于输入数据的顺序不敏感：同一个数据集合，以不同的次序提交给同一个算法，应该产生相似的结果。

（3）划分聚类的方式

1）基于划分的方法：将数据集中的数据对象分配到 n 个簇中，并且通过设定目标函数来驱使算法趋向于目标，每个组至少包含一个对象，每个对象必须属于且只属于一个组。划分聚类具有概念简单、速度快的优点，但是也有很多缺点，比如它们需要预先定义簇的数目。

2）基于层次的方法：层次聚类是指对给定的数据集对象，通过层次聚类算法获得一个具有层次结构的数据集合子集结合的过程。层次聚类分为两种：自底向上的凝聚法以及自顶向下的分裂法。凝聚法指的是初始时将每个样本点当作一个簇，所以原始簇的数量等于样本点的个数，然后依据某种准则合并这些初始的簇，直到达到某种条件或者达到设定的簇的数目，某种准则可以是相似度。分裂法指的是初始时将所有的样本归为一个簇，然后依据某种准则进行逐渐的分裂，直到达到某种条件或者达到设定的簇的数目。

5.6.3　数据挖掘的应用案例

1. 农业农村大数据平台

为推动农业农村大数据共享，农业农村部大数据发展中心以农业农村用地"一张图"和乡村发展动态数据库为切入口，形成了"一个平台基座、一个关联通码、一个应用端口、一个云服务平台、一套数据标准"的协同推进体系，推动数据支撑政府部门科学决策，解决农业生产和农民生活需求，为政府、社会、市场提供了可感可及的农业农村数据服务。

打造"农业农村大数据公共平台基座"，帮助地方快速建立大数据能力，实现各级大数据平台互联互通；打造"全农码"，为涉农资源、主体、产品赋予数字身份，实现农村"地、人、物、财、事"全面关联；打造"农事直通"APP，为农业农村大数据提供统一服务窗口；打造"云服务平台"，提升云端计算和服务能力，实现平台功能的协作协同和数据的关联互通；成立农业农村部数据标准化技术委员会，构建统一的农业农村数据标准体系，为涉农数据共享交换提供指导和遵循。

2. 阿里云云原生一体化数仓

云原生一体化数仓是集阿里云大数据产品 MaxCompute、DataWorks、Hologres 三种产品能力于一体的一站式大数据处理平台。云原生一体化数仓可以解决企业在建设大数据平台中对时效性、准确性、性价比、非结构化数据支撑分析决策、异构大数据平台之上的全域数据分析需求。其核心是 3 个一体化（离线实时一体化、湖仓一体化、分析服务一体化）和全链路数据治理能力。目前阿里云云原生一体化数仓已经被应用于工业制造、电商、物流、金融、政务等多个行业中，全面助力各行各业数字化转型，驱动业务创新变革。

习 题 测 试

一、单选题

1. 程序机器人是（　　）机器人。
　　A. 第一代　　　　　　B. 第二代　　　　　　C. 第三代　　　　　　D. 第四代

2. 增强现实技术主要指的是通过哪种方式将虚拟信息叠加到现实世界中的场景上，为用户提供更加丰富的视觉和交互体验？（　　　）

　　A. 仅使用计算机图形技术来模拟现实环境

　　B. 依靠全息投影技术创造完全虚拟的三维空间

　　C. 利用特定设备（如智能手机、AR 眼镜）捕捉现实世界画面，并实时添加数字信息或 3D 对象

　　D. 通过虚拟现实头盔完全隔绝现实世界，创造全沉浸式的虚拟环境

3. 数据挖掘的两大基本目标是预测和（　　　）。

　　A. 搜索数据　　　　B. 描述数据　　　　C. 监测数据　　　　D. 查询数据

4. 将样本划分到几个预定义类之一的动作称为（　　　）。

　　A. 分类　　　　　　B. 聚类　　　　　　C. 回归　　　　　　D. 关联规则发现

5. 知识图谱主要是一种用于表示和存储哪些类型信息的结构化数据库？（　　　）

　　A. 文本数据中的词汇和语法规则

　　B. 网页链接之间的超链接关系

　　C. 实体之间的语义关系及属性

　　D. 数据库中表格的行列结构

二、多选题

1. 机器人的主要参数有以下哪几点？（　　　）

　　A. 速度　　　　　　B. 分辨率　　　　　C. 承载能力　　　　D. 驱动

2. 下列哪些是增强现实的技术特点？（　　　）

　　A. 三维注册　　　　B. 虚实结合　　　　C. 实时交互　　　　D. 以上都不是

3. 虚拟现实具有（　　　）和自主性等特征。

　　A. 沉浸性　　　　　B. 交互性　　　　　C. 多感知性　　　　D. 构想性

4. 知识图谱在哪些领域或应用中发挥着重要作用？（　　　）

　　A. 搜索引擎优化与智能化

　　B. 自然语言处理与理解

　　C. 社交媒体内容推荐

　　D. 生物医药领域的药物发现

三、简答题

1. 什么是机器人？机器人的分类依据是什么？

2. 在你的生活中还有哪些 VR 的应用？试举出实例。

3. 分类算法和聚类算法的主要区别有哪些？

4. 在生活中，我们的邮箱会自动对垃圾电子邮件进行分类，那么，它们是通过什么进行分类的呢？

5. 判断下列哪项活动是数据挖掘任务。

①根据性别划分公司的顾客。

②根据可赢利性划分公司的顾客。

③计算公司的总销售额。

④按学生的标识号对学生数据库排序。

四、思考题

某知名电商平台为了提升用户体验和增加用户黏性，决定引入知识图谱技术来优化其商品推荐系统。该平台拥有海量的商品数据、用户行为数据以及丰富的商品属性信息，但传统的推荐算法往往难以全面捕捉商品之间的复杂关联和用户的深层次需求。请思考以下问题：

1. 引入知识图谱技术对该电商平台商品推荐系统的具体好处有哪些？

2. 在构建知识图谱的过程中，如何确保数据的准确性和一致性？

3. 采用哪些推荐算法优化策略，可以进一步提升推荐的个性化程度？

人工智能应用基础

第6章
人工智能应用快速入门——Python 学习

教学目标

- 了解 Python 的特点。
- 掌握 Python 的基础语法。
- 掌握 Python 的数据类型。
- 理解面向对象的思想。
- 能够搭建 Python 开发环境。
- 能够根据功能需求编写选择结构、循环结构程序。
- 能够根据需求选用合适的序列类型。
- 能够设计函数及传递不同类型的参数。
- 能够使用面向对象的思想设计程序。

素质目标

- 提高学生提高认识问题、分析问题、解决问题的能力。
- 培养学生良好的心理素质和克服困难的能力。

概　述

Python 是一种面向对象的解释型计算机程序设计语言，它最初由荷兰人吉多·范罗苏姆（Guido van Rossum）发布，并于 1991 年首次发行。在使用 Python 进行开发之前，先了解一下 Python 的特点、版本和在人工智能领域的应用。

1. Python 的特点

Python 语言之所以能够迅速发展并受到程序员的青睐，与它具有的特点密不可分。Python 的特点可以归纳为以下几点。

1）简单易学。Python 语法简洁，非常接近自然语言，它仅需少量关键字便可识别循环、条件、分支、函数等程序结构。与其他编程语言相比，Python 可以使用更少的代码实现相同的功能。

2）免费开源。Python 是开源软件，这意味着可以免费获取 Python 源码，并能自由复制、阅读、改动；Python 在被使用的同时也被许多优秀人才改进，进而不断完善。

3）可移植性。Python 作为一种解释型语言，可以在任何安装有 Python 解释器的环境中执行，因此 Python 程序具有良好的可移植性，在某个平台编写的程序无须或仅需少量修改便可在其他平台运行。

4）面向对象。面向对象程序设计（Object Oriented Programming）的本质是建立模型以体现抽象思维过程和面向对象的方法，基于面向对象编程思想设计的程序质量高、效率高、易维护、易扩展。Python 正是一种支持面向对象的编程语言，因此使用 Python 可开发出高质、高效、易于维护和扩展的优秀程序。

5）丰富的库。Python 不仅内置了庞大的标准库，而且定义了丰富的第三方库帮助开发人员快速、高效地处理各种工作。例如，Python 提供了与系统操作相关的 os 库、正则表达式 re 模块、图形用户界面 tkinter 库等标准库。只要安装了 Python，开发人员就可自由地使用这些库提供的功能。除此之外，Python 支持许多高质量的第三方库，例如图像处理库 pll、游戏开发库 pygame、科学计算库 numpy 等，这些第三方库可通过 pip 工具安装后使用。

2. Python 的版本

Python 本身是由诸多其他语言发展而来的，这包括 ABC、Modula-3、C、C++、Algol-68、SmallTalk、Unix shell 和其他的脚本语言等。像 Perl 语言一样，

Python 源代码同样遵循 GPL（GNU General Public License）协议。

3. Python 在人工智能领域应用

Python 是人工智能领域的主流编程语言，人工智能领域神经网络方向流行的神经网络框架 TensorFlow 就采用了 Python 语言。

🔄 思维导图

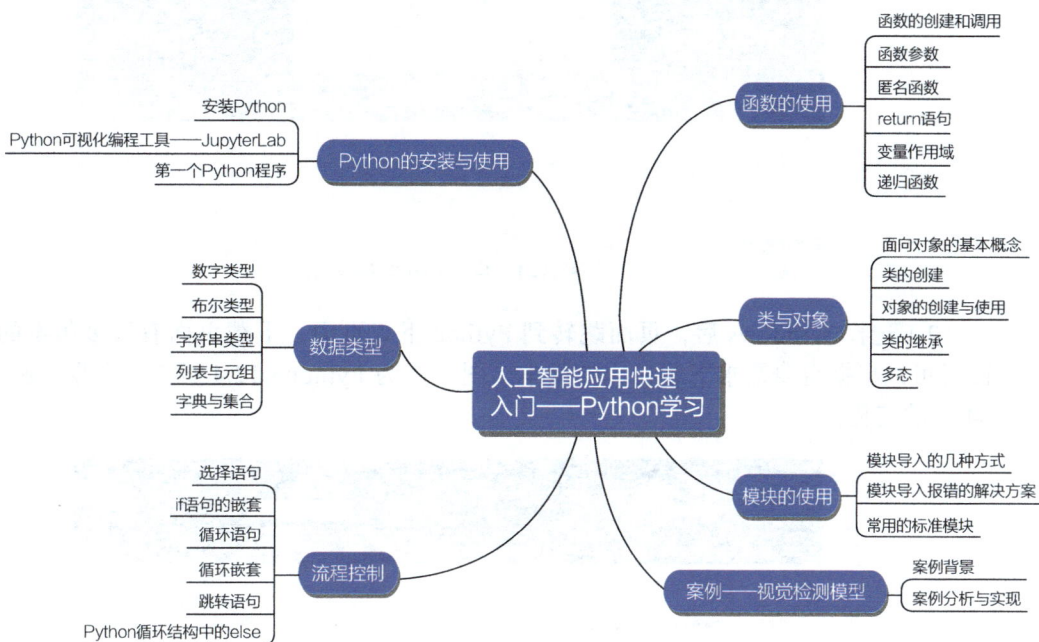

6.1 Python 的安装与使用

6.1.1 安装 Python

以 Windows 系统为例演示 Python 的下载与安装过程。具体操作步骤如下。

1）通过 Python 官方网站下载 Python 解释器。访问 http://www.python.org/，选择"Downloads"→"Windows"，如图 6-1 所示。

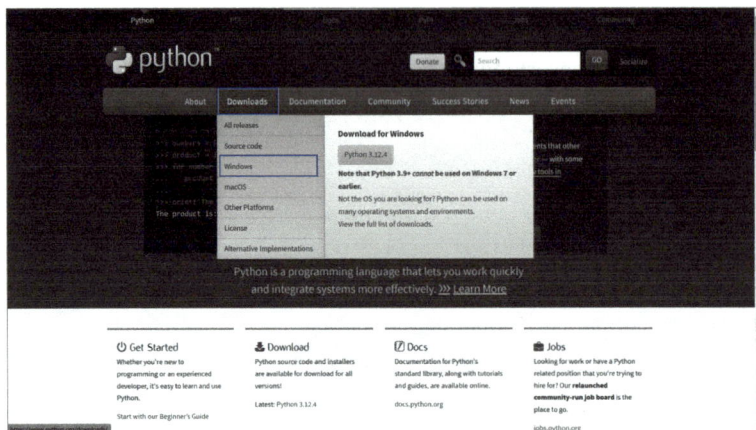

图 6-1　Python 官网首页

2）选择 Windows 后，页面跳转到 Python 下载页面，下载页面有很多版本的安装包，读者可以根据自身需求下载相应的版本。图 6-2 为 Python3.12.4 版本，根据电脑配置选择 64 位的安装包。

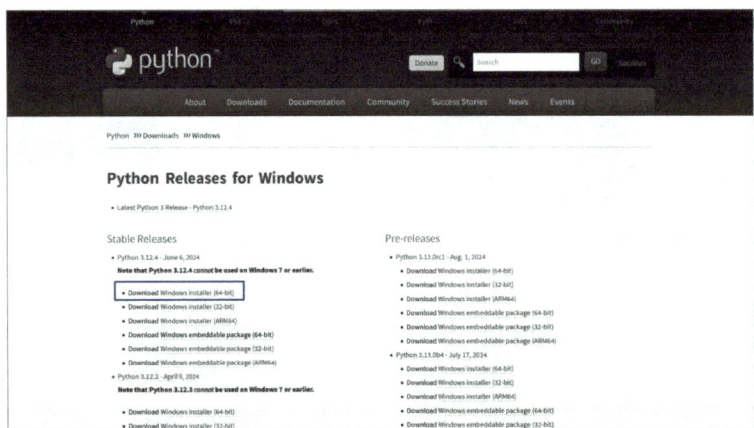

图 6-2　Python3.12.4 下载页面

3）下载成功后，双击安装程序开始安装。在安装界面中提供默认安装与自定义安装两种方式，具体如图 6-3 所示。这里采用自定义方式，可以根据用户需求有选择地进行安装。注意：勾选"Add python.exe to PATH"，可以省去后续手动添加 PATH 到环境变量的环节。

4）单击"Customize installation"（见图 6-3）进入设置可选功能界面，将所有可选项均选中后单击"Next"按钮，如图 6-4 所示。

图 6-3　选择安装方式

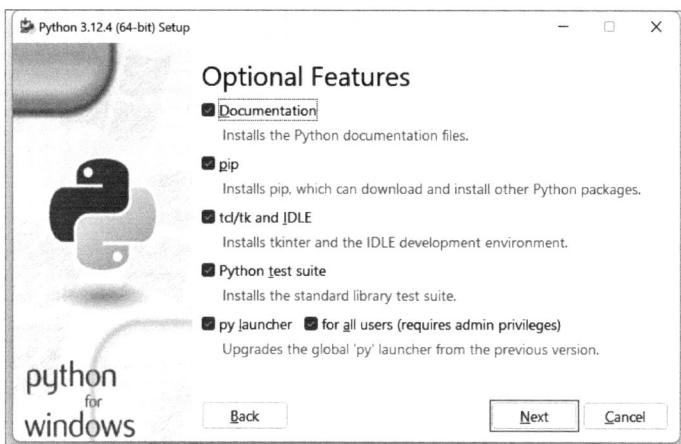

图 6-4　自定义安装可选项设置

5）在此步骤中默认安装目录比较烦琐，可以将默认安装目录修改为"D:\Python\Python312"，如图 6-5 所示。

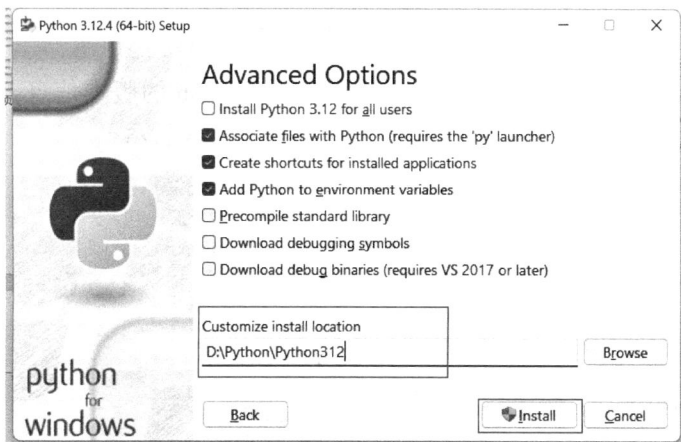

图 6-5　自定义安装目录

6）单击"Install"按钮（见图 6-5），进入安装界面，如图 6-6 所示。

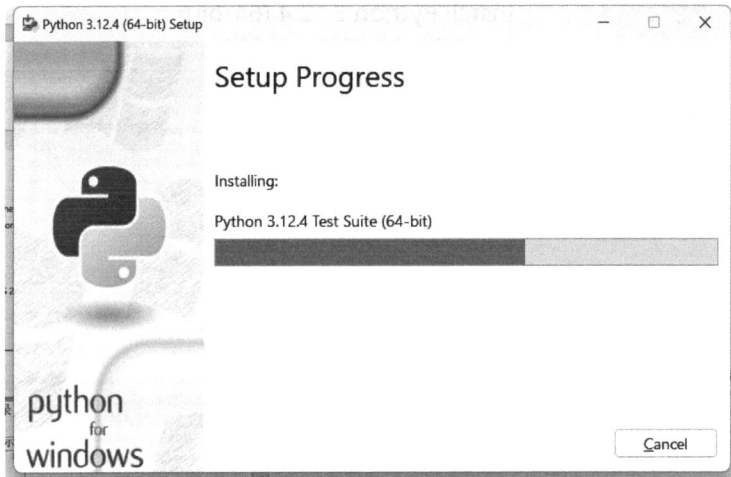

图 6-6　安装界面

7）Python 的安装进度非常快，安装成功后界面如图 6-7 所示。

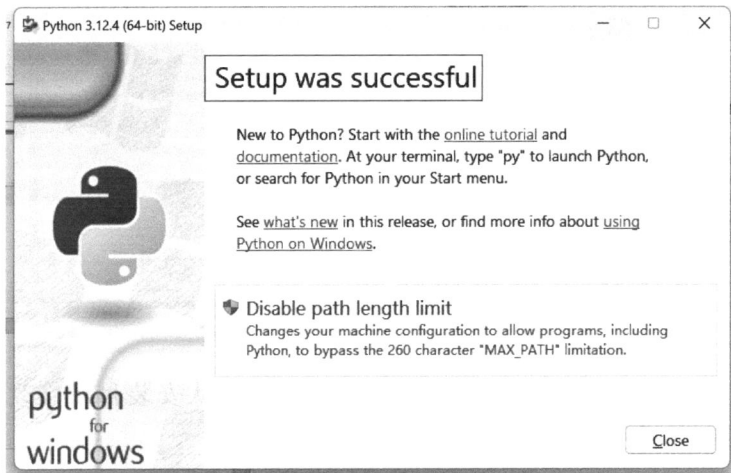

图 6-7　安装成功界面

至此，Python 安装成功，可以通过控制台查询 Python 的版本信息，在控制台中输入"python"，控制台会打印出 Python 的版本信息，如图 6-8 所示。

图 6-8　查询验证 Python 版本信息

6.1.2　Python 可视化编程工具——JupyterLab

1.JupyterLab 的主要功能与特点

JupyterLab 是一个开源的交互式开发环境，专为数据科学、编程和教育等多个领域设计。JupyterLab 是 Jupyter Notebook 的下一代产品，扩展了 Jupyter Notebook 的功能。JupyterLab 主要的功能与特点如下。

（1）多文档界面　支持多个文档和视图并排工作，包括 Jupyter Notebook、终端、文本编辑器、图形控制台和富媒体输出；允许用户同时打开和编辑多个文件，支持拖拽和分屏功能，提供灵活的工作区。

（2）文件浏览器　集成文件浏览器，支持文件的查看和操作，包括拖放和上下文菜单功能。

（3）插件系统　支持第三方扩展和插件，用户可以自定义和扩展功能，如数据可视化工具、版本控制等。

（4）内嵌终端　支持在 JupyterLab 中直接运行终端命令，实现终端命令和 Python 代码的混合开发。

（5）实时协作　支持多用户实时协作，类似 Google Docs 的多人编辑功能，尽管 JupyterLab 本身不是为多用户实时协作设计的，但其 notebook 可以很方便地共享和协作。

（6）交互式小部件　支持使用 ipywidgets 创建和使用交互式小部件，增强数据分析和科学研究的交互性。

（7）多语言支持　尽管最初是为 Python 设计的，但 JupyterLab 支持多种编程语言，包括 R、Julia、Scala 等。

（8）输出格式多样化　允许用户将 notebook 导出为多种格式，如 HTML、PDF、Markdown 等，方便分享和展示。

因此，JupyterLab 以其丰富的功能、灵活的界面和广泛的应用领域，成为许多 Python 开发者和数据科学家的首选工具。

2.JupyterLab 的安装与启动

Python 可以通过 pip 命令完成 JupyterLab 的安装，打开命令行界面，输入命令"pip install jupyterlab"并回车。该命令会从 Python 包索引（PyPI）下载并安装 JupyterLab 及其依赖项。安装成功后如图 6-9 所示。JupyterLab 安装后的默认工作目录在 C 盘。

安装 JupyterLab 后，接下来要做的是运行它。在命令行输入"jupyter-lab"或"jupyter lab"命令，默认浏览器会自动打开 JupyterLab。特别注意：在整个 JupyterLab 的使用过程中，图 6-10 所示的启动页面不能关闭。

JupyterLab 浏览器界面如图 6-11 所示。左侧是文件浏览器，显示从 JupyterLab 启动的位置可以使用的文件。右侧是启动器，可以新建 Notebook、Console、Teminal 或者 Text 文本等。在启动器中单击想要打开的文档类型，即可打开相应文档。

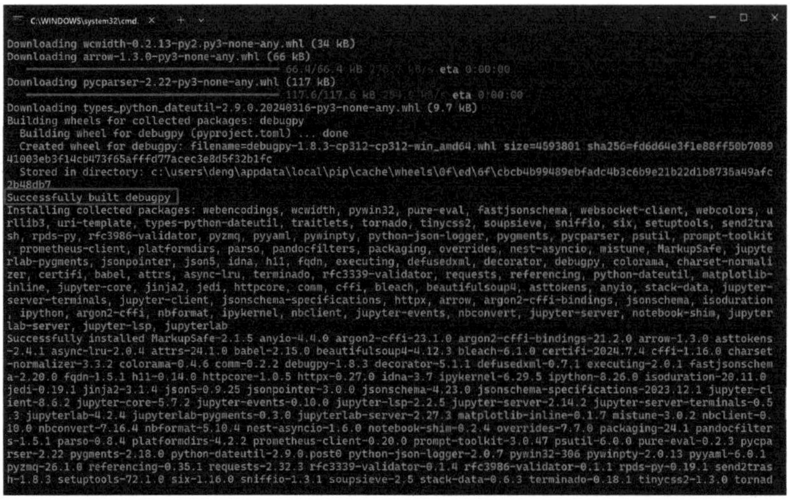

图 6-9　JupyterLab 安装成功

图 6-10　JupyterLab 启动页面

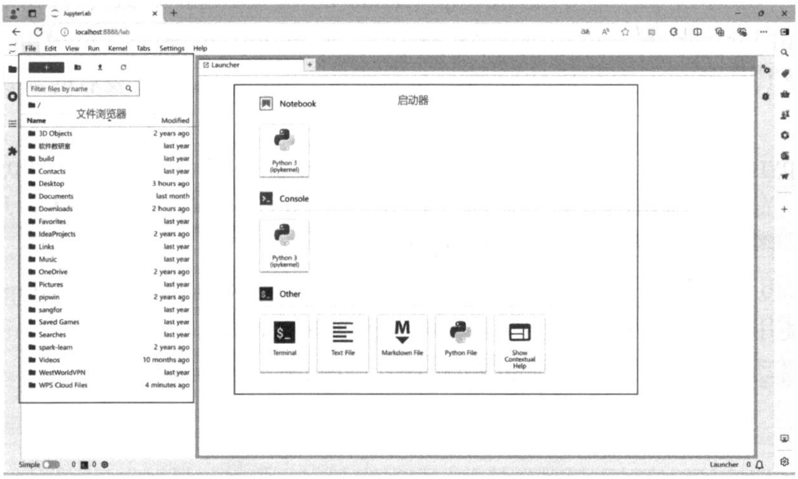

图 6-11　JupyterLab 浏览器界面

6.1.3　第一个 Python 程序

完成 JupyterLab 的安装后，在"Notebook"区域下，单击"Python 3（ipykernel)"（见图 6-11），新建一个 ipynb 文件。如图 6-12 所示，新建的文件以选项卡的方式呈现，页面中提供了工具栏和代码编辑框，文件默认名为"Untitled.ipynb"。

图 6-12　新建 ipynb 文件页面

在创建好的文件中，可以开始编写第一个 Python 程序。例如，编写一条 print 输出语句后，在工具栏中单击" ▶ "图标运行程序查看运行结果，如图 6-13 所示。

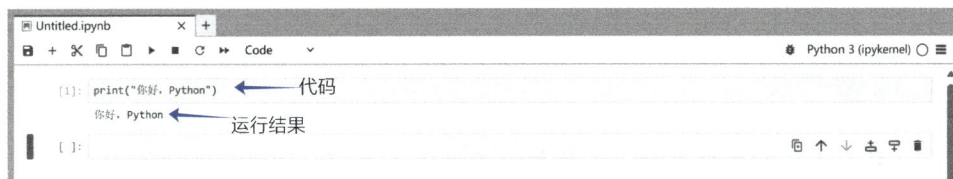

图 6-13　第一个 Python 程序

程序编写完成后，可以单击" 🖫 "图标进行代码保存。文件在首次保存时，会弹出重命名的弹窗，在弹窗中可以修改文件名，这里将本次文件命名为"HelloPython.ipynb"，单击"Rename"按钮即可完成重命名，如图 6-14 所示。

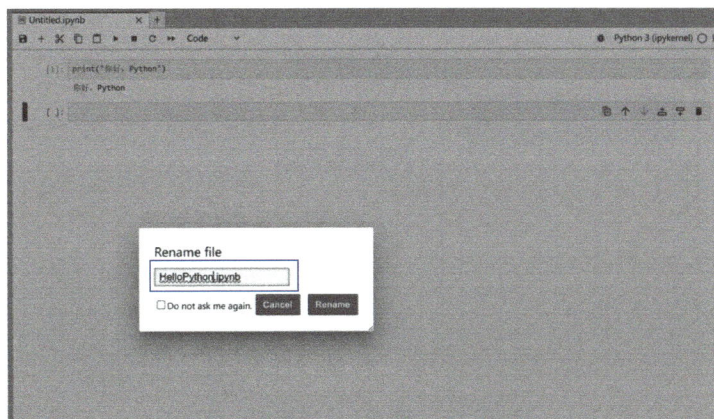

图 6-14　ipynb 文件重命名

注意：JupyterLab 中默认创建的是 ipynb 文件。Python 其他的编译器，比如 IDLE、pycharm、Spyder 中默认的是 py 格式文件。JupyterLab 中提供了菜单选项用于将 ipynb 文件导出为 py 文件，在文件浏览器中单击"File"菜单，找到"Save and Export Notebook As..."选项，并选择"Executable Script"作为导出格式。例如，将上述创建的"HelloPython.ipynb"导出为"HelloPython.py"，如图 6-15 所示。

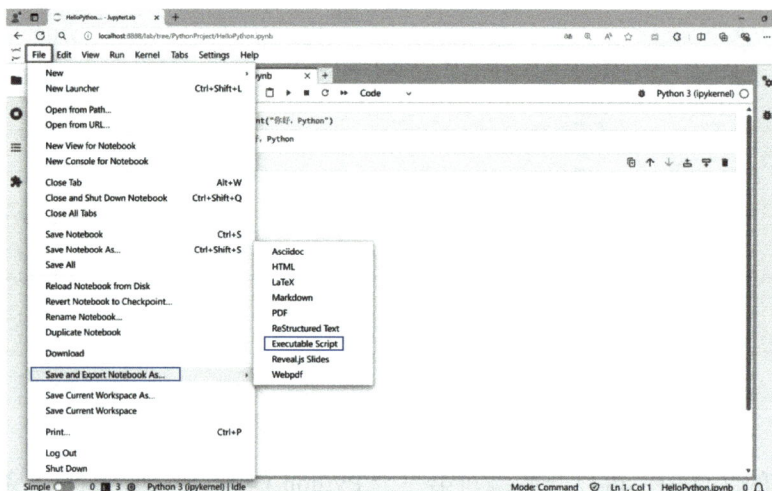

图 6-15　导出为 py 文件

6.2 数据类型

Python 具有丰富的数据类型，这些数据类型用于存储不同类型的数据，以满足不同的编程需求。Python 的数据类型如图 6-16 所示。

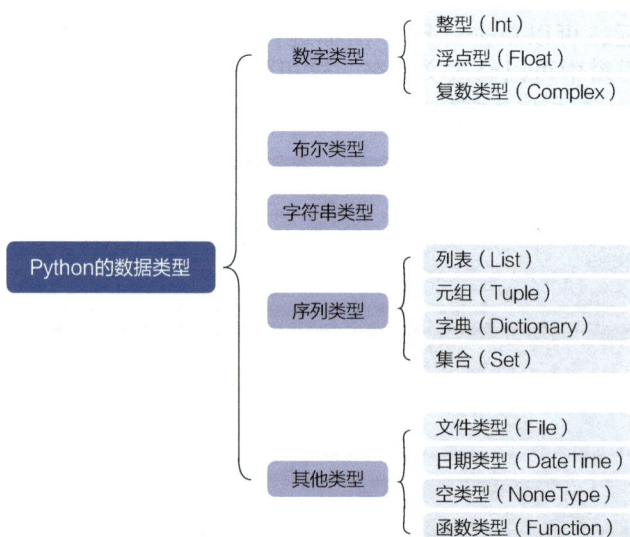

图 6-16　Python 的数据类型

6.2.1　数字类型

Python 中常见的数字类型表示方法有整型（Int）、浮点型（Float）和复数类型（Complex）三种，其中，整型对应整数、浮点型对应小数、复数类型对应复数。下面针对这三种数字类型分别进行讲解。

1. 整型

整数类型（Int）简称整型，它用于表示整数。整数即没有小数部分的数字，Python 中的整数包括正整数、0 和负整数。与很多强类型的编程语言会提供多种整数类型不同，Python 的整数不分类型，其取值范围是无限的，不管多大或者多小的数字，Python 都能轻松处理。当数值超过计算机自身的计算能力时，Python 会自动转用高精度计算。

在 Python 中，可对整数执行加（+）减（-）乘（*）除（/）运算。具体如下所示：

```
>>>25+35
60
>>>32-20
12
>>>25*4
100
>>>36/9
4
```

在 Python 中使用两个乘号表示乘方运算：

```
>>>2**3
8
>>>10**5
100000
```

Python 还支持运算次序，因此可在同一个表达式中使用多种运算。还可以使用括号来修改运算次序，让 Python 按指定的次序执行运算，如下所示：

```
>>>2+5*2
12
>>>(21+39)*4
240
```

在以上示例中，空格不影响 Python 计算表达式的方式，它们的存在旨在阅读代码时，能迅速确定先执行哪些运算。

在 Python 中，可以使用多种进制来表示整数。

（1）十进制形式　平时常见的整数就是十进制形式，它由 0~9 共十个数字排列组合而成。

（2）二进制形式　由 0 和 1 两个数字组成，书写时以 0b 或 0B 开头。例如，0B101 对应十进制数是 5。

（3）八进制形式　八进制整数由 0~7 共八个数字组成，以 0o 或 0O 开头。注意：第一个符号是数字 0，第二个符号是大写或小写的字母 O。例如，0O12 对应十进制数是 10。

（4）十六进制形式　由 0~9 十个数字以及 A~F（或 a~f）六个字母组成，书写时以 0x

或 0X 开头。例如，0X10 对应十进制数是 16。

2. 浮点型

浮点型（Float）用于表示浮点数。Python 将带小数点的数字称为浮点数，大多数编程语言都使用了这个术语。Python 中的小数有两种书写形式。

（1）十进制形式　这种是我们平时看到的小数形式，例如 45.6、345.0、0.345。书写小数时必须包含一个小数点，否则会被 Python 当作整数处理。

（2）指数形式　Python 小数的指数形式的写法为 aEn 或 aen。a 为尾数部分，是一个十进制数；n 为指数部分，是一个十进制整数；E 或 e 是固定的字符，用于分割尾数部分和指数部分，整个表达式等价于 $a \times 10n$。例如：$2.1E5=2.1 \times 10^5$，其中 2.1 是尾数，5 是指数；$3.7E-2=3.7 \times 10^{-2}$，其中 3.7 是尾数，-2 是指数。

浮点数在 Python 中执行的常见运算如下所示：

```
>>>0.5+0.4
0.9
>>>0.3-0.2
0.1
>>>2*0.3
0.6
>>>2/0.5
4.0
```

3. 复数类型

复数类型（Complex）用于表示数学中的复数，例如，3+2j、3.1+4.9j。复数是 Python 的内置类型，直接书写即可，换句话说，Python 语言本身就支持复数，而不依赖于标准库或者第三方库。

Python 中的复数具有以下 4 个特点：

1）复数由实数部分和虚数部分构成，表示形式为 real+imagj 或 real+imagJ。

2）复数的实数部分 real 和虚数部分的 imag 都是浮点型。

3）虚数部分必须有后缀 j 或 J。

4）一个复数必须有表示虚数部分的实数和 j。

在 Python 中创建复数的方式有两种，一种是按复数的一般形式创建；另一种是通过内置函数 complex() 创建。具体如下：

```
num_one=6+5j          # 按照复数的一般形式创建
num_two=complex(6, 5)  # 使用内置函数 complex() 创建
```

6.2.2　布尔类型

布尔类型用于表示逻辑上的"真"或者"假"。Python 中布尔类型只有两个取值：True 和 False。实际上布尔类型堪称是一种特殊的整型，其中 True 对应的整数为 1，False 对应的整数为 0。每一个 Python 对象都天生具有布尔值（True 或 False），进而可用于布尔测试（如用在 if、while 中）。以下对象的布尔值都是 False：

1）None。

2）False（布尔型）。

3）0（整型 0）。

4）0L（长整型 0）。

5）0.0（浮点型 0）。

6）0.0+0.0j（复数 0）。

7）""（空字符串）。

8）[]（空列表）。

9）()（空元组）。

10）{}（空字典）。

用户自定义的类实例中如果定义了方法 nonzero () 或 len ()，那么这些方法会返回 0 或 False。除了上述对象之外的所有其他对象的布尔值都为 True。

6.2.3　字符串类型

1. 字符串定义

字符串是一种用来表示文本的数据类型，字符串中的字符可以是 ASCII 字符、各种符号以及各种 Unicode 字符。Python 中的字符串是不可变的，一旦创建不能修改。

Python 中支持使用单引号、双引号和三引号定义字符串，其中单引号和双引号通常用于定义单行字符串，三引号多用于定义多行字符串。

- 定义单行字符串

```
single_symbol = ' Hello Ai! '          #使用单引号定义字符串
double_symbol = "Hello Ai!"            #使用双引号定义字符串
```

- 定义多行字符串

```
three_symbol = ''' Hello World!
Hello Python!
Hello AI! '''                          #使用三引号定义字符串
```

以上使用三引号定义的字符串，其输出结果如下：

```
Hello World!
Hello Python!
Hello AI!
```

使用三引号（三对单引号或者三对双引号）定义多行字符串时，字符串中可以包含换行符、制表符或者其他特殊的字符。通常情况下，三引号表示的字符串出现在函数声明的下一行，用来注释函数。

定义字符串时单引号与双引号可以嵌套使用，需要注意的是，使用双引号表示的字符串中允许嵌套单引号，但不允许包含双引号。例如：

```
mixture = "You can't judge a tree by its bark"          #单引号双引号混合使用
```

此外，如果单引号或者双引号中的内容包含换行符，那么字符串会被自动换行。

例如：

```
double_symbol = "Hello \nAI！"
```

程序输出结果：

```
Hello
AI！
```

2. 字符串输出

Python 的字符串可通过占位符 %、format () 方法和 f-strings 三种方式实现输出，下面分别介绍这三种方式。

（1）占位符 % 利用占位符 % 对字符串进行格式化时，Python 会使用一个带有格式符的字符串作为模板，这个格式符用于为真实值预留位置，并说明真实值应该呈现的格式。例如：

```
>>>name = '王涛'
>>> '你好，我叫 %s ' % name
'你好，我叫王涛'
```

一个字符串中可以同时含有多个占位符。例如：

```
>>>name = '李彤'
>>>age = 14
>>> '你好，我叫% s，今年我% d 岁了。' %（name, age）
'你好，我叫李彤，今年我 14 岁了。'
```

上述代码首先定义了变量 name 与 age，然后使用两个占位符 % 进行格式化输出，因为需要对两个变量进行格式化输出，所以可以使用 "()" 将这两个变量存储起来。

不同的占位符为不同的变量预留位置，常见的占位符见表 6-1。

表 6-1 常见占位符

符号	说明	符号	说明
%s	字符串	%X	十六进制整数（A~F 为大写）
%d	十进制整数	%e	指数（底写为 e）
%0	八进制整数	%f	浮点数
%x	十六进制整数（a~f 为小写）		

（2）format() 方法 format() 方法同样可以对字符串进行格式化输出，与占位符 % 不同的是，使用 format() 方法不需要关注变量的类型。

format() 方法的基本使用格式如下：

＜字符串＞.format（＜参数列表＞）

在 format() 方法中使用 "{}" 为变量预留位置。例如：

```
>>>name = '张颖'
>>>age = 15
>>> '你好，我的名字是:{ }，今年我{ }岁了。' . format（name, age）
'你好，我的名字是:张颖，今年我 15 岁了。'
```

（3）f-strings　f-strings 是从 Python 3.6 版本开始加入 Python 标准库的内容，它提供了一种更为简洁的格式化字符串方法。

f-strings 在格式上以 f 或 F 引领字符串，字符串中使用 {} 标明被格式化的变量。f-strings 本质上不再是字符串常量，而是在运行时运算求值的表达式，所以在效率上优于占位符 % 和 format() 方法。

使用 f-strings 不需要关注变量的类型，但是仍然需要关注变量传入的位置。例如：

```
>>>address= '北京'
>>>f ' {address} 欢迎您'
'北京欢迎您'
```

使用 f-strings 还可以进行多个变量格式化输出。例如：

```
>>>name= '李哲'
>>>major= '人工智能'
>>>gender= '男'
>>> f ' 我是 {name}，性别 {gender}，专业是 {major}。'
' 我是李哲，性别男，专业是人工智能。'
```

3. 字符串的常见操作

在 Python 开发过程中，经常需要对字符串进行一些特殊处理，比如拼接字符串、截取字符串、格式化字符串等，这些操作无须开发者自己设计实现，只需调用相应的字符串方法即可。掌握字符串的常用操作有助于提高代码编写效率。下面针对字符串的常见操作进行介绍。

（1）字符串拼接　字符串的拼接可以直接使用"+"符号实现。例如：

```
>>>str_1= '经历过风雨，'
>>>str_2= '才懂得阳光的温暖'
>>>str_1+ str_2
'经历过风雨，才懂得阳光的温暖'
```

（2）字符串替换　字符串的 replace() 方法可使用新的字符串（new）替换目标字符串中原有的旧字符串（old），如果指定第三个参数 count，则替换不超过 count 次。该方法的语法格式如下：

```
str.replace(old, new, count = None)
```

上述语法中，参数 old 表示原有的旧字符串；参数 new 表示新的字符串；参数 count 用于设置替换次数。以下展示 replace() 函数的使用方法：

```
>>>txt= ' I like bananas '
>>>txt. replace (' bananas ', ' apples ')
' I like apples '
```

（3）字符串分割　字符串的 split() 方法可以使用分隔符把字符串分割成序列，该方法的语法格式如下：

```
str.split(sep = None, maxsplit = -1)
```

在上述语法中，sep 表示分隔符，默认为空字符，包括空格、换行（\n）、制表符（\t）等。maxsplit 表示分割次数，默认为 -1，即分隔所有，如果 maxsplit 有指定值，则 split()

方法将字符串 str 分割为 maxsplit 个子串，并返回一个分割以后的字符串列表。以下展示用 split() 函数实现字符串分割：

```
>>>txt= "an apple a day"
>>>txt.split("")
['an','apple','a','day']
>>>txt.split("",2)
['an','apple','a day']
>>>txt = 'an.apple.a.day'
>>>txt.split('.',2)[1]
apple
```

（4）去除字符串两侧空格　字符串对象的 strip() 方法一般用于移除字符串头尾指定的字符（默认为空格或换行符）或字符序列，该方法的语法格式如下：

```
str.strip(rm= None)
```

strip() 的参数 rm 用于设置要去除的字符，默认删除空白符（包括 '\n'，'\r'，'\t'，''）。例如：

```
>>>txt= "Ai"
>>>txt.strip()
Ai
>>> txt = '\t\tPython'
Python
>>> txt = 'Good\t\n'
Good
```

如果只需删除开头处的空白字符，则可使用 lstrip 方法：

```
s.lstrip(rm)      #删除 s 字符串中开头处，位于 rm 删除序列的字符
```

如果只需删除结尾处的空白字符，则可使用 rstrip 方法：

```
s.rstrip(rm)      #删除 s 字符串中结尾处，位于 rm 删除序列的字符
```

6.2.4　列表与元组

数据结构是以某种方式（如通过编号）组合起来的数据元素（如数、字符乃至其他数据结构）集合。在 Python 中，最基本的数据结构为序列（Sequence）。序列中的每个值都有对应的位置值，称之为索引，索引从 0 开始，第二个索引是 1，以此类推。在有些编程语言中，从 1 开始给序列中的元素编号，但从 0 开始指出相对于序列开头的偏移量。这显得更自然，同时可回绕到序列末尾，用负索引表示序列末尾元素的位置。

Python 已经内置确定序列的长度以及确定最大和最小的元素的方法，其中最常见的是列表和元组。列表和元组的主要不同在于，列表是可以修改的，而元组不可以。这意味着列表适用于需要动态添加元素的应用场景，而元组适用于出于某种考虑需要禁止修改序列的应用场景。

1.认识列表

（1）列表的创建方式　Python 创建列表的方式非常简单，既可以使用中括号 "[]" 创建，也可以使用内置的 list() 函数快速创建。列表的数据项不需要具有相同的类型。

1）使用中括号 "[]" 创建列表时，只需要在中括号 "[]" 中使用逗号分隔每个元素即可。例如：

```
list_1 = [ ]                              # 空列表
list_2= [ ' h ', ' e ', ' l ', ' l ', ' o ', ' a ', ' i ']
list_3= [ ' red ', ' green ', ' blue ', 8080, 3371]
```

上面代码中定义的列表都是合法的。list_1 表示一个空列表。list_2 列表中的元素类型是同一种，均为字符串类型。list_3 列表中的元素包含字符串类型和整型两种不同的数据类型。

2）使用 list() 函数创建列表，需要注意的是该函数接收的参数必须是一个可迭代类型的数据。例如：

```
list_1= list ( ' hello, ai ' )              #字符串类型是可迭代类型
list_2= list ( [ ' hello ', ' python ' ] )   # 列表类型是可迭代类型
```

但是如果定义为：

```
list_3 = list ( 100 )
print ( list_3 )
```

程序运行结果：

```
Traceback ( most recent call last ) :
    File "C:/Users/poiuy/quoteturorial/test.py", line 1, in <module>
        list_1= list ( 100 )
TypeError: ' int ' object is not iterable
```

这是因为 int 类型数据不是可迭代类型，所以列表创建失败。

注意：列表是可以嵌套的，如下面的列表定义是合法的。

```
list_4 = [[ ' apple ', 8.8], [ ' banana ', 5.8]]
```

（2）访问列表元素　列表中的元素可以通过索引或切片的方式访问，下面分别使用这两种方式访问列表元素。

1）使用索引可以获取列表中的指定元素。例如：

```
list__01 = ["Java", "python", "php", "c#"]
print ( list_01[1] )        # 访问列表中索引为 1 的元素，即 python
print ( list_01[-1] )       # 访问列表中索引为 -1 的元素，即 c#
```

2）使用切片可以截取列表中的部分元素，得到一个新列表。例如：

```
list_1= [ ' p ', ' y ', ' t ', ' h ', ' o ', ' n ']
print ( list_1[2:5:1] )    # 获取列表中索引为 1 至索引为 5 且步长为 1 的元素
print ( list_1[3:] )       # 获取列表中索引为 3 至末尾的元素
print ( list_1[:4] )       # 获取列表中索引为 0 至索引值为 4 的元素
print ( list_1[:] )        # 获取列表中的所有元素
```

程序运行结果：

```
[ ' t ', ' h ', ' o ']
[ ' h ', ' o ', ' n ']
[ ' p ', ' y ', ' t ', ' h ']
[ ' p ', ' y ', ' t ', ' h ', ' o ', ' n ']
```

（3）实例　提取 http://127.0.0.1:8080 中的 ip 地址和端口号。

```
url = "http://127.0.0.1:8080"
ip = url[7:16]
print(ip)
port = url[-4:]
print(port)
```

程序运行结果：

```
127.0.0.1
8080
```

（4）列表相加　通过加法运算符可拼接列表：

```
list_1 = [1, 2, 3] + [4, 5, 6]
print(list_1)
list_2 = "hello" + ", " + "ai"
print(list_2)
```

程序运行结果：

```
[1, 2, 3, 4, 5, 6]
hello, ai
```

注意：print（[1, 2, 3] + ' ai '）运行会报错。

```
TypeError: can only concatenate list(not "str") to list
```

从错误消息可知，不能拼接列表和字符串，虽然它们都是序列。一般而言，不能拼接不同类型的序列。

（5）列表乘法　将列表与数 x 相乘时，将重复这个列表 x 次来创建一个新列表：

```
list_1 = [1, 2, 3]*3
print(list_1)
```

程序运行结果：

```
[1, 2, 3, 1, 2, 3, 1, 2, 3]
```

（6）内置函数 len、min 和 max　内置函数 len、min 和 max 对所有的序列都有效。函数 len 返回序列包含的元素个数，而 min 和 max 分别返回序列中最小和最大的元素。用法如下：

```
list_1 = [1, 7, 4, 6, 8]
list_2 = ['hello', 'world', 'hello', 'ai']
print(len(list_1))
print(max(list_1))
print(min(list_1))
print(len(list_2))
print(max(list_2))
print(min(list_2))
```

程序运行结果：

5

```
8
1
4
world
ai
```

从运行结果分析，如果列表中的元素类型是数值型，则最大值和最小值是根据数值大小确定；如果列表中的元素类型是字符型，则最大值和最小值是根据字符串的长度确定。

2. 列表的遍历和排序

（1）列表的遍历　　列表是一个可迭代对象，它可以通过 for 循环遍历元素。假设列表 1 中存储的是学生的名字，可以迭代输出列表 1 中所有学生的姓名：

```
list_1 = ['王涛', '张婷', '刘晨', '赵言']
for i in list_1:
    print(f'同学的姓名是{i}')
```

程序运行结果：

同学的姓名是王涛
同学的姓名是张婷
同学的姓名是刘晨
同学的姓名是赵言

假设列表 2 中存储的是学生的成绩，可以通过 for 循环遍历两个列表，依次向学生推送成绩，代码如下：

```
list_1 = ['王涛', '张婷', '刘晨', '赵言']
list_2 = [92, 91, 98, 88]
for x, y in zip(list_1, list_2):
    print(f'{x}的成绩是{y}')
```

程序运行结果：

王涛的成绩是 92
张婷的成绩是 91
刘晨的成绩是 98
赵言的成绩是 88

（2）列表的排序

1）sort() 方法能够对列表元素排序，会直接修改原来的列表，使其元素按顺序排列，而不是返回排序后的列表的副本。语法格式如下：

```
sort(key=None, reverse=False)
```

上述格式中，参数 key 可以指定排序规则，该参数为列表支持的函数；参数 reverse 表示控制列表元素排序的方式，该参数可以取值 True 或者 False。如果 reverse 的值为 True，表示降序排列；如果 reverse 的值为 False，表示升序排列，reverse 的默认值为 False。

使用 sort() 方法对列表排序后，排序后的列表会覆盖原来的列表。例如：

```
list_1= [1, 2, 4, 3]
list_2 = [2, 3, 5, 4]
list_3 = ['c', 'python', 'java']
```

```
list_1.sort()                    # 升序排列列表中的元素
list_2.sort(reverse=True)        # 降序排列列表中的元素
list_3.sort(key=len)
print(list_1)
print(list_2)
print(list_3)
```

程序运行结果：

```
[1, 2, 3, 4]
[5, 4, 3, 2]
['c', 'java', 'python']
```

说明：len() 函数可计算字符串的长度，所以 list_3 是按照列表中每个字符串元素的长度排序。

2）sorted() 方法用于将列表元素升序排列，该方法的返回值是升序排列后的新列表。例如：

```
list_1= [4, 3, 2, 1]
list_2= sorted(list_1)
print(list_1)
print(list_2)
```

程序运行结果：

```
[4, 3, 2, 1]
[1, 2, 3, 4]
```

3）reverse() 方法用于将列表中的元素倒序排列，即把原列表中的元素从右至左依次排列存放。例如：

```
list_1= ['a', 'b', 'c', 'd']
list_1.reverse()
print(list_1)
```

程序运行结果：

```
['d', 'c', 'b', 'a']
```

3. 管理列表元素

（1）添加列表元素　向列表中添加元素的常用方法有 append()、extend() 和 insert()，这些方法的具体介绍如下。

1）append() 方法用于在列表末尾添加新的元素。例如：

```
list_1 = ['AI', 'AGI', 'BP']
list_1.append('CPU')
print(list_1)
```

程序运行结果：

```
['AI', 'AGI', 'BP', 'CPU']
```

注意：append 是就地修改列表。这意味着它不会返回修改后的新列表，而是直接修改旧列表。

2）extend() 方法用于在列表末尾一次性添加另一个序列中的所有元素，即使用新列表扩展原来的列表。例如：

```
list_1= [ ' apple ', ' banana ', ' cherry ' ]
list_2 = [ ' grape ', ' mango ' ]
list_1.extend(list_2)
print(list_1)
print(list_2)
```

程序运行结果：

```
[ ' apple ', ' banana ', ' cherry ', ' grape ', ' mango ' ]
[ ' grape ', ' mango ' ]
```

注意：虽然 extend() 方法的功能看起来类似于拼接（即"+"运算），但存在一个重要差别，那就是 extend() 方法将修改被扩展的列表（本例中是 list_1），而在常规拼接（即"+"运算）中，拼接结果会返回到一个全新的列表中。

3）insert() 方法用于将元素插入列表的指定位置。例如：

```
ais = [ ' game theory ', ' GMM ', ' GA ' ]
ais.insert(2, ' GAN ' )
print(ais)
```

上述代码使用 insert() 方法将新元素 ' GAN ' 加入到列表 ais 中索引为 2 的位置。

程序运行结果：

```
[ ' game theory ', ' GMM ', ' GAN ', ' GA ' ]
```

也可使用切片赋值来获得与 insert 一样的效果。例如：

```
ais = [ ' game theory ', ' GMM ', ' GA ' ]
ais[2:2] = [ ' GAN ' ]
print(ais)
```

（2）删除列表元素　删除列表元素的常用方式有 del 语句、remove() 方法和 pop() 方法，具体介绍如下。

1）del 语句用于删除列表中指定位置的元素。例如：

```
ais = [ ' game theory ', ' GMM ', ' GA ' ]
del ais[0]
print(ais)
```

程序运行结果：

```
[ ' GMM ', ' GA ' ]
```

2）remove() 方法用于移除列表中的某个元素。例如：

```
ais = [ ' game theory ', ' GMM ', ' GA ', ' GMM ' ]
ais.remove ( ' GMM ' )
print(ais)
```

程序运行结果：

```
[ ' game theory ', ' GA ', ' GMM ' ]
```

注意：若列表中有多个匹配的元素，则只会移除匹配到的第一个元素。本例 ais 列表中的第二个"GMM"并未删除。另外，若删除一个不存在的元素，则会报 ValueError 的错误，例如：

```
ais = [ ' game theory ', ' GMM ', ' GA ', ' GMM ' ]
ais.remove ( ' GMM# ' )
print ( ais )
```

程序运行结果：

```
Traceback ( most recent call last ) :
    File "C:/Users/poiuy/quoteturorial/test.py", line 2, in <module>
        ais.remove ( ' GMM# ' )
ValueError: list.remove ( x ) : x not in list
```

3）pop() 方法用于移除列表中的某个元素，如果不指定具体元素，那么移除列表中的最后一个元素。例如：

```
numbers = [5, 4, 3, 2, 1]
print ( numbers.pop ( ) )
print ( numbers.pop ( 2 ) )
print ( numbers )
```

程序运行结果：

```
1
3
[5, 4, 2]
```

注意：pop() 是唯一既修改列表又返回一个非 None 值的列表方法。使用 pop() 可实现一种常见的数据结构——栈（stack）。典型的栈的例子就是计算器，涉及运算先后顺序，涉及计算状态的保存，两个条件满足就能求出正确的结果。图 6-17 展示了栈的结构。

栈的两种操作是在栈顶加入数据和取走（删除）数据。栈顶加入数据可使用 append 来实现。pop() 方法和 append() 方法的效果相反，因此将刚弹出的值压入（或附加）后，得到的栈将与原来相同。下面的代码给出了证明：

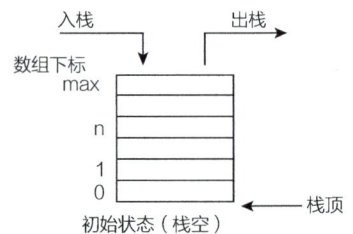

图 6-17　栈的结构

```
list_1 = [ ' a ', ' b ', ' c ' ]
list_1.append ( list_1.pop ( ) )
print ( list_1 )
```

程序运行结果：

```
[ ' a ', ' b ', ' c ' ]
```

（3）修改列表元素　修改列表中的元素就是通过索引获取元素并对该元素重新赋值。例如：

```
ais = [ ' AI ', ' GMM ', ' GA ' ]
ais[0]= ' BP '
```

```
print(ais)
```

程序运行结果：

```
['BP','GMM','GA']
```

（4）实例：转盘抽奖　本实例要求编写程序，实现模拟转盘抽奖的过程，可中奖项包括 "一等奖""二等奖""三等奖""四等奖""五等奖" 和 "很遗憾"。假设现在有一个转盘，该卡片上面共有 12 个区域，每个刮奖区对应的兑奖信息为："很遗憾""一等奖""四等奖""四等奖""五等奖""五等奖""三等奖""很遗憾""很遗憾""三等奖""二等奖" 和 "很遗憾"。

实例实现代码：

```
lucky_region = ["很遗憾","一等奖","四等奖","四等奖","五等奖","五等奖",
"三等奖","很遗憾","很遗憾","三等奖","二等奖","很遗憾"]
num = int(input("请输入转盘区域（1~12）："))
if 0 <= num <= len(lucky_region):
    lucky_info = lucky_region[num - 1]
    print(f"{lucky_info}")
else:
    print("转盘位置有误！")
```

程序运行结果：

```
请输入转盘区域（1~12）：2
一等奖
```

4. 认识元组

（1）元组的创建方式　元组也是一种序列，但和列表不同，元组是不能修改的。元组的创建方式与列表的创建方式相似，可以通过圆括号 "()" 或内置的 tuple() 函数快速创建。

1）使用圆括号 "()" 创建元组，并将元组中的元素用逗号进行分隔。例如：

```
tuple_1 = ()                          # 空元组
tuple_2 = ('hello','ai')              # 元组中元素类型均为字符串类型
tuple_3 = (88,'python','$')           # 元组中元素类型不同
```

注意：当使用圆括号 "()" 创建元组时，即使元组中只包含一个元素，也需要在该元素的后面添加逗号，保证 Python 能够识别其为元组类型。仅将值用圆括号括起来无效。观察如下代码：

```
tuple_1 = 2*(66)
tuple_2 = 2*(66,)
print(tuple_1)
print(tuple_2)
```

程序运行结果：

```
132
(66,66)
```

分析运行结果，（66）与 66 完全等效，而（66,）被识别为元组类型。

2）使用 tuple() 函数创建元组时，如果不传入任何数据，就会创建一个空元组；如果

要创建包含元素的元组，就必须要传入可迭代类型的数据。例如：

```
tuple_null = tuple ( )
print ( tuple_null )
tuple_str = tuple ( ' Intelligence ' )
print ( tuple_str )
tuple_list = tuple ( [ 1, 2, 3 ] )
print ( tuple_list )
```

程序运行结果：

```
0
( ' I ', ' n ', ' t ', ' e ', ' l ', ' l ', ' i ', ' g ', ' e ', ' n ', ' c ', ' e ' )
( 1, 2, 3 )
```

（2）访问元组元素　可以通过索引或切片的方式来访问元组中的元素，具体介绍如下：

1）元组可以使用索引访问元组中的元素。例如：

```
tu = ( ' red ', 1, ' & ' )
print ( tu[0] )
print ( tu[1] )
print ( tu[2] )
```

程序运行结果：

```
red
1
&
```

2）元组还可以使用切片来访问元组中的元素。例如：

```
tu = ( ' p ', ' y ', ' t ', ' h ', ' o ' )
print ( tu[2:4] )
```

程序运行结果：

```
( ' t ', ' h ' )
```

6.2.5　字典与集合

1. 认识字典

字典的名称指明了这种数据结构的应用场景。字典在一系列值组合成数据结构并通过编号来访问各个值的应用场景很有用。就像实际生活中的普通图书，适合按从头到尾的顺序阅读，可快速根据页码翻到任何一页。而日常生活中的字典和 Python 字典的功能类似，都是旨在让你能够轻松地找到特定的单词（键），以知晓其对应的信息（值）。

Dictionary（字典）是 Python 的另一种可变容器模型，且可存储任意类型对象。字典是除列表以外 Python 之中最灵活的数据类型。字典可以用来存储多个数据。通常用于存储描述一个物体的相关信息。

在一些场景下，使用字典比使用列表更合适。下面是 Python 字典的一些用途。

1）用多个键值对存储描述一个物体的相关信息——描述更复杂的数据信息。

2）将多个字典放在一个列表中，再进行遍历，在循环体内针对每一个字典进行相同的处理。

假设有如下名单：

```
names = ['张峰', '李凤', '王海', '赵畅']
```

如果要创建一个小型数据库，在其中存储这些人的电话号码，该如何做呢？一种办法是再创建一个列表。假设只存储四位的分机号，这个列表将类似于：

```
numbers = ['13975330012', '1897752134', '18673359067', '13309413578']
```

创建这些列表后，就可用下面的访问方式查找李凤的电话号码：

```
numbers[names.index('李凤')]
```

这种方法虽然可行，但不太实用。更简单的访问方式应该是：

```
phones['李凤']
```

而上述实现方式就使用了字典的访问方式。

2. 创建和使用字典

（1）创建字典 字典以类似于下面的方式表示：

```
phones = {'Alice': '2341', 'Beth': '9102', 'Cecil': '3258'}
```

字典用 {} 定义，使用键值对存储数据，键值对之间使用"，"（英文逗号）分隔。其中键（key）是索引，值（value）是数据。键和值之间使用"："（英文冒号）分隔。格式如下所示：

```
d = {key1 : value1, key2 : value2, key3 : value3 }
```

需要注意的是：键必须是唯一的，而字典中的值无须如此。值可以是任何数据类型，但是键只能使用字符串、数字或元组。空字典（没有任何项）用花括号 {} 表示。

创建字典有三种方式：

第一种是直接使用 {} 创建，例如：

```
dict1 = {'name': '张峰', 'age': 20}
```

第二种是使用 dict 函数从其他字典或键 – 值对序列创建字典，例如：

```
items = [('name', '张峰'), ('age', 20)]
dict1 = dict(items)
```

第三种是使用关键字实参调用 dict 函数创建字典，例如：

```
dict1 = dict(name='张峰', age=20)
```

（2）字典的基本操作

1）访问字典里的值，把相应的键放入方括号中，例如：

```
print("dict1['name']: ", dict1['name'])
print("dict1['age']: ", dict1['age'])
```

2）向字典添加新内容的方法是增加新的键－值对，例如：

```
dict1 = { ' name ' : '张峰 ', ' age ' : 20 }
dict1[ ' phone ' ] = ' 13457865400 '                # 添加 phone
print ( dict1 )
```

程序运行结果：

```
{ ' name ' : '张峰 ', ' age ' : 20, ' phone ' : 13457865400}
```

修改已有键－值对，如下实例：

```
dict1.update ( name= '张锋 ')              # 修改 name
dict1[ ' age ' ] = 21                      # 修改 age
print ( dict1 )
```

程序运行结果：

```
{ ' name ' : '张锋 ', ' age ' : 21, ' phone ' : 13457865400}
```

3）删除字典元素，Python 提供了 pop()、popitem()、clear() 函数和 del 语句四种方法。
① pop()。pop() 用于删除给定键对应的值，例如：

```
dict1= { ' name ' : '张峰 ', ' age ' : 20, ' phone ' : 13457865400}
dict1.pop ( ' phone ' )
print ( dict1 )
```

程序运行结果：

```
{ ' name ' : '张锋 ', ' age ' : 21}
```

② popitem()。使用 popitem() 可以随机删除字典元素。popitem() 之所以能随机删除字典元素，是因为字典元素本身是无序的，没有所谓的"第一项""最后一项"。
③ clear()。clear() 用于清空字典中的元素，例如：

```
dict1= { ' name ' : '张峰 ', ' age ' : 20, ' phone ' : 13457865400}
dict1.clear ( )
print ( dict1 )
```

程序运行结果：

```
{}
```

④ del 语句。删除一个字典用 del 语句，例如：

```
dict1 = { ' name ' : '张峰 ', ' age ' : 20 }
del dict1[ ' name ' ]                              # 删除键 ' name '
print ( dict1 )
```

程序运行结果：

```
dict1= { ' age ' : 20}
```

4）查看字典中的所有元素、键和值。
①查看字典中的所有元素。
使用 items() 方法可以查看字典中的所有元素，items() 方法返回一个包含字典所有

（键，值）元组的列表。它可以用于遍历字典中的所有项，每个项都是一个包含键和值的元组。通过循环可以遍历其中的数据，例如：

```
dict1= { ' name ' : '张峰', ' age ' : 20, ' phone ' : 13457865400}
for i in dict1.items ( ) :
print ( i )
```

程序运行结果：

```
( ' name ', '张峰')
( ' age ', 20)
( ' phone ', 13457865400)
```

②查看字典中的所有键。

使用 keys() 方法可以查看字典中的所有键，keys() 方法会返回一个 dict_keys 对象，可使用循环遍历输出字典中的所有键。例如：

```
dict1= { ' name ' : '张峰', ' age ' : 20, ' phone ' : 13457865400}
for i in dict1.keys ( ) :
print ( i )
```

程序运行结果：

```
name
age
phone
```

③查看字典中的所有值。

使用 values() 方法可以查看字典中的所有值，values() 方法会返回一个 dict_values 对象，可使用循环遍历输出字典中的所有值。例如：

```
dict1= { ' name ' : '张峰', ' age ' : 20, ' phone ' : 13457865400}
for i in dict1.values ( ) :
print ( i )
```

程序运行结果：

```
张峰
20
13457865400
```

5）字典内置函数描述及实例见表 6-2。

表 6-2　字典内置函数描述及实例

函数及描述	实例
len（dict） 计算字典元素个数，即键的总数	dict1 = { ' name ' : '张峰', ' age ' : 20} len（dict1）# 输出 2
str（dict） 输出字典，以可打印的字符串表示	dict1 = { ' name ' : '张峰', ' age ' : 20} str（dict）# 输出 "{ ' name ' : '张峰', ' age ' : 20}"
type（variable） 返回输入的变量类型，如果变量是字典就返回字典类型	dict1 = { ' name ' : '张峰', ' age ' : 20} type（dict1）# 输出 <class ' dict ' >

（3）实例：英语词典 本实例要求编写简易的英语词典软件，该程序需具备以下功能：

1）查看英语单词列表功能：输出字典全部的单词。

2）添加新单词功能：用户分别输入新单词和翻译，成功添加到字典后提示用户"单词添加成功"。

3）背单词功能：从字典中取出一个单词，要求用户输入相应的翻译，输入正确提示"正确"，否则提示"错误"。

实例实现代码：

```python
print('1.查看词典')
print('2.背单词')
print('3.添加新单词')
print('4.退出')
en_ch_dict = {}
while True:
    fun_num = input('请输入操作编号：')
    if fun_num == '1':  # 查看词典
        if len(en_ch_dict) == 0:
            print('词典内容为空')
        else:
            print(en_ch_dict)
    elif fun_num == '2':  # 背单词
        if len(en_ch_dict) == 0:
            print('词典内容为空')
        else:
            for word in en_ch_dict.items():
                english = word[0]
                chinese = word[1]
                print(english)
                in_words = input("输入"+english+'的中文' + '：\n')
                if in_words == chinese:
                    print('正确')
                else:
                    print('错误')
    elif fun_num == '3':  # 添加新单词
        word_english = input('请输入新单词：')
        # 检测单词是否重复
        if word_english in en_ch_dict:
            # 添加的单词重复
            print('此单词已存在')
        else:
            # 执行单词添加
            word_chinese = input('请输入单词对应的中文：')
            en_ch_dict.update({word_english: word_chinese})
            print(en_ch_dict)
    elif fun_num == '4':  # 退出
        print('退出成功')
```

```
          break
```

程序运行结果：

```
1.查看词典
2.背单词
3.添加新单词
4.退出
请输入操作编号：3
请输入新单词：ai
请输入单词对应的中文：人工智能
{'ai':'人工智能'}
请输入操作编号：3
请输入新单词：algorithm
请输入单词对应的中文：算法
{'ai':'人工智能','algorithm':'算法'}
请输入操作编号：2
ai
请输入 ai 的中文：
人工智能
正确
algorithm
请输入 algorithm 的中文：
算法
正确
请输入操作编号：4
退出成功
```

3. 集合的创建

集合（set）是一个无序的不重复元素序列。集合的目的是将不同的值存放在一起，不同的集合间用来做关系运算，无须纠结于集合中的单个值。

可以使用大括号 {} 或者 set() 函数创建集合，注意：创建一个空集合必须用 set() 而不是 {}，因为 {} 用来创建一个空字典。

创建方式如下：

```
basket = {'apple','orange','apple','pear','orange','banana'}
```

4. 集合的基本操作

（1）添加元素　语法格式如下：

```
s.add(x)
```

将元素 x 添加到集合 s 中，如果元素已存在，则不进行任何操作。还可以使用 update() 方法添加元素，且参数可以是列表、元组、字典等，语法格式如下：

```
s.update(x)
```

x 可以有多个，用逗号分开。例如：

```
set1= set(("Baidu","Tencent","Alibaba"))
set1.update({"Sohu"})
```

```
print (thisset)
```

程序运行结果：

```
{"Sohu", "Baidu", "Tencent", "Alibaba"}
```

（2）移除元素

1）使用 remove() 方法移除元素的语法格式如下：

```
s.remove (x)
```

将元素 x 从集合 s 中移除，如果元素不存在，则会发生错误。例如：

```
set1=set (("Baidu", "Tencent", "Alibaba"))
set1.remove ("Tencent")
print (set1)
```

程序运行结果：

```
{'Baidu', 'Alibaba'}
```

2）discard() 方法也可移除集合中的元素，且如果元素不存在，不会发生错误。语法格式如下：

```
s.discard (x)
```

3）pop() 方法可随机删除集合中的一个元素，语法格式如下：

```
s.pop ()
```

（3）计算集合元素个数　语法格式如下：

```
len (s)
```

计算集合 s 中的元素个数。例如：

```
set1= set (("Baidu", "Tencent", "Alibaba"))
len (set1)
```

程序运行结果：

```
3
```

（4）清空集合　语法格式如下：

```
s.clear ()
```

（5）集合内置的其他常用方法

1）difference() 方法用于返回集合的差集，即返回的集合元素包含在第一个集合中，但不包含在第二个集合（方法的参数）中。语法格式如下：

```
set1.difference (set2)
```

实例如下：

```
set1={"apple", "banana", "pear"}
set2={"banana", "cherry", "apple"}
set3= set1.difference (set2)
```

```
print(set3)
```

程序运行结果：

```
{'pear'}
```

2）union() 方法用于返回两个集合的并集，即包含了所有集合的元素，重复的元素只会出现一次。语法格式如下：

```
set.union(set1, set2...)
```

其中 set1 是必需的，表示要合并的目标集合。set2 是可选的，表示其他要合并的集合，可以有多个，多个使用逗号隔开。实例如下：

```
set1={"apple", "banana", "pear"}
set2={"banana", "cherry", "apple"}
set3= set1.union(set2)
print(set3)
```

程序运行结果：

```
{'cherry', 'pear', 'banana', 'apple'}
```

3）intersection() 方法用于返回两个或更多集合中都包含的元素，即交集。语法格式如下：

```
set.intersection(set1, set2 ... )
```

其中 set1 是必需的，表示要查找相同元素的集合。set2 是可选的，表示其他要查找相同元素的集合，可以有多个，多个使用逗号隔开。实例如下：

```
set1={"apple", "banana", "pear"}
set2={"banana", "cherry", "apple"}
set3= set1.intersection(set2)
print(set3)
```

程序运行结果：

```
{'apple', 'banana'}
```

4）symmetric_difference() 方法用于返回两个集合中不重复的元素集合，即移除两个集合中都存在的元素。语法格式如下：

```
set.symmetric_difference(set)
```

实例如下：

```
set1={"apple", "banana", "pear"}
set2={"banana", "cherry", "apple"}
set3= set1.symmetric_difference(set2)
print(set3)
```

程序运行结果：

```
{'cherry', 'pear'}
```

6.3 流程控制

任何编程语言中最常见的程序结构就是顺序结构。顺序结构就是程序从上到下一行一行地执行，中间没有任何判断和跳转，如图6-18所示。

如果Python文件中多行代码之间没有任何流程控制，则程序总是从上向下依次执行，排在前面的代码先执行，排在后面的代码后执行。这意味着：如果没有流程控制，Python文件中的语句是一个顺序执行流，从上向下依次执行每条语句。不过大多数情况下顺序结构都是作为程序的一部分，与其他结构一起构成一个复杂的程序，例如选择语句中的复合语句、循环结构中的循环体等。

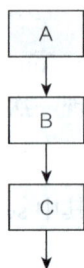

图6-18　顺序结构语句的执行流程

6.3.1 选择语句

现实世界中有些情况是在必须满足一定条件下才发生的，比如一个学生能拿奖学金必须满足每门课程在85分以上。选择语句的基本功能是使程序在不同的情况下，执行不同的代码。这样程序就不单只是顺序执行了，可以按照预先定好的逻辑执行不同的流程（比如满足条件A就执行流程A，满足条件B就执行流程B）。Python提供了if语句来实现这种功能。

if语句可使程序产生分支，根据分支数量的不同，if语句分为单分支if语句、双分支if...else语句和多分支if...elif...else语句。具体介绍如下。

1. if 语句

if语句是最简单的条件判断语句，它由三部分组成，分别是if关键字、条件表达式以及代码块。if语句根据条件表达式的判断结果选择是否执行相应的代码块，其格式如下：

```
if 条件表达式：
    代码块                # 如果表达式为真，就执行这段代码
```

if语句的作用是：若表达式值为真，则程序会执行程序代码块。如果表达式值为假，则不会执行程序代码块。其执行流程可以参考图6-19。

例如，使用if语句判断学生成绩是否及格，代码如下：

```
score = int(input("请输入分数："))
if score >= 60:
    print("及格")
```

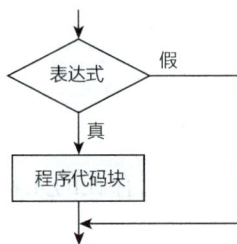

图6-19　if语句的执行流程

上述代码中，首先定义了一个变量score，接收用户输入，并将其转换为整型数。然后使用if语句判断表达式"score>=60"的值是否为True，如果为True，则输出"及格"。

2. if...else 语句

if...else语句产生两个分支，可根据条件表达式的判断结果选择执行哪一个分支。if...else语句格式如下：

```
if 条件表达式：
    代码块 1
else：
    代码块 2
```

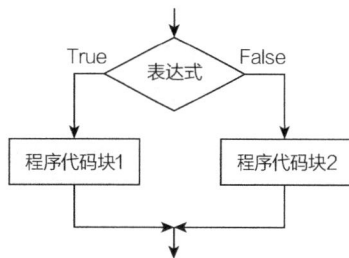

上述格式中，如果 if 条件表达式结果为 True，执行代码块 1；如果条件表达式结果为 False，则执行代码块 2。if...else 语句的执行流程如图 6-20 所示。

可以使用 if...else 语句完善判断学生成绩是否及格的功能，代码如下：

图 6-20 if...else 语句的执行流程

```
score = int(input("请输入分数："))
if score >= 60:
    print("及格")
else:
    print("不及格")
```

以上代码首先从控制台接收用户输入的分数，然后通过 if...else 语句进行判断：如果用户输入的分数大于等于 60，则输出"及格"，否则输出"不及格"。

3. if...elif...else 语句

if...else 语句可以处理两种情况，如果程序需要处理多种情况，可以使用 if...elif...else 语句。if...elif...else 语句格式如下：

```
if 条件表达式 1：
    代码块 1
elif 条件表达式 2：
    代码块 2
elif 条件表达式 3：
    代码块 3
elif 条件表达式 n-1：
    代码块 n-1
else：
    代码块 n
```

上述格式中，if 之后可以有任意数量的 elif 语句，如果条件表达式 1 的结果为 True，则执行代码块 1；如果条件表达式 2 的结果为 True，则执行代码块 2，以此类推。如果 else 前面的条件表达式结果都为 False，则执行代码块 n。if...elif...else 语句的执行流程如图 6-21 所示。

可以使用 if...elif...else

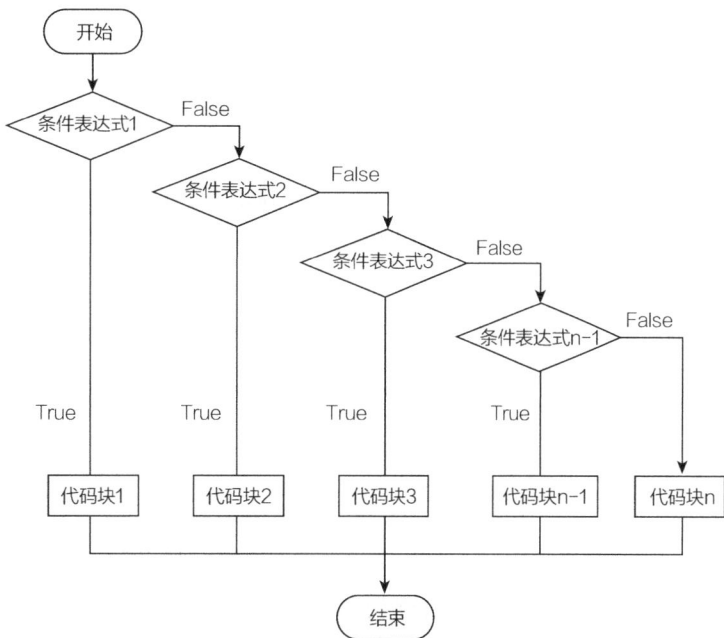

图 6-21 if...elif...else 语句的执行流程

语句实现根据成绩给出相应等级的功能：60分以下为"不及格"，60~69分为"及格"，70~79分为"良"，80分以上为"优秀"。

示例代码如下：

```
score = int(input("请输入分数："))
if score >100 or score < 0:
    print("分数输入错误")
    exit(1)
if score >= 80:
    print("优秀")
elif score >= 70:
    print("良好")
elif score >= 60:
    print("及格")
else:
    print("不及格")
```

上述代码首先定义了一个表示学生成绩的变量score，然后根据等级规则从上至下进行等级判断。只要满足其中一个条件，程序便会执行对应的输出语句，并结束条件判断语句。例如，输入89，程序的输出结果是"优秀"。

6.3.2 if语句的嵌套

if语句嵌套指的是if语句内部包含if语句，其格式如下：

```
if 条件表达式1:
    代码块1
if 条件表达式2:
    代码块2
```

上述if语句嵌套的格式中，先判断外层if语句中条件表达式1的结果是否为True，如果结果为True，则执行代码块1，再判断内层if的条件表达式2的结果是否为True，如果条件表达式2的结果为True，则执行代码块2。

以判断是否为酒后驾车为例来说明if嵌套语句的用法。规定车辆驾驶员的血液酒精含量小于20mg/100ml不构成酒驾；酒精含量大于或等于20mg/100ml为酒驾；酒精含量大于或等于80mg/100ml为醉驾。编写Python程序判断是否为酒后驾车，代码如下：

```
evidence = int(input("输入驾驶员每100ml血液酒精的含量："))
if evidence < 20:
    print("不构成酒驾")
else:
    if evidence < 80:
        print("已构成酒驾")
    else:
        print("已构成醉驾")
```

当输入每100ml血液酒精含量值为30时，外层的if表达式的值为False，所以执行else分支，在else分支的内层if表达式的值为True，所以输出结果是"已构成酒驾"。

针对if嵌套语句，有以下两点需要说明：

1）if语句可以多层嵌套，不仅限于两层。

2）外层和内层的 if 判断都可以使用 if 语句、if...else 语句和 if...elif...else 语句。

6.3.3　循环语句

1. while 循环

Python 中，while 循环和 if 条件分支语句类似，即在条件（表达式）为真的情况下，会执行相应的代码块。不同之处在于，只要条件为真，while 就会一直重复执行那段代码块。while 语句的语法格式如下：

```
while 条件表达式:
    代码块
```

这里的代码块，指的是缩进格式相同的多行代码，在循环结构中，它又称为循环体。以上格式中，首先判断条件表达式的结果是否为 True，如果条件表达式的结果为 True，则执行 while 循环中的代码块；然后再次判断条件表达式的结果是否为 True，如果条件表达式的结果为 True，再次执行 while 循环中的代码块。每次执行完代码块都需要重新判断条件表达式的结果，直到条件表达式的结果为 False 时结束循环，不再执行 while 循环中的代码块。

while 循环的执行流程如图 6-22 所示。

使用 while 循环计算 1~100 的和，示例代码如下：

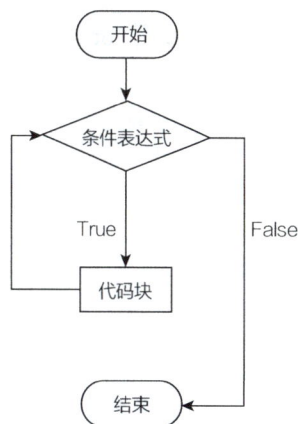

图 6-22　while 循环的执行流程

```
sum = 0
i = 1
while i <= 100:
    sum += i
    i += 1
print(f"1-100 的和是{sum}")
```

程序运行结果：

1-100 的和是 5050

以上代码首先定义了两个变量 i 和 sum，其中变量 i 表示加数，初始值为 1；变量 sum 表示计算结果，初始值为 0，其次开始执行 while 语句，判断是否满足表达式"i<=100"，由于表达式的执行结果为 True，循环体内的语句 sum += i 和 i += 1 被执行，sum 值为 1，i 值变为 2；再次判断条件表达式，结果仍然为 True，执行循环体中的代码后 sum 值变为 3，i 值变为 3，然后继续判断条件表达式，以此类推。直到 i=101 时，条件表达式 i<=100 的判断结果为 False，循环结束，最后输出 sum 的值。

while 循环还可遍历列表、元组和字符串，因为它们都支持通过下标索引获取指定位置的元素。例如，下面的程序演示了如何使用 while 循环遍历一个字符串变量：

```
ai_url = "http://caai.cn/"
i = 0
while i < len(ai_url):
    print(ai_url[i], end="")
    i += 1
```

程序运行结果：

```
http://caai.cn/
```

2. for 循环

for 循环是 Python 提供的另一种循环结构，可以对可迭代对象进行遍历。for 语句的格式如下：

```
for 迭代变量 in 可迭代对象：
    代码块
```

每执行一次循环，迭代变量都会被赋值为可迭代对象的当前元素，提供给执行语句使用。例如，使用 for 语句遍历字符串的每个字符：

```
str =" 人工智能 "
for c in str:
    print ( c )
```

程序运行结果：

```
人
工
智
能
```

从运行结果看出，使用 for 循环遍历 str 字符串的过程中，迭代变量 c 会先后被赋值为 str 字符串中的每个字符，并代入循环体中使用。

6.3.4　循环嵌套

1. while 循环嵌套

while 循环中可以嵌套 while 循环，其格式如下：

```
while 条件表达式 1：
    代码块 1
    while 条件表达式 2：
        代码块 2
```

以上格式中，首先判断外层 while 循环的条件表达式 1 是否成立，如果成立，则执行代码块 1，并能够执行内层 while 循环。执行内层 while 循环时，判断条件表达式 2 是否成立，如果成立，则执行代码块 2，直至内层 while 循环结束。也就是说，每执行一次外层的 while 语句，都要将内层的 while 循环重复执行一遍。

例如，使用 while 循环嵌套语句打印 9*9 乘法表组成的直角三角形，代码如下：

```
i = 1
while i <= 9:
    j = 1
    while j <= i:
        print ( f " {j}*{i}={j*i} " , end= ' \t ' )
        j += 1
```

```
    print ( )
    i += 1
```

程序运行结果：

```
1*1=1
1*2=2    2*2=4
1*3=3    2*3=6    3*3=9
1*4=4    2*4=8    3*4=12   4*4=16
1*5=5    2*5=10   3*5=15   4*5=20   5*5=25
1*6=6    2*6=12   3*6=18   4*6=24   5*6=30   6*6=36
1*7=7    2*7=14   3*7=21   4*7=28   5*7=35   6*7=42   7*7=49
1*8=8    2*8=16   3*8=24   4*8=32   5*8=40   6*8=48   7*8=56   8*8=64
1*9=9    2*9=18   3*9=27   4*9=36   5*9=45   6*9=54   7*9=63   8*9=72   9*9=81
```

2. for 循环嵌套

for 循环也可以嵌套使用。for 循环嵌套的格式如下：

```
for 迭代变量 in 可迭代对象：
    代码块 1
        for 迭代变量 in 可迭代对象：
            代码块 2
```

for 循环嵌套语句与 while 循环嵌套语句大同小异，都是先执行外层循环再执行内层循环，每执行一次外层循环都要执行一遍内层循环。

冒泡排序也是一种简单直观的排序算法。它重复地遍历要排序的数列，一次比较两个元素，如果他们的顺序错误，就把他们交换过来。遍历数列的工作是重复地进行，直到无须交换，也就是说该数列已经排序完成。这个算法的名字由来是因为越小的元素会经由交换慢慢"浮"到数列的顶端。使用 for 循环嵌套实现冒泡排序的代码如下：

```
list_1 = [1, 3, 4, 2, 5]        #list_1 是一个列表（列表的相关知识在下文 6.4 会有介绍）
for i in range (len (list_1)):
    for j in range (len (list_1).i):
        if list_1[j] > list_1[j + 1]:
            list_1[j], list_1[j + 1] = list_1[j + 1], list_1[j]
print (list_1)
```

程序运行结果：

```
[1, 2, 3, 4, 5]
```

6.3.5　跳转语句

1. break 语句

break 语句用于跳出离它最近一级的循环，能够用于 for 循环和 while 循环中，通常与 if 语句结合使用，放在 if 语句代码块中。其格式如下：

```
for 迭代变量 in 可迭代对象：
    执行语句
    if 条件表达式：
        代码块
```

```
        break
```

以打印出 2~15 里的所有素数，并打印出素数的个数为例，说明 break 的作用。实例代码如下：

```
count = 0
for i in range(2, 15):
    flag = True
    for j in range(2, i):
        if i % j == 0:
            flag = False
            break
    if flag:
        count += 1
        print(i)
print(f"素数一共有{count}个")
```

程序运行结果：

```
2
3
5
7
11
13
素数一共有 6 个
```

2. continue 语句

continue 语句用于跳出当前循环，继续执行下一次循环。当执行到 continue 语句时，程序会忽略当前循环中剩余的代码，重新开始执行下一次循环。

例如，从列表中找出所有的正数，代码如下：

```
for element in [1, -3, 15, 17, -12]:
    if element <= 0:
        continue
    print(element)
```

以上代码遍历列表 [1，-3，15，17，-12] 中的所有元素，每取出一个元素就判断该元素的值是否小于或等于 0，当值小于或等于 0 时，执行 if 语句中的 continue 语句，直接跳出本次循环，忽略剩下的循环语句，开始遍历列表中的下一个元素进行判断，直至取出所有的元素为止。

程序运行结果：

```
1
15
17
```

6.3.6 Python 循环结构中的 else

Python 中，无论是 while 循环还是 for 循环，其后都可以紧跟一个 else 代码块，它的作用是当循环条件为 False 跳出循环时，程序会最先执行 else 代码块中的代码。

```
ai_urls = "http://caai.cn/;http://ai.baidu.com/"
for i in ai_urls:
    if i == ';':
        break
    print(i, end="")
else:
    print("执行循环语句 else 语句中的代码")
print("\n 执行循环体外的代码")
```

程序运行结果：

```
http://caai.cn/
```

执行循环体外的代码

从结果看出，当循环遇到 ";" 终止时，会先执行 else 中的代码，再执行循环体外的代码。

在外层 for 循环无法确定内层循环是怎么结束的场景中，使用循环结构中的 else 非常适合。先使用这个技术改写本书 6.3.5 中的 "打印出 2~15 里的所有素数，并打印出素数的个数" 的实现代码如下：

```
count = 0
for i in range(2, 15):
    for j in range(2, i):
        if i % j == 0:
            break
    else:
        count += 1
        print(i)
print(count)
```

程序运行结果：

```
2
3
5
7
11
13
6
```

6.4　函数的使用

函数是可重复使用的，用来实现单一或相关联功能的代码段。函数能提高应用的模块性和代码的重复利用率。

前面已经使用了很多 Python 提供的内置函数，比如 print()，但用户也可以自己创建函数，叫作用户自定义函数。

6.4.1 函数的创建和调用

自定义函数需要遵循的规则如下所示。

- 函数代码块以 def 关键词开头，后接函数标识符名称和圆括号 ()。
- 任何传入的参数和自变量必须放在圆括号中间，圆括号之间可以用于定义参数。
- 函数的第一行语句可以选择性地使用文档字符串——用于存放函数说明。
- 函数内容以冒号 ":" 起始，并且缩进。
- return [表达式] 结束函数，选择性地返回一个值给调用方，不带表达式的 return 相当于返回 None。

Python 定义函数使用 def 关键字，语法格式如下：

```
def 函数名 ( 参数列表 ):
    函数体
```

默认情况下，参数值和参数名称是按函数声明中定义的顺序匹配起来的。例如：

```
def say_hello ( ):
    # 该块属于这一函数
    print ( ' hello world ' )
    # 函数结束
say_hello ( )     # 调用函数
say_hello ( )     # 再次调用函数
```

程序运行结果：

```
hello world
hello world
```

6.4.2 函数参数

函数可以获取参数，这个参数的值由调用者提供，函数可利用这些值来做一些事情。这些参数与变量类似，这些变量的值在调用函数时已被定义，且在函数运行时均已赋值完成。

函数定义时，参数放置在函数名后面的圆括号中，参数与参加之间用逗号分隔。当调用函数时，以同样的形式提供需要的值。在定义函数时给定的名称称作"形参"（形式参数，Parameters），在调用函数时所提供给函数的值称作"实参"（实际参数，Arguments）。Python 中函数传递参数的形式主要有：位置传递、关键字传递、默认值传递和不定长参数传递。

1. 位置参数

调用函数时，编译器会将实际参数按位置顺序依次传递给形式参数，即将第 1 个实际参数传递给第 1 个形式参数，将第 2 个实际参数传递给第 2 个形式参数，以此类推。实例如下：

```
def print_max ( a, b ):
    if a > b:
        print ( a, ' is maximum ' )
```

```
elif a == b:
    print(a, ' is equal to ', b)
else:
    print(b, ' is maximum ')
```

```
# 函数调用
print_max(3, 4)
```

其中 3 和 4 是实参，a 和 b 是形参。根据实参和形参的对应关系，3 传递给 a，4 传递给 b。

2. 关键字参数

使用位置参数传值时，如果函数中存在多个参数，记住每个参数的位置及其含义并不是一件容易的事，此时可以使用关键字参数进行传递。关键字参数传递通过"形式参数 = 实际参数"的格式，将实际参数与形式参数相关联，根据形式参数的名称进行参数传递。实例如下：

```
def printInfo(name, sex, age):
    print(f'姓名：{name} ')
    print(f'性别：{sex} ')
    print(f'年龄：{age} ')
```

当调用 printInfo() 函数时，通过关键字为不同的形式参数传值。例如：

```
printInfo(name='赵莉', age=19, sex='女')
```

程序运行结果：

```
姓名：赵莉
性别：女
年龄：19
```

3. 默认值参数

定义函数时可以指定形式参数的默认值，调用函数时，若没有给带有默认值的形式参数传值，则直接使用参数的默认值；若给带有默认值的形式参数传值，则实际参数的值会覆盖默认值。实例如下：

```
def printInfo(name, sex, age=20):
    print(f'姓名：{name}, 性别：{sex}, 年龄：{age} ')
printInfo(name='赵莉', sex='女')
printInfo(name='赵莉', sex='女', age='23')
```

程序运行结果：

```
姓名：赵莉, 性别：女, 年龄：20
姓名：赵莉, 性别：女, 年龄：23
```

4. 不定长参数

若要传入函数中的参数的个数不确定，可以使用不定长参数。不定长参数也称可变参数，此种参数接收参数的数目可以任意改变。包含可变参数的函数的语法格式如下：

```
def functionname([formal_args, ] *args_tuple, **kwargs_tuple):
```

函数体
```
return [expression]
```

加了星号（*）的变量名会存放所有未命名的位置参数。不定长参数实例如下：

```
def printInfo(*args):
    for info in args:
        print(info)

printInfo('李芳', '女', '汉族')
```

程序运行结果：

```
李芳
女
汉族
```

6.4.3　匿名函数

匿名函数是无需函数名标识的函数。Python 使用 lambda 来创建匿名函数。lambda 只是一个表达式，函数体比 def 简单很多。lambda 的主体是一个表达式，而不是一个代码块。仅仅能在 lambda 表达式中封装有限的逻辑进去。

lambda 函数拥有自己的命名空间，且不能访问自有参数列表之外或全局命名空间里的参数。

虽然 lambda 函数看起来只能写一行，却不等同于 C 或 C++ 的内联函数，后者的目的是调用小函数时不占用栈内存，从而提升运行效率。

lambda 函数的语法只包含一个语句，如下：

```
lambda [arg1 [, arg2, ..., argn]]:expression
```

为了方便使用匿名函数，需使用变量记录这个函数，实例如下：

```
func = lambda x, y: y if x < y else x
ret = func(11, 2)
print(ret)
```

程序运行结果：

```
11
```

注意：if 和 else 后面不能写 "："，不能换行，if 判断体写在判断条件前面。

6.4.4　return 语句

return 语句用于退出函数，选择性地向调用方返回一个表达式。不带参数值的 return 语句返回 None。使用 return 返回一个数值的实例如下：

```
def sum(arg1, arg2):
    total = arg1 + arg2
    return total

# 调用 sum 函数
```

```
total = sum(10, 20)
print(f"10+20={total}")
```

程序运行结果：

```
10+20=30
```

6.4.5　变量作用域

一个程序的所有变量并不是在任何位置都可以访问的。访问权限取决于这个变量是在哪里赋值的。变量的作用域决定了可以在哪一部分程序访问哪个特定的变量名称。两种最基本的变量作用域为局部变量和全局变量。

定义在函数内部的变量拥有一个局部作用域，定义在函数外部的变量拥有全局作用域。局部变量只能在其被声明的函数内部访问，而全局变量可以在整个程序范围内访问。调用函数时，所有在函数内声明的变量名称都将被加入到作用域中。下面的实例说明了两种变量的不同作用域：

```
x=0;
def func1():
    x=1                                     #此位置的 x 是局部变量
    print("函数内部 x 的值是：", x)

func1()
print("函数外部 x 的值是：", x)              #此位置的 x 是全局变量
```

程序运行结果：

```
函数内部 x 的值是：1
函数外部 x 的值是：0
```

6.4.6　递归函数

在计算机科学中，递归（Recursion）是指在函数的定义中使用函数自身的方法。实际上递归包含了两个意思：递（有去）和归（有回）。"有去"是指：递归问题必须可以分解为若干个规模较小，与原问题形式相同的子问题，这些子问题可以用相同的解题思路来解决；"有回"是指这些问题的演化过程是一个从大到小、由近及远的过程，并且会有一个明确的终点（临界点），一旦到达了这个临界点，就不用再往更小、更远的地方走下去。最后，从这个临界点开始，原路返回到原点，原问题解决。

函数递归调用时，需要确定两点：一是递归公式；二是边界条件。递归公式是递归求解过程中的归纳项，用于处理原问题以及与原问题规律相同的子问题；边界条件即终止条件，用于终止递归。递归的应用场景如下：

- 问题的定义是按递归定义的（斐波那契数列、阶乘等）。
- 问题的解法是递归的（有些问题只能使用递归方法来解决，例如汉诺塔问题）。
- 数据结构是递归的（链表、树等的操作，包括树的遍历、树的深度等）。

以斐波那契数列为例，又称黄金分割数列，指的是这样一个数列：1、1、2、3、5、8、

13、21……。在数学上，斐波那契数列以如下递归的方法定义：F0=0，F1=1，Fn=F（n−1）+F（n−2）（n ≥ 2，n ∈ N*）。使用递归函数计算斐波那契数列代码如下：

```
def fibonacci(n):
    if n == 1 or n == 2:
        return 1
    else:
        return fibonacci(n - 1) + fibonacci(n - 2)

num = int(input('请输入一个正整数：'))
for i in range(1, num + 1):
    print(fibonacci(i), end=' ')
```

程序运行结果：

请输入一个正整数：7
1 1 2 3 5 8 13

6.5 类与对象

6.5.1 面向对象的基本概念

面向对象编程着眼于实体以及实体之间的联系。使用面向对象编程思想解决问题时，开发人员从问题之中提炼出问题涉及的实体，将不同实体各自的特征和关系进行封装，为不同实体定义不同的属性和方法，以描述实体各自的属性与行为。

面向对象的基本概念如下。

1）类（Class）：用来描述具有相同的属性和方法的对象的集合。它定义了该集合中每个对象所共有的属性和方法。对象是类的实例。

2）类变量：类变量在整个实例化的对象中是公用的。类变量定义在类中且在函数体之外。类变量通常不作为实例变量使用。

3）数据成员：类变量或者实例变量，用于处理类及其实例对象的相关数据。

4）方法重写：如果从父类继承的方法不能满足子类的需求，可以对其进行改写，这个过程叫作方法的覆盖（Override），也称为方法的重写。

5）局部变量：定义在方法中的变量，只作用于当前实例的类。

6）实例变量：在类的声明中，属性是用变量来表示的。这种变量称为实例变量，是在类声明的内部但是在类的其他成员方法之外声明的。

7）继承：即一个派生类（Derived Class）继承基类（Base Class）的字段和方法。继承也允许把一个派生类的对象作为一个基类对象对待。例如有这样一个设计：一个 Dog 类型的对象派生自 Animal 类，这是模拟"是一个（is-a）"关系（Dog 是一个 Animal）。

8）实例化：创建一个类的实例，类的具体对象。

9）方法：类中定义的函数。

10）对象：通过类定义的数据结构实例。对象包括两个数据成员（类变量和实例变量）和方法。

6.5.2 类的创建

面向对象的思想中提出了类和对象两个概念。类是对多个对象共同特征的抽象；对象则是类的具体化个体，它是类的实例。

使用 class 关键字来创建一个新类，class 之后为类的名称并以冒号结尾，格式如下：

```
class 类名：
属性名 = 属性值
def 方法名(self)：
    方法体
```

下面定义一个 Student 类，包含 stuno（学号）和 score（成绩）两个属性，一个名为 queryInfo() 的方法，代码如下：

```
class Student:
    stuno =2020001
    score = 95
    def queryInfo(self):
        print(f"学号：{self.stuno}")
        print(f"成绩：{self.score}")
```

注意：类的方法与普通的函数只有一个特别的区别——它们必须有一个额外的第一个参数名称，按照惯例它的名称是 self。

类中有两个特殊的方法，构造方法 __init__() 和析构方法 __del__()。这两个方法分别在类创建和销毁时自动调用。每个类都有一个默认的 __init__() 方法，如果在定义类时显式定义了 __init__() 方法，则创建对象时 Python 解释器会调用显式定义的 __init__() 方法，否则调用默认的 __init__() 方法。可以在自定义的 __init__() 方法中给属性设置初始值。例如：

```
class Student:
    def __init__(self, name, score):
        self.name = name
        self.score = score

    def queryScore(self):
        print(f"姓名：{self.name}，成绩 {self.score}")

stu = Student("王婷", 92)
stu.queryScore()
```

程序运行结果：

姓名：王婷，成绩 92

6.5.3 对象的创建与使用

类是抽象的，需具体化（实例化）成对象使用才能实现其意义，在 Python 中类的实例化类似函数调用方式。访问对象的属性和方法的语法格式如下：

对象名 . 属性

对象名 . 方法 ()

以下使用类的名称 Student 来实例化对象，并访问 stuno 属性和 queryScore 方法，代码如下：

```
class Student:
    stuno =2020001
    score = 95
    def queryScore(self):
        print(f"学号{self.score}")


stu = Student()
print(f"学号{stu.stuno}")                 #访问属性
stu.queryScore()
```

程序运行结果：

学号 2020001
成绩 95

6.5.4　类的继承

面向对象编程（OOP）语言的一个主要功能就是"继承"。继承是指这样一种能力：它可以使用现有类的所有功能，并在无须重新编写原来的类的情况下对这些功能进行扩展。

通过继承创建的新类称为"子类"或"派生类"，被继承的类称为"基类""父类"或"超类"。继承的过程，就是从一般到特殊的过程。Python 有单继承和多继承两种方式。

1. 单继承

单继承是指子类只继承一个父类，其语法格式如下：

class 子类（父类）：

例如定义一个动物类 Animal 和一个表示大象的子类 Elephant，代码如下：

```
class Animal:
    name = " 动物 "
    def features(self):
        print(" 固定的身体形态 ")
        print(" 摄食行为 ")


class Elephant(Animal):
    def myFeatures(self):
        print(" 一条长的柔韧的可以卷曲的鼻子 ")
        print(" 柔韧而肌肉发达的长鼻和扇大的耳朵，具缠卷的功能 ")


elephant = Elephant()
print(elephant.name)
elephant.features()
elephant.myFeatures()
```

程序运行结果：

动物
固定的身体形态
摄食行为
一条长的柔韧的可以卷曲的鼻子
柔韧而肌肉发达的长鼻和扇大的耳朵，具缠卷的功能

从输出结果看出，子类继承父类后，就拥有从父类继承的属性和方法。

2. 多继承

多继承是指一个子类继承多个父类，其语法格式如下：

class 子类（父类 1，父类 2）

例如：定义一个运动员 Sporter，他同时具备自由泳（Freestyle）和蝶泳（Butterfly）两项技能，可以分别定义 3 个类。

```
class Freestyle:
    def freestyleSkill(self):
        print("具备自由泳技能")

class Butterfly:
    def butterflySkill(self):
        print("具备蝶泳技能")

class Sporter(Freestyle, Butterfly):
    def mySkill(self):
        self.freestyleSkill()
        self.butterflySkill()

sporter = Sporter()
sporter.mySkill()
```

程序运行结果：

具备自由泳技能
具备蝶泳技能

6.5.5　多态

多态是指一类事物有多种形态，比如动物类，可以有猫、狗、大象等具体形态（一个抽象类有多个子类，因而多态的概念依赖于继承）。多态性是指具有不同功能的函数可以使用相同的函数名，这样就可以用一个函数名调用不同内容的函数。在面向对象方法中一般是这样表述多态性：向不同的对象发送同一条消息，不同的对象在接收时会产生不同的行为（即方法）。

Python 采用"鸭子类型"。"鸭子类型"是这样推断的：当看到一只鸟走起来像鸭子，游泳起来像鸭子，叫起来也像鸭子，那么这只鸟就可以称为鸭子。即不关注对象的类型，而是关注对象具有的行为。

在 Python 中要实现多态必须用到方法的重写。所谓方法的重写是指子类可以重写父类的方法，以实现其特有功能。例如定义 Person 类与 Student 类，使 Student 类继承 Person

类，并重写父类的 printInfo()，其示例代码如下：

```
class Person:
    name = "人"
    def printInfo(self):
        print(f"姓名：{self.name}")


class Student(Person):
    name = "学生"
    stuno = "2025001"
    def printInfo(self):
        print(f"姓名：{self.name}")
        print(f"学号：{self.stuno}")


student = Student()
student.printInfo()
```

程序运行结果：

姓名：学生
学号：2025001

从运行结果看，Student 对象调用的是自己类中重写的 printInfo()。如果要调用父类的 printInfo() 方法，则需要使用 super() 函数。

体现多态的示例如下：

```
class Person(object):
    name = "人"
    def printInfo(self):
        print(f"姓名：{self.name}")


class Student(Person):
    name = "学生"
    stuno = "2025001"
    def printInfo(self):
        print(f"姓名：{self.name}")
        print(f"学号：{self.stuno}")


class Teacher(Person):
    name = "老师"
    professionalTitle = "教授"
    def printInfo(self):
        print(f"姓名：{self.name}")
        print(f"职称：{self.professionalTitle}")


def commonPrint(obj):
    obj.printInfo()


student = Student()
commonPrint(student)
print("-------------")
teacher = Teacher()
```

```
commonPrint (teacher)
```

程序运行结果：

姓名：学生
学号：2025001

姓名：老师
职称：教授

分析运行结果可知，同一个函数会根据不同的参数类型调用不同的方法，产生不同的结果，这就是多态性。

6.6　模块的使用

在 Python 程序中，每个 .py 文件都可以视为一个模块，可在当前 .py 文件中导入其他 .py 文件，导入模块的实质是把模块中的内容执行一次。导入成功后即可使用被导入文件中定义的内容，如类、变量、函数等。

Python 中的模块可分为如下三类。

- 内置模块：Python 官方内置标准库中的模块，可直接导入程序供开发人员使用。比如 random 模块、datetime 模块、os 模块、json 模块等。
- 第三方模块：是由非官方制作发布的 Python 模块，在使用之前需要开发人员先自行安装。比如实现爬虫功能的第三方库 BeautifulSoup，操作 Microsoft Word 文件的第三方库 Python-docx，二维码生成第三方库 MyQR，自然语言文本处理第三方库 nltk 等。
- 自定义模块：是开发人员自行编写的、存放功能性代码的 .py 文件。一个相对大型的 Python 程序通常被组织为模块和包的集合。

6.6.1　模块导入的几种方式

1. 使用 import moduels
使用 import 导入模块的语法格式如下：

```
import moduels (模块名字)
```

import 支持一次导入多个模块，每个模块之间使用逗号分隔。例如：

```
import random                    # 导入一个模块
import imghdr, logging           # 一次导入多个模块
```

模块导入之后便可以使用模块中的函数或类，语法格式如下：

```
模块名 . 函数名 ( )
```

以上面导入的 random 模块为例，使用该模块中的 randint 函数，具体代码如下：

```
x = random.randint (1, 10)
print (x)
```

2. 使用 import moduels（模块名字）as ××（别名）

这种方式是导入整个模块的同时给它取一个别名，因为有些模块名字比较长，用一个缩写的别名代替，在下次用到它时就比较方便。

3. from moduels（模块名字）import func（方法）

例如要导入模块 fib 的 fibonacci 函数，使用如下语句：

```
from fib import fibonacci
```

这个声明不会把整个 fib 模块导入到当前的命名空间中，它只会将 fib 里的 fibonacci 单个引入到执行这个声明的模块的全局符号表中。

4. from…import* 语句

一个模块的所有内容全都导入到当前的命名空间也是可行的，只需使用如下声明：

```
from modname import *
```

这提供了一个简单的方法来导入一个模块中的所有项目。例如想一次性引入 math 模块中所有的内容，语句如下：

```
from math import *
```

然而这种声明不该被过多地使用。因为会导入很多可能并不能用到的内容，也可能会隐藏以前导入的其他对象。

6.6.2　模块导入报错的解决方案

在导入模块时可能遇到这样的问题，自定义 Python 模板后，在其他文件中用 import（或 from…import）语句引入该文件时，Python 解释器同时出现如下错误：

```
ModuleNotFoundError: No module named '模块名'
```

意思是 Python 找不到这个模块名，这是什么原因导致的？要想解决这个问题，要先搞清楚 Python 解释器查找模块文件的过程。

通常情况下，当使用 import 语句导入模块后，Python 会按照以下顺序查找指定的模块文件。

- 在当前目录，即当前执行的程序文件所在目录下查找。
- 到 PYTHONPATH（环境变量）下的每个目录中查找（见图 6-23）。
- 到 Python 默认的安装目录下查找。

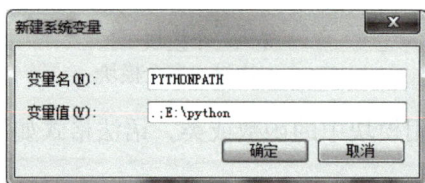

图 6-23　添加 PYTHONPATH 环境变量

以上所有涉及的目录都保存在标准模块 sys 的 sys.path 变量中，通过此变量可以看到指定程序文件支持查找的所有目录。换句话说，如果要导入的模块没有存储在 sys.path 显示的目录中，那么导入该模块并运行程序时，Python 解释器就会抛出 ModuleNotFoundError（未找到模块）异常。

解决"Python 找不到指定模块"的方法有 3 种，分别是：

- 向 sys.path 中临时添加模块文件存储位置的完整路径。比如要导入的模块是 E:\python\moduleTest.py，则在需要导入此模块的文件开头添加如下代码：

```
import sys
sys.path.append（" E:\python "）          #moduleTest.py 所在的目录
```

- 将模块放在 sys.path 变量已包含的模块加载路径中。如果要安装某些通用性模块，比如复数功能支持的模块、图形界面支持的模块等，这些都属于扩展模块，应该直接安装在 Python 内部，以便被所有程序共享，这可借助于 Python 默认的模块加载路径。Python 默认的扩展模块添加在 lib\site-packages 路径下，它专门用于存放 Python 的扩展模块和包。所以，可直接将自定义的模块（.py 文件）添加到 lib\site-packages 路径下，这样任何 Python 程序都可使用该模块了。

- 设置 path 系统环境变量。

6.6.3　常用的标准模块

1. os 模块

os 模块是 Python 标准库中的一个用于访问操作系统相关功能的模块，os 模块提供了一种可移植的使用操作系统功能的方法。使用 os 模块中提供的接口，可以实现跨平台访问。但是，并不是所有的 os 模块中的接口在全平台都通用，有些接口的实现是依赖特定平台的，比如 Linux 相关的文件权限管理和进程管理。

os 模块的主要功能：系统相关、目录及文件操作、执行命令和管理进程。其中的进程管理功能主要是 Linux 相关的。

在使用 os 模块的时候，如果出现了问题，会抛出 OSError 异常，表明无效的路径名或文件名，或者路径名（文件名）无法访问，或者当前操作系统不支持该操作。

1）os 模块提供了一些操作系统相关的变量，可以在跨平台的时候提供支持，便于编写移植性高、可用性好的代码。下面列举 os 模块中常用的方法和变量及其用途解释。

os.name：查看当前操作系统的名称。Windows 平台中返回 'nt'，Linux 则返回 'posix'。

os.environ：获取系统环境变量。

os.sep：当前平台的路径分隔符。在 Windows 中为 '\'，在 POSIX 系统中为 '/'。

os.altsep：可替代的路径分隔符，在 Windows 中为 '/'。

os.extsep：文件名和文件扩展名之间分隔的符号，在 Windows 中为 '.'。

os.pathsep：PATH 环境变量中的分隔符，在 Windows 中为 ';'，在 POSIX 系统中为 ':'。

os.linesep：行结束符。在不同的系统中行尾的结束符是不同的，例如在 Windows 中为 '\r\n'。

os.devnull：在不同的系统上 null 设备的路径，在 Windows 中为 'nul'，在 POSIX 中为 '/dev/null'。

os.defpath：当使用 exec 函数族的时候，如果没有指定 PATH 环境变量，则默认会查找 os.defpath 中的值作为子进程 PATH 的值。

2）os 模块中包含了一系列文件操作相关的函数，下面列出一些常用的、各平台通用的方法。

os.getcwd（）：获取当前工作目录，即当前 python 脚本工作的目录路径。

os.chdir（"dirname"）：改变当前脚本工作目录，相当于 shell 下的 cd。

os.curdir：返回当前目录（'.'）。

os.pardir：获取当前目录的父目录字符串名（'..'）。

os.makedirs（'dir1/dir2'）：可生成多层递归目录。

os.removedirs（'dirname1'）：递归删除空目录（要小心）。

os.mkdir（'dirname'）：生成单级目录。

os.rmdir（'dirname'）：删除单级空目录，若目录不为空则无法删除并报错。

os.listdir（'dirname'）：列出指定目录下的所有文件和子目录，包括隐藏文件。

os.remove（'filename'）：删除一个文件。

os.rename（'oldname'，'new'）：重命名文件 / 目录。

os.stat（'path/filename'）：获取文件 / 目录信息。

os.path.abspath（path）：返回 path 规范化的绝对路径。

os.path.split（path）：将 path 分割成目录和文件名二元组返回。

os.path.dirname（path）：返回 path 的目录。其实就是 os.path.split（path）的第一个元素。

os.path.basename（path）：返回 path 最后的文件名。如果 path 以 / 或 \ 结尾，那么就会返回空值。

os.path.exists（path 或者 file）：如果 path 存在，则返回 True；如果 path 不存在，则返回 False。

os.path.isabs（path）：如果 path 是绝对路径，则返回 True。

os.path.isfile（path）：如果 path 是一个存在的文件，则返回 True；否则返回 False。

os.path.isdir（path）：如果 path 是一个存在的目录，则返回 True；否则返回 False。

os.path.join（path1[，path2[，...]]）：将多个路径组合后返回，第一个绝对路径之前的参数将被忽略。

os.path.getatime（path）：返回 path 所指向的文件或者目录的最后存取时间。

os.path.getmtime（path）：返回 path 所指向的文件或者目录的最后修改时间。

os.path.getsize（filename）：返回文件包含的字符数量。

示例代码如下：

```
import os

print（os.name）
print（os.sep）
print（os.getcwd（））
os.makedirs（"os\\test"）
```

程序运行结果：

```
nt
```

```
\
C:\Users\poiuy\python
```

最后一行代码会在 C:\Users\poiuy\python 目录下创建一个 os 目录，再在 os 目录下创建一个 test 目录。

2.time 模块、datetime 模块

time 模块方法及描述见表 6-3。

表 6-3　time 模块方法及描述

方法	描述
time.asctime（[tuple]）	将一个时间元组转换成一个可读的 24 个时间字符串
time.ctime（seconds）	字符串类型返回当前时间
time.localtime（[seconds]）	默认将当前时间转换成一个（struct_timetm_year，tm_mon，tm_mday，tm_hour，tm_min，tm_sec，tm_wday，tm_yday，tm_isdst）
time.mktime（tuple）	将一个 struct_time 转换成时间戳
time.sleep（seconds）	延迟执行给定的秒数
time.strftime（format[，tuple]）	将元组时间转换成指定格式。若 [tuple] 不指定，则转换当前时间
time.time（）	返回当前时间戳

下面的代码展示了一些常用方法：

```
import time

# 返回当前时间戳，1970 年至今的秒数
print（" 当前时间戳 :"，time.time（））
# 接收时间戳，返回对应的时间元组
print（" 返回当前时间元组: "，time.localtime（））
# 接收时间戳，返回对应的时间元组
print（" 接收时间戳，返回时间元组 "，time.localtime（1611794607.216088））
# 接收时间戳，返回格林威治时间元组
print（" 格林威治时间元组 :"，time.gmtime（））
# 将时间元组格式化为字符串输出
print（" 格式化为字符串: "，time.strftime（"%Y-%m-%d"，time.localtime（）））
```

程序运行结果：

当前时间戳：1616425380.8743608

返回当前时间元组：time.struct_time(tm_year=2021, tm_mon=3, tm_mday=22, tm_hour=23, tm_min=3, tm_sec=0, tm_wday=0, tm_yday=81, tm_isdst=0)

接收时间戳，返回时间元组：time.struct_time(tm_year=2021, tm_mon=1, tm_mday=28, tm_hour=8, tm_min=43, tm_sec=27, tm_wday=3, tm_yday=28, tm_isdst=0)

格林威治时间元组：time.struct_time(tm_year=2021, tm_mon=3, tm_mday=22, tm_hour=15, tm_min=3, tm_sec=0, tm_wday=0, tm_yday=81, tm_isdst=0)

格式化为字符串：2021-03-22

time 模块实现的重点常在有效的处理和格式化输出。Python 中时间、日期符号及描述见表 6-4。

表 6-4 Python 中时间、日期符号及描述

符号	描述	符号	描述
%y	两位数的年份表示（00-99）	%B	本地完整的月份名称
%Y	四位数的年份表示（000-9999）	%c	本地相应的日期表示和时间表示
%m	月份（01-12）	%j	年内的一天（001-366）
%d	月内的一天（0-31）	%p	本地 A.M. 或 P.M. 的等价符
%H	24 小时制小时数（0-23）	%U	一年中的星期数（00-53），星期天为星期的开始
%I	12 小时制小时数（01-12）	%w	星期（0-6），星期天为星期的开始
%M	分钟数（00-59）	%W	一年中的星期数（00-53），星期一为星期的开始
%S	秒（00-59）	%x	本地相应的日期表示
%a	本地简化的星期名称	%X	本地相应的时间表示
%A	本地完整的星期名称	%Z	当前时区的名称
%b	本地简化的月份名称	%%	% 号本身

示例代码如下：

```
import time

print ( time.strftime ( "%Y-%m-%d %H:%M:%S" ))
print ( time.strftime ( "%Y/%m/%d" ))
print ( time.strftime ( "%Y{y}%m{m}%d{d}" ) ).format ( y=" 年 ", m=" 月 ", d=" 日 " ))
print ( time.strftime ( "%I:%M:%S %A" ))
```

程序运行结果：

```
2021-01-28 09:24:17
2021/01/28
2021 年 01 月 28 日
09:24:17 Thursday
```

datetime 模块是 time 模块的进一步封装，对用户更加友好，在时间各属性的获取上会更加方便，但效率上会略低。datetime 模块的功能主要集中在 datetime、date、time、timedelta、tzinfo 五个类中。这五个类的功能见表 6-5。

表 6-5 五个类的功能

类名	功能
date	提供日期（年、月、日）的处理，常用属性有：year, month 和 day
time	提供时间（时、分、秒）的处理，常用属性有：hour, minute, second, microsecond
datetime	同时提供对日期和时间的处理
timedelta	两个 date、time、datetime 实例之间的时间间隔（时间加减运算），分辨率（最小单位）可达到微秒
tzinfo	时区信息，由 datetime 和 time 类使用，提供了与时区相关的方法和属性，在处理跨时区的日期和时间时非常有用

datetime 模块中对象方法和属性见表 6-6。

表 6-6　datetime 模块中对象方法和属性

对象方法 / 属性名称	描述
d.year	年
d.month	月
d.day	日
d.replace(year=self.year, month=self.month, day=self.day)	生成并返回一个新的日期对象，原日期对象不变
d.timetuple（）	返回日期对应的 time.struct_time 对象
d.toordinal（）	返回日期是自 0001-01-01 开始的第多少天
d.weekday（）	返回日期是星期几，[0, 6]，0 表示星期一
d.isoweekday（）	返回日期是星期几，[1, 7]，1 表示星期一
d.isocalendar（）	返回一个元组，格式为（year, weekday, isoweekday）
d.isoformat（）	返回 ' YYYY-MM-DD ' 格式的日期字符串
d.strftime（format）	返回指定格式的日期字符串，与 time 模块的 strftime（format, struct_time）功能相同

示例代码如下：

```
import time
from datetime import date

print（date.today（））
print（date（2021, 1, 28））
print（date.fromtimestamp（time.time（）））

d = date.today（）
print（d.year）
print（d.month）
print（d.day）
print（d.weekday（））
```

程序运行结果：

```
2021-01-28
2021-01-28
2021-01-28
2021
1
28
3
```

6.7 案例——视觉检测模型

6.7.1　案例背景

质量和效率是智能制造永恒的主题，在金属切削加工智能制造产线中影响质量和效率的关键装备是数控机床。数控机床属于精密制造装备，虽然在出厂时自身的技术指标均能达到高水准，但是应用在实际产线上时，它的加工精度会受夹具、刀具、环境温度、振动、部件老化、工件材料一致性等因素影响。这一点也成了制约企业进一步提升智能制造水平和规模的主要因素之一。

工厂内有一套工业画图设备（见图 6-24），这套设备中安装了智能视觉检测模块，主要用于实现对图纸的视觉样本采集、视觉检测识别。

通过这套设备采集了 309 张绘制齿轮的样本图片，其中合格品 127 张，不合格品 182 张，样本示例图如图 6-25 所示。现需要根据采集的样本数据，训练一个精度较高的模型用于视觉检测识别。

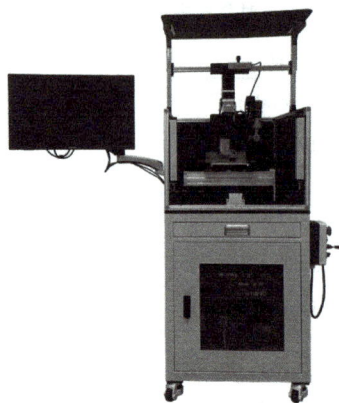

图 6-24　工业画图设备

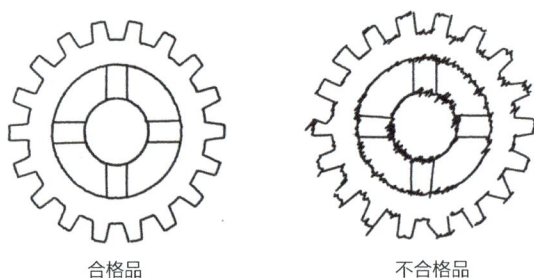

合格品　　　　　　不合格品

图 6-25　样本示例图

6.7.2　案例分析与实现

1）读取样本图片数据，并将图片调整至合适的分辨率。
案例实现代码如下：

```
import os
import pathlib
from PIL import Image
from IPython.display import display

# 设置本地图片目录和图片尺寸
base_dir = './datas/'
img_height = 200
img_width = 200

# 定义函数以获取本地图片路径
def get_local_images(directory):
    image_paths = []
    labels = []
    for label in ['0', '1']:
        paths = [str(path) for path in pathlib.Path(os.path.join(directory,
label)).glob('*.png')]
```

```
        image_paths.extend(paths)
        labels.extend([int(label)] * len(paths))   # 将标签转换为整数类型
    return image_paths, labels
```

\# 定义完整的训练数据集目录
```
full_train_dir = os.path.join(base_dir)
```

```
def load_image(image_path):
    img = Image.open(image_path)
    img = img.resize((img_width, img_height))
    return img
```

\# 获取训练数据集的图片路径和标签
```
image_paths, labels = get_local_images(full_train_dir)
```

\# 加载并显示图片
```
img1 = load_image(image_paths[labels.index(0)])
img2 = load_image(image_paths[labels.index(1)])
```

\# 使用 `IPython.display` 显示图片
```
display(img1)
display(img2)
```

程序运行结果：

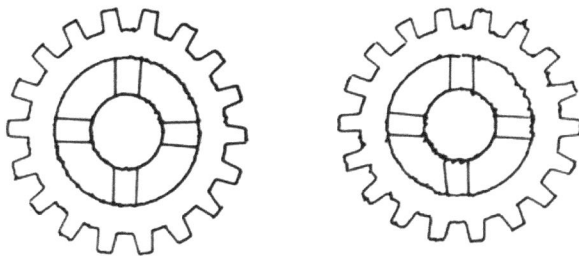

2）加载样本数据（样本数据中将合格品标记为 0，不合格品标记为 1），创建图片训练数据集和验证数据集（将样本数据按 8 : 2 的比例划分为训练集和验证集）。

任务实现代码如下：
```
import os
import glob
import tensorflow as tf
from sklearn.model_selection import train_test_split
from collections import Counter
```

\# 获取训练数据集的图片路径和标签
```
image_paths, labels = get_local_images(full_train_dir)
```

\# 统计标签为 0 和 1 的图片数量
```
label_counts = Counter(labels)
print(f" 标签为 0 的图片数量： {label_counts[0]}")
```

```
    print(f" 标签为1的图片数量：{label_counts[1]}")

# 划分训练数据集和验证数据集，分配20% 作为验证集
train_paths, dev_paths, train_labels, dev_labels = train_test_split(image_
paths, labels, test_size=0.2, random_state=42)

# 计算训练集和验证集的图片数量
train_counts = len(train_paths)
dev_counts = len(dev_paths)

# 打印结果
print(' 训练集图片总数：', train_counts)
print(' 验证集图片总数：', dev_counts)

# 构建数据集
def build_dataset(image_paths, labels, batch_size=32, shuffle_buffer_
size=100):
    ds = tf.data.Dataset.from_tensor_slices((image_paths, labels))
    ds = ds.map(lambda x, y: (tf.io.encode_base64(tf.io.read_file(x)), y))
    ds = ds.shuffle(shuffle_buffer_size, seed=123)
    ds = ds.batch(batch_size)
    return ds

# 使用划分的数据集路径和标签来创建数据集
train_ds = build_dataset(train_paths, train_labels)
dev_ds = build_dataset(dev_paths, dev_labels)
```

程序运行结果：

标签为 0 的图片数量：127
标签为 1 的图片数量：182
训练集图片总数：247
验证集图片总数：62

3）创建视觉检测模型，设置训练算法的输入层、中间层、输出层、优化器、损失函数、评估标准等，进行训练模型的构造。

任务实现代码如下：

```
import tensorflow as tf
import os
import numpy as np
from tensorflow.keras.layers import Conv2D, BatchNormalization, Activation,
MaxPool2D, Dropout, Flatten, Dense
from tensorflow.keras import Model, regularizers
import abc
from typing import Callable, Tuple

# 设置显示格式
np.set_printoptions(threshold=np.inf)

def process_base64_image(s):
```

```python
        img = tf.io.decode_base64(s)
        img = tf.io.decode_png(img, channels=3)
        img = tf.image.resize(img, (img_height, img_width), antialias=True)

        # img = tf.image2.random_flip_left_right(img)
        # img = tf.image2.random_flip_up_down(img)
        # img = tf.image2.random_brightness(img, max_delta=0.1)
        # img = tf.image2.random_contrast(img, lower=0.9, upper=1.1)
        return img

    num_classes=2   # 根据图片类别设定

    model = tf.keras.Sequential([   # 根据需要调整模型结构
        layers.Lambda(
                (
                    lambda x: tf.map_fn(
                        process_base64_image,
                        x,
                         fn_output_signature=tf.TensorSpec(shape=(int(img_height),
int(img_width), 3), dtype=tf.float32))
                ),
                name='decode_base64_png'
            ),
        layers.Rescaling(1./127.5, offset=-1),

        # 卷积层块 1
        layers.Conv2D(32, 3, activation='relu', padding='same'),
        layers.MaxPooling2D(),

        # 卷积层块 2
        layers.Conv2D(64, 3, activation='relu', padding='same'),
        layers.MaxPooling2D(),

        # 卷积层块 3
        layers.Conv2D(128, 3, activation='relu', padding='same'),
        layers.MaxPooling2D(),

        # 卷积层块 4
        layers.Conv2D(256, 3, activation='relu', padding='same'),
        layers.MaxPooling2D(),

        # 全连接层
        layers.Flatten(),
        layers.Dense(128, activation='relu', kernel_regularizer=regularizers.
l2(0.01)),
        layers.Dense(num_classes)

    ])

    model.compile(
      optimizer=tf.keras.optimizers.Adam(0.01, clipnorm=1),
```

```
    loss=tf.losses.SparseCategoricalCrossentropy(from_logits=True),
    metrics=['accuracy']
)
```

本段程序用于定义模型，所以没有具体的运行结果，模型的效果通过下一步的模型训练查看。

4）模型训练，设置批次大小、迭代次数、验证集，将数据提供给模型进行训练，通过不断的优化参数设置和丰富样本数据，循环训练数据，找到合适的训练模型。

任务实现代码如下：

```
history = model.fit(
    train_ds,
    validation_data=dev_ds,
    epochs=26 # 根据需要设置训练轮数
)
```

程序运行结果：

```
Epoch 1/26
8/8 [==============================] - 2s 107ms/step - loss: 28.9930 - accuracy: 0.5466 - val_loss: 5.7662 - val_accuracy: 0.1935
Epoch 2/26
8/8 [==============================] - 1s 87ms/step - loss: 3.1579 - accuracy: 0.7206 - val_loss: 1.8851 - val_accuracy: 0.8710
Epoch 3/26
8/8 [==============================] - 1s 84ms/step - loss: 1.4983 - accuracy: 0.8785 - val_loss: 0.9987 - val_accuracy: 0.8871
Epoch 4/26
8/8 [==============================] - 1s 85ms/step - loss: 0.8559 - accuracy: 0.9028 - val_loss: 0.6882 - val_accuracy: 0.9194
Epoch 5/26
8/8 [==============================] - 1s 89ms/step - loss: 0.7395 - accuracy: 0.8704 - val_loss: 0.6755 - val_accuracy: 0.9194
Epoch 6/26
8/8 [==============================] - 1s 89ms/step - loss: 0.5455 - accuracy: 0.8785 - val_loss: 0.5060 - val_accuracy: 0.9355
Epoch 7/26
8/8 [==============================] - 1s 89ms/step - loss: 0.3991 - accuracy: 0.9231 - val_loss: 0.3186 - val_accuracy: 0.9677
Epoch 8/26
8/8 [==============================] - 1s 86ms/step - loss: 0.2913 - accuracy: 0.9393 - val_loss: 0.2194 - val_accuracy: 0.9677
Epoch 9/26
8/8 [==============================] - 1s 85ms/step - loss: 0.3409 - accuracy: 0.9069 - val_loss: 0.3543 - val_accuracy: 0.9516
Epoch 10/26
8/8 [==============================] - 1s 86ms/step - loss: 0.2788 - accuracy: 0.9555 - val_loss: 0.3472 - val_accuracy: 0.9194
Epoch 11/26
8/8 [==============================] - 1s 87ms/step - loss: 0.2396 - accuracy: 0.9676 - val_loss: 0.3699 - val_accuracy: 0.9677
```

```
Epoch 12/26
8/8 [==============================] - 1s 86ms/step - loss: 0.1971 - accuracy:
0.9838 - val_loss: 1.5800 - val_accuracy: 0.8710
Epoch 13/26
8/8 [==============================] - 1s 87ms/step - loss: 0.4466 - accuracy:
0.9271 - val_loss: 0.5059 - val_accuracy: 0.9355
Epoch 14/26
8/8 [==============================] - 1s 87ms/step - loss: 0.2758 - accuracy:
0.9595 - val_loss: 0.3329 - val_accuracy: 0.9516
Epoch 15/26
8/8 [==============================] - 1s 87ms/step - loss: 0.1733 - accuracy:
0.9798 - val_loss: 0.3321 - val_accuracy: 0.9355
Epoch 16/26
8/8 [==============================] - 1s 88ms/step - loss: 0.1968 - accuracy:
0.9717 - val_loss: 0.6736 - val_accuracy: 0.9194
Epoch 17/26
8/8 [==============================] - 1s 87ms/step - loss: 0.2020 - accuracy:
0.9757 - val_loss: 0.3028 - val_accuracy: 0.9194
Epoch 18/26
8/8 [==============================] - 1s 88ms/step - loss: 0.3527 - accuracy:
0.9514 - val_loss: 0.3201 - val_accuracy: 0.9355
Epoch 19/26
8/8 [==============================] - 1s 87ms/step - loss: 0.1706 - accuracy:
0.9838 - val_loss: 0.3083 - val_accuracy: 0.9677
Epoch 20/26
8/8 [==============================] - 1s 86ms/step - loss: 0.1414 - accuracy:
0.9798 - val_loss: 0.4879 - val_accuracy: 0.9355
Epoch 21/26
8/8 [==============================] - 1s 87ms/step - loss: 0.1637 - accuracy:
0.9798 - val_loss: 0.1865 - val_accuracy: 0.9516
Epoch 22/26
8/8 [==============================] - 1s 88ms/step - loss: 0.1734 - accuracy:
0.9757 - val_loss: 0.3474 - val_accuracy: 0.9677
Epoch 23/26
8/8 [==============================] - 1s 88ms/step - loss: 0.1250 - accuracy:
0.9960 - val_loss: 0.2929 - val_accuracy: 0.9516
Epoch 24/26
8/8 [==============================] - 1s 87ms/step - loss: 0.0834 - accuracy:
0.9919 - val_loss: 0.2950 - val_accuracy: 0.9516
Epoch 25/26
8/8 [==============================] - 1s 87ms/step - loss: 0.0620 - accuracy:
0.9919 - val_loss: 0.3693 - val_accuracy: 0.9516
Epoch 26/26
8/8 [==============================] - 1s 88ms/step - loss: 0.0442 - accuracy:
0.9960 - val_loss: 0.2664 - val_accuracy: 0.9677
```

5）模型验证，通过加载验证图片集（额外采集齿轮图片 40 张，其中合格品 20 张，不合格品 20 张）完成识别正确率验证，以此判断模型的优劣。

任务实现代码如下：

```
import glob
import os
```

```
import pathlib
import tensorflow as tf

# 构建测试数据集的函数
def build_testdataset(data_dir, batch_size=32, shuffle_buffer_size=100):
    all_images = []
    all_labels = []
    for i in range(2):  # 只加载类别0和1的图片
        images = list(pathlib.Path(os.path.join(data_dir, str(i))).glob('*.png'))
        all_images.extend([str(image) for image in images])  # 确保路径是字符串
        all_labels.extend([i] * len(images))

    ds = tf.data.Dataset.from_tensor_slices((all_images, all_labels))
    ds = ds.map(lambda x, y: (tf.io.encode_base64(tf.io.read_file(x)), y))
    ds = ds.shuffle(shuffle_buffer_size, seed=123)
    ds = ds.batch(batch_size)
    return ds

# 设置测试数据集路径
test_dir = 'test_dataset/image/test'
test_ds = build_testdataset(test_dir)

# 统计并打印测试集图片数量
for label in ['0', '1']:
    num_images = len(list(pathlib.Path(os.path.join(test_dir, label)).glob('*.png')))
    print(f'测试数据集类别 {label} 的图片数量:', num_images)

# 验证模型性能
loss, accuracy = model.evaluate(test_ds)
print("损失值(Loss): ", loss)
print("准确度(Accuracy): ", accuracy)
```

程序运行结果:
测试数据集类别 0 的图片数量: 20
测试数据集类别 1 的图片数量: 20
2/2 [==============================] - 0s 19ms/step - loss: 0.0371 - accuracy: 1.0000
损失值(Loss): 0.037137921899557114
准确度(Accuracy): 1.0

至此,整个案例已经全部完成。通过最后验证,本次训练的模型能达到100%的识别正确率。每次训练本模型时产生的性能可以不一样,主要是因为机器学习模型的学习过程受到多种随机因素的影响,包括但不限于优化算法在求解过程中的随机性以及可能存在的数据噪声等。这些因素导致每次训练时,模型从数据中学习到的特征表示和决策边界可能略有不同,进而影响到模型的最终性能。因此,即使使用相同的数据集和模型结构,多次训练得到的模型性能也可能存在差异。

工业数据中模型性能的影响因素众多且复杂，主要包括数据质量（如数据的准确性、完整性、一致性及噪声水平等）、数据规模（数据量的大小及多样性）、数据分布（训练集与测试集、实际应用场景的数据分布差异）、模型选择与配置（模型的复杂度、结构、参数设置及优化算法的选择）、硬件资源（计算能力和存储能力对模型训练与推理速度的影响）以及工业环境的特异性（如设备状态、操作条件、外部环境变化等）。这些因素相互作用，共同决定了模型在工业数据中的表现。因此在工业应用中，需要综合考虑上述因素，以优化模型性能并满足实际需求。

习 题 测 试

一、单选题

1. Python 是一种面向对象的（　　　）计算机程序设计语言。
    A. 解释型　　　　　　　　　　　　B. 编译型
    C. 解释编译型　　　　　　　　　　D. 过程型
2. 以下不属于 Python 的特点的是（　　　）。
    A. 简单易学　　　　　　　　　　　B. 免费开源
    C. 可移植性　　　　　　　　　　　D. 面向过程
3. Python 支持许多高质量的第三方库，以下不是第三方库的是（　　　）。
    A. 图像处理库 pll　　　　　　　　　B. 游戏开发库 pygame
    C. 科学计算库 numpy　　　　　　　　D. os 库

二、判断题

1. Python 是开源的，它可以被移植到许多平台上。　　　　　　　　　　（　　　）
2. Python 可以开发 Web 程序，也可以管理操作系统。　　　　　　　　（　　　）
3. Python 是一门面向过程的高级语言。　　　　　　　　　　　　　　　（　　　）
4. Python 可以在多种平台运行，这体现了 Python 语言的开源特性。　　（　　　）
5. Python 2.X 与 Python 3.X 没有区别。　　　　　　　　　　　　　　（　　　）

三、简答题

1. 简述 Python 的特点。
2. 简述 Python 的应用领域。

四、任务实训

随着科技的发展、计算机的普及，计算机技术已融入大众日常生活。个人收支管理系统是一个集合了登录、记账日报、收入管理、支出管理、数据统计、退出等一系列功能的管理系统。该系统中各功能的介绍如下。

1）登录功能：用户在根据提示"请输入姓名："请输入密码："，依次输入姓名、密码等信息，如果输入信息正确，则进入系统，否则提示"用户名或密码错误"。

2）记账日报功能：显示当日收支情况。

3）收入管理功能：提示用户输入今天收入的金额及所属类型，然后接收用户输入的收入金额，保存至用户账户。如果收入金额 <=0，系统将进行错误提示并返回功能页面。

4）支出管理功能：提示用户输入今天支出的金额及所属类型，然后接收用户输入的支出金额，保存至用户账户。如果支出金额 <=0，系统将进行错误提示并返回功能页面。

5）数据统计功能：统计用户本周、本月支出和收入情况。

请设计程序完成个人收支管理系统，系统应采用模块化设计，便于功能管理与使用以及后续添加新功能。

参 考 文 献

［1］刘江，章晓庆，胡衍. 人工智能导论［M］. 北京：化学工业出版社，2023.

［2］王东，马少平. 图解人工智能［M］. 北京：清华大学出版社，2023.

［3］柳海涛. 人类意识与人工智能［M］. 上海：上海交通大学出版社，2023.

［4］刘峡壁，张毅，钱卫东，等. 人工智能入门［M］. 北京：中国人民大学出版社，2023.

［5］邓若玉，赵洋. 人工智能的伦理问题及其治理研究［M］. 北京：新华出版社，2022.

［6］杨华，彭辉，陈吉栋，等. 人工智能法治应用［M］. 上海：上海人民出版社，2021.

［7］徐英瑾. 人工智能哲学十五讲［M］. 北京：北京大学出版社，2021.

［8］李铮，黄源，蒋文豪，等. 人工智能导论［M］. 北京：人民邮电出版社，2021.

［9］姚海鹏，王露瑶，刘韵洁，等. 大数据与人工智能导论［M］. 2 版. 北京：人民邮电出版社，2023.

［10］方滨兴. 人工智能安全［M］. 北京：电子工业出版社，2020.

［11］裴榕. 生成式人工智能赋能教育教学：变革影响、风险挑战与实践路径［J/OL］. 当代教育论坛，
1－10［2024－12－29］. https://doi. org/10. 13694/j. cnki. ddjylt. 20241227. 001.

［12］张涛. 人工智能训练中合成数据的融贯性法律治理［J/OL］. 计算机科学，1－23［2024－12－29］.
http://kns. cnki. net/kcms/detail/50. 1075. TP. 20241225. 1815. 002. html.

［13］彭姿铭，谭维智. 生成式人工智能时代学习的技术化重塑与教育应对［J/OL］. 苏州大学学报（教
育科学版），1－10［2024－12－29］. http://kns. cnki. net/kcms/detail/32. 1843. G4. 20241225. 1612.
010. html.

［14］刘伟兵. 人工智能时代意识形态风险的生成逻辑与科学防范［J］. 河海大学学报（哲学社会科学
版），2024，26(06):10－19.